반려견 미용의 이해

-기초-

조현숙 ✦ 김원

박영사

머리말

크리스마스 선물같이 시작된 애견미용은 20여 년 전 동대문에서 산타 옷을 사고 오는 길에 충무로에서 카커르 스패니얼을 만나면서부터 시작되었다. 톡 건드리면 눈물이 흐를 것 같은 송아지같은 눈망울을 보고 그냥 지나칠 수가 없었다. 혹여 소중한 반려견이 스트레스를 받을까봐 직접 미용을 해주고 싶어 애견미용을 배우기 시작하였는데, 그 당시에는 학원도 많지 않았고, 가르치는 방식도 일본책을 번역하여 가르치거나 현장에서 쌓은 경험만으로 주먹구구식으로 가르치는 경우가 많았다.

한국농촌경제연구원의 '반려동물 연관산업 발전방안 연구' 보고서에 의하면 지난 2015년에는 1조 8,994억 원에 그쳤던 반려동물 연관산업 규모가 2020년 3조 3,753억 원에서 2027년에는 6조 원까지 성장하리라 전망하고 있다. 또한 2018년 미용업(애견미용실), 위탁업(애견유치원), 전시업(펫카페), 운송업(펫택시) 등 4개 업종이 관련 서비스업으로 새로 인정되면서 등록 업체 수는 비약적으로 증가하고 있다.

한국고용정보원의 '2019 한국직업전망'에 의하면 애완동물미용사는 다소 증가할 것으로 예측되고 있다. 생활수준 향상과 1인 가구의 증가 등으로 애완동물을 친구나 가족같이 여기며 함께 생활하는 사람이 늘어나고 있다. 따라서 반려동물의 의료 및 미용, 사료 및 식품, 의류 및 용품 등 애완동물 관련 시장은 꾸준히 성장하고 있으며, 이 중에서 의료 및 이미용 시장이 전체 시장의 약 2/3를 차지할 만큼 큰 분야이므로 애완동물미용사의 고용에도 긍정적인 영향을 미칠 수 있을 것으로 예측된다. 이에 따라 관련 자격증도 급증하고 있다. 반려동물 관련 자격증은 2008년 애견미용사·반려견지도사 등이 처음 등록된 후 관심이 폭발적으로 늘어난 2015년을 기점으로 급증하고 있다.

반려견 미용을 배워 자신의 개를 관리하고자 하는 일반인들은 유튜브, 소셜네트워크 서비스 또는 전문가들의 미용스타일북 등 다양한 정보와 매체를 통해서 배울 수 있는 방법이 열려있다.

그러나 대학과 반려견 미용학원 등에서 전문인이 되고자 하는 학습자를 위한 교재는 아직도 부족한 실정이다. 과거 출판된 책이 있으나 너무나 오래된 것이며, 내용, 장비 및 기법 또한 현 시대와는 다소 차이가 있다. 이러한 현실적 어려움을 해소하고 체계적인 교육을 위해 본서를 출간하게 되었다.

본서는 국가직무능력표준의 애완동물미용에 대한 직무를 참고하여 저자들의 그동안의 교육 및 현장경험을 바탕으로 체계적으로 학습할 수 있도록 구성하였다. 견종은 가능한 한 우리나라에서 가장 많이 활용될 수 있는 견종을 중심으로 기초를 충실히 숙달할 수 있도록 하였다. 반려견 미용을 배우고자 하는 길에 본서가 많은 도움이 되기를 바란다.

2020년 3월

저자 일동

차례

01 서론

1.1 · 애완동물 미용의 역사 2
1.2 · 애완동물 미용사 7

02 안전 및 위생관리

2.1 · 안전사고 16
2.2 · 장비관리 34
2.3 · 위생관리 36

03 미용 장비 및 도구 관리

3.1 · 미용 장비의 종류 및 관리 48
3.2 · 미용도구의 종류 및 관리 50
3.3 · 미용도구의 소독 67
3.4 · 미용 소모품 67
3.5 · 랩핑 73
3.6 · 염색 75
3.7 · 기타 78

04 그루밍과 트리밍

4.1 · 귀 및 발톱 관리 87
4.2 · 브러싱 93
4.3 · 베이싱 100
4.4 · 드라잉 105

05 미용 계획도 그리기

5.1 · 기초 작업 114
5.2 · 퍼피 클립 미용 계획도 그리기 119
5.3 · 콘티넨탈 클립 미용 계획도 그리기 122
5.4 · 잉글리시 새들 클립 미용 계획도 그리기 125

06 반려견 미용사의 건강관리와 자세

6.1 · 개념 130
6.2 · 직업 건강 및 예방 131
6.3 · 미용 준비 140
6.4 · 미용견의 준비 143
6.5 · 미용사의 자세 145

07 위그

7.1 · 위그의 이해 154
7.2 · 위그의 사용 155

08 기본 클리핑과 시저링

8.1 · 클리핑 164
8.2 · 시저링 169

차례

09 대표 견종별 미용

9.1 · 푸들(램 클립) 178
9.2 · 비숑 프리제(스포팅 컷) 189
9.3 · 피머레이니언 196
9.4 · 몰티즈(변형 미용) 202
9.5 · 테리어르 217
9.6 · 카커르 스패니얼 233

10 기본 랩핑

10.1 · 랩핑의 이해 244
10.2 · 위그 기본 랩핑하기 247
10.3 · 부위별 기본 랩핑하기 249

11 기본 염색

11.1 · 염색의 이해 254
11.2 · 위그 염색 260
11.3 · 기초 염색 261

12 고객 상담

12.1 · 고객 응대 266
12.2 · 고객 관리 269
12.3 · 반려견의 상태 확인 270
12.4 · 미용 스타일 및 요금 상담 275
12.5 · 미용 후 상담 276

부록. 그루밍 용어해설

1 · 견체 및 골격 명칭 280
2 · 견체 용어 282
3 · 반려견 미용용어 287

찾아보기 308

01

서론

01 서론

1.1 애완동물 미용의 역사

애완동물 미용의 시작은 고대 그리스 로마 시대로 거슬러 올라간다. 로마 제국의 초대 황제인 아우구스투스(BC 27 ~ AD 14)의 기념비와 무덤에서 푸들(Poodle)과 유사한 개의 이미지가 등장하는데 당시 황실에 있는 푸들은 동물의 왕인 사자처럼 보이도록 미용하였으며 현재는 이러한 컷을 라이언 클립(Lion Clip)이라 한다. 관련 문헌의 부족으로 개 미용을 실시한 정확한 시기는 알 수 없으나 일반적으로 서기 30년경 고대 그리스 로마 시대에 푸들의 조상인 워터 독(Water Dog)으로부터 시작되었다고 알려져 있다.

14~16세기에 일어난 문예부흥(文藝復興)으로 인하여 유럽은 궁정식 미용이 증가하면서 영국 황실에서도 잘 미용된 개가 중요하였다. 목제 조각과 그림을 통해서 당시 여성들이 개 미용을 위하여 자신의 개를 잡고 있는 것을 볼 수 있다. 개들은 초상화의 인기 동반자로 지위의 상징을 위해 초상화의 주인처럼 보석을 착용하고 있는 모습으로 그려졌다. 궁정식의 개 모양은 당시 영국을 비롯해 유럽에서 매우 두드러진 특징이 되기 시작하였으며, 무릎 위에 개를 올린 모습에 대한 인기가 상승하면서 개는 가족 구성원과 예술의 특별한 친구로 보이기도 했다.

1500년대 독일인들은 개의 무거운 털을 손질하여 민첩성을 높임으로써 실용성을 향상시키기 위하여 워터 독을 미용하였다. 연구에 따르면 컬리 코티드 리트리버르(Curly Coated Retriever)는 주인에게서 미용을 받은 첫 번째 견종으로 1500~1600년 사이에 물에 떨어진 사냥한 동물을 회수할 목적으로 물속에서 수영을 잘할 수 있도록 돕기 위해 미용을 하였다. 즉, 당시 개의 미용은 건강이나 미적 목적을 위해서가 아니라 사냥을 좀 더 용이하게 하기 위한 방법이었던 것이다. 이처럼 초기 개 미용은 주로 실용적인 필요성을 충족시키기 위하여 실시되었다.

사역견들의 업무 효율성을 높이기 위해 미용이 시작되었지만 이후 스타일을 위한 애완동물 미용으로 점차 변화되었다. 푸들은 원래 프랑스에서 미적 목적으로 처음 미용을 받은 견종이다. 프랑스 왕실에서는 1700년대 이래로 완벽하게 미용된 개들을 데리고 다녔다. 당시 프랑스인들은 미적 목적을 위해 개 미용에 대해 언급하였지만, 1800년대 이후부터는 문헌을 통해 건강 관련 목적을 위해 개 미용의 중요성을 설명하기 시작했다. 예를 들어, 1861년 존 메이릭(John Meyrick)은 저서 『하우스 독스와 스포르팅 독스(House Dogs and Sporting Dogs)』에서 "브러시를 정기적으로 잘 해준 개는 자주 씻길 필요가 없고 해충에 물리지도 않는다."라고 하여 개가 일상적으로 목욕하는 건강상의 이유들을 설명하였다.

그림 1-1. 『하우스 독스와 스포르팅 독스(House Dogs and Sporting Dogs)』

출처 : https://www.abebooks.co.uk

16세기 프랑스에 초기 푸들이 등장하면서 애완동물 미용은 단순한 털 정리에서 예술적 형태로 진화 · 발전하게 되었다. 예를 들어, 우리에게 익숙한 푸들의 '콘티넨탈 클립(Continental Clip)'의 미용방법은 개의 관절과 생명유지기관을 보호하기 한 것으로 오늘날에 비하면 매우 단순하고 거칠게 보이지만 지난 수백 년 동안 똑같은 형태를 보여주고 있다. 푸들의 털이 적어지는 것은 털의 엉킴이나 뭉침이 줄어든다는 것을 의미하나 엉덩이 · 발목 · 꼬리 및 주요 장기들이 위치한 가슴은 보호를 위하여 털을 남길 필요가 있었다. 푸들은 오터르 리트리버르(Water Retriever)로 이러한 미용은 매우 실용적이었으며 오늘날 푸들 미용의 표준이 되었다.

그림 1-2. 16세기 푸들

17세기 프랑스에서는 푸들이 궁정의 공식 개가 되었으며, 루이 15세(1710 ~ 1774) 시대는 최초 개 미용실에 대한 공식 기록이 있다.

그림 1-3. 17세기 푸들

19세기에 발간된 서적을 보면 유럽에서 이미 그 이전부터 개를 미용하고 있었음을 알 수 있다. 1879년 베로 쇼(Vero Shaw)의 저서 『개(The Book of The Dog)』에서는 영국에서 개를 미용하고 있다고 언급하고 있으며, 1981년 세일 칼스톤(Shirlee Kalston)이 저술한 『완벽한 푸들 클리핑과 그루밍(The Complete Poodle Clipping and Grooming Book)』에 따르면 미용사들이 프랑스 파리의 세느강 유역과 거리에서 미용을 하였다고 한다. 1893년 아쉬몬트(Ashmont)의 『켄넬 비밀(Kennel Secrets)』에서는 목욕 · 그루밍과 트리밍에 대한 구체적인 미용 방법에 대해서 서술하고 있다. 유럽을 중심으로 시작된 애완동물의 미용에 대한 욕구와 열망이 1960년대 미국으로 넘어가게 되면서 현재 미국은 개의 효율성 · 스타일 및 건강을 위하여 애완동물 미용을 하고 있다.

그림 1-4. 『개(The Book of The Dog)』

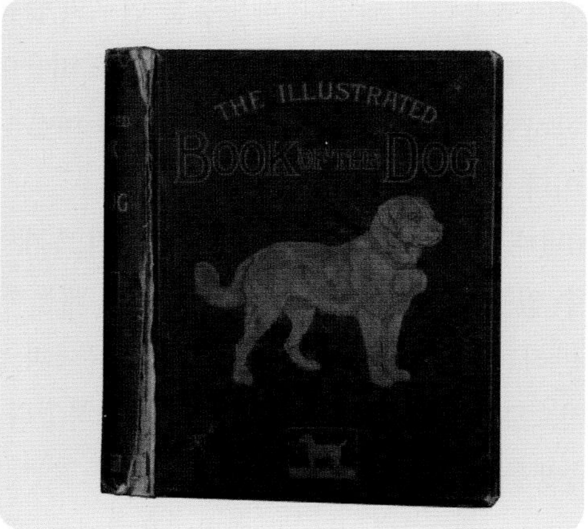

출처 : https://www.rookebooks.com

헤어 드라이어는 19세기 말에 발명되어 1902년 프랑스에서 상용화되었으며 핸드 드라이어는 1920년에 출시되었다. 이러한 발명과 가위와 같은 도구의 발전으로 애완동물 미용은 커다란 진보를 이루게 되었으며 애완동물 미용사에게도 새로운 변혁의 길이 시작되었다. 가정에서 애완동물로 개를 소유해야 한다는 요구가 커짐에 따라 최근 몇 십년 동안 애완동물 미용사의 지위가 높아지고 그들에게 미용을 위한 기회도 증가하였다. 제2차 세계대전 이후에 애완동물을 기르는 인구가 증가하면서 애완동물 미용사는 상당한 기술 · 재능 및 훈련이 요구되는 전문 직업으로 성장하였다. 미국의 직업교육 미용학교는 1960년대 초부터 등장하기 시작했으며 미용실과 미용샵의 안전성을 인증하는 새로운 방법이 세계 최대의 반려견 조직인 미국애견협회(American Kennel Club)에 의해 연구되기 시작하였다.

1940년대 이전부터 애완동물 전용 미용실이 운영되고 있었으나, 미용실들은 3~4개의 케이지와 미용테이블, 목욕 및 건조 영역으로 이루어진 협소한 공간이였고, 당시 스탠드 드라이어는 아직 도입되지 못하였다. 일부 미용실에서는 안전하지 못하고 비효율적인 드라이어를 사용할 뿐만 아니라 에어컨이 없었기 때문에 매우 더운 상태에서 미용 서비스를 제공하고 있었다. 1940년대에 스탠드 드라이어가 도입되면서 이러한 문제는 더욱 악화되고 있었다. 전동 클리퍼 및 현대적 도구가 없던 당시에 트리밍은 매우 힘들었기 때문에 하루에 8마리 이상의 개가 이 환경에 있을 수 없었으므로 미용사는 제한된 수입만을 얻을 수 밖에 없었다.

1950년대 중반 개와 고양이를 기르는 사육 인구가 급속히 증가하면서 오늘날의 거대한 애완동물 미용 시장이 태동하게 되었다. 애완동물 인구의 급격한 성장은 현대적이고 전문적인 애완동물 미용서비스를 요구하게 되면서 애완동물 미용이 하나의 전도유망한 직업으로서 자리 잡기 시작하였다. 애완동물 미용이 뒷문이나 마을 가장자리에서 벗어나 중심가로 옮겨지게 된 것이다.

우리나라는 1970년대 중반부터 반려견 미용원이 생기고 개에게 칫솔질까지 해주게 되었다는 기사에서 알 수 있듯이 1970년부터 반려견 미용이 태동하기 시작하였다. 이후 1980년대 초반 일본에서 반려견 미용을 배워 국내에 돌아온 유학파 반려견 미용사들이 애견샵을 운영하면서 본격적으로 반려견 미용이 발전하기 시작하였다. 애견샵의 영업이 활성화되기 시작하면서 견습생들을 가르치는 일도 시작되었다.

이후 한국애견협회는 1989년에 최초의 애견미용대회를 개최하였으며 한국애견연맹은 1982년 세계애견연맹 준회원국으로 가입한 후 1989년 국제애견연맹(FCI) 정회원국으로 정식 가입하고, 1990년 3월 제1회 애견미용사 자격검정대회를 개최하여 제1호 애견미용사 자격증을 발급하였다. 이것으로 보았을 때 우리나라의 반려견 미용이 본격적으로 시작된 것은 1980년대쯤으로 파악된다.

오늘날 미용샵은 과거 시장과 궁전에서 시작되었으며 발전의 계기가 되었다. 당시에는 오늘날과 같은 애완동물 전문 미용실은 존재하지 않았다. 최근에는 사육장에서 소유자에게 개를 분양하기 전에 미용 서비스를 제공하기도 한다. 또한 많은 동물병원에서 진료를 위해 방문한 고객의 애완동물에 대해서 미용서비스를 제공하고 있다. 일부 지역에서는 애완동물샵과 주요 소매업체들이 애완동물 미용서비스를 제공하는 서비스 사업으로 확장하고 있다.

1.2 애완동물 미용사

가 직무

애완동물 미용사는 주로 개나 고양이를 담당하는 경우가 많은데, 특히 개의 미용을 주로 담당하고 있어 반려견 미용사로 불리기도 한다. 고객과의 상담을 통해 전체적인 모양을 결정한 다음 다양한 커트 방법 중 적합한 작업을 선택하여 털을 깎는다. **트리밍**(Trimming)이라 일컫는 전신미용 작업은 털 깎는 기계인 클리퍼(Clipper)로 발바닥이나 배, 항문 등의 주위 털을 짧게 깎아준 다음, 그 외 애완동물에게 필요 없는 털을 제거하고 자르는 등의 작업을 수행한다. 브러시(Brush)를 이용해 털의 엉킴을 풀어 손질하고, 청결을 위해 목욕 및 귀 청소, 발톱 정리 등도 해준다. 동물의 털을 묶어주거나 염색해주기도 하는데, 이러한 미용작업을 **그루밍**(Grooming)이라 한다. 도그쇼 등 애완동물 관련 행사에 참가하는 동물들의 아름다움을 부각시키기 위한 미용도 담당한다. 대회에 참가하는 애완동물을 위해 참가일정 및 털갈이 시기에 맞추어 견종에 따른 출전스타일을 결정하고, 털을 미리 정돈하면서 견종에 따른 장점을 살려서 개의 아름다움을 최대한 부각시켜주기도 한다. 애완동물의 털이나 피부상태가 건강하지 않거나 귀 질환이 있다고 판단되면 수의사에게 적절한 치료를 받을 수 있도록 안내해 주며, 청결 유지와 질환 예방을 위해 고객에게 애완동물 관리법을 조언해준다. 이외에 지속적인 사후관리를 통해 고객을 관리하고, 미용작업이 끝난 후 미용기구 세척, 청소, 정리정돈 업무도 해야 한다. 평소에는 애완동물산업이 발달한 외국의 전문서적 등을 통해 새로운 커팅스타일과 유행스타일 등을 공부해 업무에 활용한다.

나 근무 환경

미용작업 중에는 위생을 위해 마스크와 앞치마를 반드시 착용해야 하며, 작업하는 동안은 서서 일하기 때문에 허리나 다리에 통증을 느낄 수 있다. 성격이 사납고 덩치가 큰 개나 고양이를 다룰 때에는 체력 소모가 크고, 상처를 입을 위험도 있어 각별한 주의가 필요하다. 반려동물 미용 및 관리 종사원은 여성 비율이 상대적으로 높은 직종이나 최근에는 남성 비율도 조금씩 높아지고 있다.

다 필수 기술 및 지식

애완동물 미용사가 되기 위한 특별한 조건은 없지만 이론과 기술적 지식이 필요한 직업인만큼 동물 관련 이론 및 기술을 쌓고 입직하는 것이 유리하다. 일반적으로 일부 특성화고등학교에 개설된 애완동물 관련 학과 또는 전문대학에 개설된 애견미용 관련학을 전공하거나 사설 애견미용학원의 양성과정을 통해 관련 지식과 기술을 배울 수 있다. 이외에도 애견미용실이나 동물병원의 견습생으로 들어가 미용보조원으로 활동하며 현장에서 기술을 습득할 수 있다.

라 적성 및 흥미

애완동물 미용사는 무엇보다도 동물에 대한 애정이 있어야 하며, 동물의 특색에 맞게 미용을 해줄 수 있는 눈썰미와 미적 감각이 요구된다. 주로 손을 많이 사용하고 장시간 서서 근무하거나 덩치 큰 동물을 다뤄야 하는 경우도 있어 강인한 체력과 인내심이 필요하다.

마 경력 개발

동물병원, 애견센터, 애견전문미용실 등에 취업한다. 동물병원이나 애견센터 등은 대부분 소규모로 운영되고 있으며, 애견미용을 담당하는 인원도 1~2명 정도이므로 별다른 승진경로가 없다. 어느 정도 경력을 쌓은 후 본인이 직접 애견미용실을 운영하거나, 미용 이외에 핸들링이나 브리딩 분야를 배워 전문 핸들러 또는 브리더로 진출하기도 한다.

바 직업 전망

향후 10년간 애완동물 미용사의 취업자 수는 다소 증가할 것으로 전망된다. 한국고용정보원의 『2016~2026 중장기 인력수급전망』(한국고용정보원, 2017)에 따르면, 애완동물 미용사는 2016년 약 8천 명에서 2026년 약 만 명으로 향후 10년간 약 2천 명(연평균 2.2%) 정도 증가될 것이다. 생활수준의 향상과 독신가구, 독거노인 등이 증가하면서 애완동물을 친구나 가족같이 여기고 함께 생활하는 사람이 늘어나고 있다. 국내의 반려동물 인구가 늘어나는 가장 큰 이유로는 1인 가구의 증가를 꼽을 수 있다. 1인 가구는 빠른 증가세를 보여 '2017년 인구

주택총조사(통계청)' 결과에 따르면 1인 가구가 562만 가구에 이른다. 애완동물에 대한 사회적 · 제도적 관심도 높아져 2014년부터는 개를 소유한 사람은 전국 시 · 군 · 구청에 반드시 동물등록을 해야 하는 반려동물등록제가 의무적으로 시행되고 있다. 반려견에 대한 인식이 점차 개선되는 것과 더불어 경제상황이 호전된다면 반려동물에 대한 지출 금액이 증가하고 이는 곧 반려동물 산업의 확대로 이어질 것이다. 한국농촌경제연구원(KREI)에 따르면 반려동물 시장규모는 2027년 6조 원까지 확대될 전망이다. 반려동물 연관산업의 산업규모는 2011년 1조 443억 원에서 2014년 1조 5,684억 원으로 연평균 14.5% 증가하였다. 반려동물 소유자들은 개의 경우 마리당 1년에 약 106만 원을 지출하고, 고양이는 약 77만 5천 원을 지출하는 것으로 나타났다.

또한 우리나라의 애견미용은 클리핑 미용(단순히 위생과 청결, 관리의 용이성을 위한 미용)이 많았지만, 애견의 미적인 면도 중시하는 시저링 미용(가위를 주로 사용하는 미용)에 대한 관심도 커져감에 따라 애견미용 분야의 확대가 이루어지고 있다. 또한 반려동물 산업이 활성화되면서 반려동물 미용에 관한 직업교육을 이수하고자 하는 사람도 증가하고 있다. 대학에서도 관련 학과를 통해 꾸준히 인력이 배출되고 있고, 은퇴 이후 애견미용을 교육받아 재취업하려는 베이비부머도 증가하고 있다. 그러나 대도시에서는 애완동물 미용시설 간 경쟁도 치열한 편이며, 이미 관련 업계에서는 도심의 시장은 포화상태로 보는 의견이 많아 급격한 고용증가를 기대하기는 어려울 전망이다. 또한, 대형마트 등에 애견미용센터가 일부 애견미용사의 고용에 기여하기도 하지만, 개인이 소규모로 개업을 하는 데는 어려움을 가중시키고 있다. 반면 한국인의 세심한 손기술로 미국이나 유럽으로의 애완동물 미용사 해외취업 경쟁력은 높은 편이다.

한편, 동물보호법에는 반려동물미용업이 등록되어 있지만 반려동물 미용서비스업에 대한 시설 및 인력 기준이 마련되어 있지 않기 때문에 동물병원, 애견카페, 애견숍 등에서도 업종에 상관없이 미용서비스를 제공하고 있는 실정이다. 그러나 미용서비스 제공시 발생하는 사고에 대한 책임 소재가 명확하지 않아 분쟁이 발생하는 등 많은 문제점이 나타나고 있어 관련 기준이 마련된다면 애완동물 미용사의 안정적인 고용에 영향을 줄 것으로 기대된다. 종합하면, 1인 가구의 증가와 반려동물에 대한 인식개선의 영향으로 향후 10년간 애완동물 미용사의 취업자 수는 다소 증가할 것으로 전망된다.

전망요인	증가요인	감소요인
인구구조 및 노동인구 변화	1인 가구 증가	
가치관과 라이프스타일 변화	반려동물 인식개선	
산업특성 및 산업구조 변화	애완동물 시장의 성장	업체 간 경쟁심화로 추가진출 어려움
법 · 제도 및 정부 정책	○ 동물보호법 ○ 반려동물등록제	

사 애완동물미용사 자격증

구분	주관	자격증명	등급
국내	(사)한국애견연맹	애견미용사	3급, 2급, 1급, 교사, 사범
	(사)한국애견협회	반려견스타일리스트	3급, 2급, 1급, 사범
미국	Barkleigh	Groomer	C, B, A, M, I
호주	AQTF	Pet Grooming	I, II, III, IV

그림 1-5. 미국 미용자격증(예시)

그림 1-6. 호주 미용자격증(예시)

This is to certify that

Jiwon Kim

has fulfilled the requirements for

Certificate III in Pet Grooming

NATIONAL COURSE CODE: ACM30617

DATE: 06 November 2019

Head of School
Dentos Pet Stylist Academy

The qualification is recognised within the Australian Qualifications Framework

RTO Registration No: 2875 Student No: D000183 Certificate No: DPSAK000292

Jiwon Kim

Transcript of Results

Certificate III in Pet Grooming

NATIONAL COURSE CODE: ACM30617

UNIT CODE	UNIT	RESULT
ACMCAS301	Work effectively in the companion animal industry	C
ACMGAS203	Complete animal care hygiene routines	C
ACMGAS301	Maintain and monitor animal health and wellbeing	C
ACMINF301	Comply with infection control policies and procedures on animal care work	C
ACMWHS301	Contribute to workplace, health and safety processes	C
ACMSUS201	Participate in environmentally sustainable work practices	C
ACMCAS306	Provide grooming services for companion animal comfort	C
ACMCAS307	Provide companion animal hydro-bathing services	C
ACMGAS207	Provide reception services for an animal facility	C
ACMSPE304	Provide basic care of dogs	C
ACMGAS302	Provide enrichment for animals	C
ACMGAS206	Provide basic first aid for animals	C
ACMGAS209	Provide information on companion animals, products and services	C
BSBINM301	Organise workplace information	C
ACMGRM301	Perform dog grooms on different coat types	C
ACMGRM302	Perform a cross breed clip	C

RESULTS KEY: C - Competent RPL - Recognition of Prior Learning CT - Credit Transfer

Head of School
Dentos Pet Stylist Academy

RTO Registration No: 2875 Student No: D000183 Certificate No: DPSAK000292

그림 1-7. 국내자격증(예시: 한국애견협회)

애견미용사 자격증

Certificate of Groomer

Professor

자격번호: A4-001
성 명: 조 현 숙
주민등록번호:

상기인은 (사)한국애견협회 애견미용사 자격부여 규정 제21조에 의하여 등록하고 애견미용 **교사** 자격을 부여함.

This is to certify the above registered person duly acquired groomer (Professor) certificate as per article 21.

Organizer: Issued by: 18, May.(05) 2004

President
Korean Kennel Club
Incorporated Association

사단법인 한국애견협회
KOREAN KENNEL CLUB (KKC)

그림 1-8. 국내외 미용 심사위원 자격증(예시)

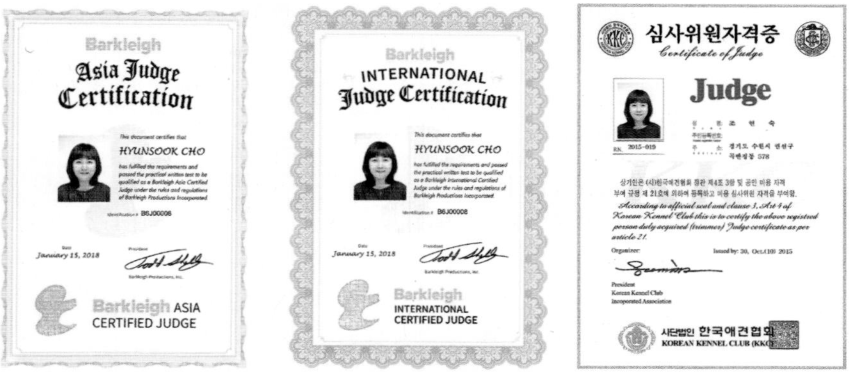

참고문헌

박기열 외(2018). 『2019 한국직업전망』. 한국고용정보원

Frank Foulsham, 『*A Dogs Toilet Club*』(The Royal Magazine, 1900), pp. 320-4

https://blog.nycpooch.com/2016/01/31/the-fun-history-of-dog-grooming/

http://news.chosun.com/site/data/html_dir/2017/05/23/2017052303558.html?Dep0=twitter

https://petgroomer.com/history-of-grooming/

http://www.lovefurdogs.com/illinois-professional-pet-groomers-association/history/

https://www.merryfield.edu/getting-familiar-history-grooming-pets/

http://www.poodlehistory.org/PGROOM.HTM

Ogle, M. B. (1997). 『*From Problems to Profits: The Madson Management System for Pet Grooming Businesses*』. The Madson Group.

02

안전 및 위생관리

02 안전 및 위생관리

2.1 안전사고

반려견 미용사는 반려견과 오랜 시간 동안 함께 미용을 진행하면서 필수적으로 각종 미용도구를 사용하기 때문에 이로 인한 안전사고가 발생할 가능성이 높다. 안전사고는 주의의무 소홀이나 안전교육의 미비 등으로 일어나는 사고이기 때문에 안전사고의 종류와 예방 및 대처방법에 대한 지식을 사전에 충분히 숙지하여 안전사고의 발생을 최소화하려고 노력하여야 한다.

2.1.1 반려견 미용사에게 발생할 수 있는 안전사고 예방 및 대처방법

반려견 미용사와 관련된 안전사고의 대표적인 유형에는 반려견에 의한 교상 및 전염성 질환, 미용도구에 의한 상처 및 화상 등이 있다.

가 반려견에 의한 안전사고 예방

반려견에 의한 안전사고는 사전에 예방하는 것이 바람직하기 때문에 다음을 숙지하도록 한다.

1. 반려견의 행동을 보고 반려견의 불안한 심리변화를 파악할 수 있어야 한다.
2. 반려견의 불안한 심리변화를 인지하였으면 반려견의 불안이 진정될 수 있도록 노력하여야 한다. 일반적으로 반려견의 심리상태가 불안한 경우에는 극도로 위험하기 때문에 얼굴이나 손을 가까이 대거나 큰 소리를 내는 것은 올바른 행동이라 할 수 없다.

③ 반려견의 심리상태가 불안정하여 위험하다고 판단되면 입마개를 착용시키는 것을 고려해야 한다.

④ 불안해하는 반려견을 데리고 미용을 하면 매우 위험하거나 스트레스를 받을 수 있기 때문에 조용하고 독립된 공간에서 휴식을 취할 수 있도록 배려하여 반려견이 편안한 상태가 되도록 한다.

나 반려견에 의한 교상 및 전염성 질환

(1) 반려견에 의한 교상(咬傷)

교상은 동물에 물려서 생긴 상처를 말하며, 상처 부위를 통해 화농균(化膿菌, 화농성 염증의 원인이 되는 세균)이나 혐기성 세균(嫌氣性細菌, anaerobic bacteria, 생존이나 증식에 산소 및 공기가 필요 없는 세균)에 감염될 수 있다. 이러한 교상으로 인한 감염을 조절하지 못하면 패혈증(敗血症, Septicemia), 파상풍(破傷風, Tetanus)이나 광견병(狂犬病, Rabies) 등의 감염성 질환에 의해 전신적인 문제가 될 수 있으며, 심한 경우 사망에 이를 수 있다. 교상에 의한 감염이 발생한 경우, 열 또는 열감, 발적, 부종, 통증, 진물 등이 발생할 수 있으므로 이러한 증상이 발생하지 않도록 적절히 처치하는 것이 중요하다.

▶ 대처방법

① 상처 부위를 흐르는 물에 수 분간 씻어 세균 감염의 위험을 줄인다.

② 소독용 거즈나 깨끗한 수건으로 상처 부위를 압박하여 지혈한다.

③ 출혈이 계속되는 경우에는 지혈이 될 때까지 압박한다.

④ 지혈이 되었으면 소독용 거즈나 깨끗한 수건으로 환부를 덮고 붕대로 고정한다.

⑤ 병원으로 이동하여 의사에게 처치를 받는다.

▶ 심한 교상 상처인 경우 대처방법

① 상처 부위의 피부가 심하게 뚫렸거나 근육이나 뼈가 드러나는지 상처 주변 부위를 움직일 수 없는지 확인한다.

② 상처가 심각하고 15분 이상 지혈해도 출혈이 멈추지 않으면 상처 부위를 멸균 거즈나 깨끗한 수건을 이용하여 완전히 덮고 압박하면서 병원으로 이동하여 의사에게 처치를 받는다.

(2) 반려견에 의한 전염성 질환

반려견에 의한 전염성 질환은 교상, 긁힘, 타액, 분뇨 등에 의해서 사람에게 전파된다. 대표적인 전염성 질환은 광견병(狂犬病, Rabies, 광견병 바이러스 Rabies Virus에 의해 발생하는 중추신경계 감염증), 백선증(白癬症, Tinea, 피부 표면 · 털 · 손톱 · 발톱의 각질을 먹고 기생하는 피부 곰팡이로 인한 감염증), 개선충에 의한 소양감(搔痒感, Pruritus, 피부를 긁거나 비벼대고 싶은 욕망을 일으키는 불쾌한 느낌), 홍반 탈모 등의 피부질환, 반려견의 배설물로 인한 회충(蛔蟲, Ascaris lumbricoides), 지알디아(Giardiasis), 캠필로박터(Campylobacter), 살모넬라(Salmonella), 대장균(大腸菌, Escherichia coli) 등에 의한 소화기 질환이 있다(Rhea V. Morgan 2008).

▶ 대처방법

① 전염성 질환이 의심되는 반려견을 미용하거나, 갑자기 미용사의 몸에 발적(發赤, 피부나 점막에 염증이 생겼을 때 모세혈관이 확장되어 이상 부위가 빨갛게 부어오르는 현상)이나 두드러기 등 이상증상이 나타나는지 확인한다.

② 이상증상을 발견하면 즉시 병원에 방문하여 의사에게 처치를 받는다.

다 미용도구에 의한 상처

반려견의 갑작스러운 움직임이나 반려견 미용사의 부주의로 미용도구에 의해서 신체적 상해를 입을 수 있다. 상처는 감염의 유무에 따라 감염창(感染創, 상처 부위의 괴사조직을 통해서 병원체가 침입하여 일어난 감염)과 비감염창으로 나눌 수 있다.

▶ 대처방법

① 상처 부위를 흐르는 물이나 생리식염수로 세척한다.

② 소독약으로 상처 부위를 여러 번 소독한다.

③ 상처 부위에 밴드나 거즈를 붙여 상처 부위를 건드리지 않도록 한다.

④ 상처 부위에 출혈이 있는 경우에는 소독용 거즈나 깨끗한 수건으로 충분히 압박하여 지혈한다.

⑤ 상처가 심각하고 지혈해도 출혈이 멈추지 않으면 상처 부위를 소독용 거즈나 깨끗한 수건으로 덮고 압박하면서 병원으로 이동하여 의사에게 처치를 받는다.

라 화상(火傷)

반려견 미용사는 미용에 사용하는 열 · 전기기구 또는 화학제품 등으로 인해 화상을 입는 피부 손상이 있을 수 있다. 피부조직은 표피와 그 아래 좀 더 민감한 진피의 두 겹으로 되어 있는데 화상은 조직 손상의 깊이에 따라 1도, 2도, 3도 화상으로 나뉜다. 1도 화상은 표피에만 국한된, 가장 가벼운 화상이다. 화상 부위는 빨갛게 변하며 약간 부어오르고 만지면 아프지만 물집은 생기지 않는다. 며칠 내에 피부는 아물고 손상된 껍질은 벗겨진다. 햇빛에 화상을 입었을 때가 바로 1도 화상이다. 표피가 파괴되고 표피 아래의 좀 더 민감한 진피까지 손상되었을 때를 2도 화상이라고 한다. 피부가 빨개지고 맑은 액체가 들어 있는 커다란 물집이 많이 생긴다. 3일 정도 지나면 통증이 줄어드는데, 대부분 14일 내에 완전히 치유된다. 3도 화상은 가장 심각하고 피부 깊숙이 침범하는 화상이다. 표피와 진피, 그 아래 지방층도 파괴되며 때로는 근육까지 손상된다. 화상 부위는 감각이 없어지고 두꺼워지며 색깔이 바래진다. 매우 느리게 치유되는데, 한번 손상된 진피는 재생되지 않기 때문에 손상된 부위의 가장자리에서만 새살이 돋는다(서울대학교병원 홈페이지 참고).

▶ 뜨거운 기기에 의한 열화상 대처방법

1. 화상 부위를 약하게 흐르는 물이나 생리식염수로 통증이 호전될 때까지 적셔 준다.
2. 통증이 호전되면 깨끗한 거즈로 상처 부위를 살짝 덮어 보호한다. 화상 후 2일째까지는 삼출물(滲出物, 스며서 나온 물질)이 많이 나오므로, 거즈를 두껍게 대어 주는 것이 좋다. 시중에 판매하는 습윤 드레싱 밴드를 이용하면 편리하고 안전하게 화상 부위를 관리할 수 있다.
3. 얼굴, 관절, 생식기 부위, 넓은 범위의 화상은 화상 전문 병원으로 이동하여 의사의 처치를 받는다.

▶ 화학제품에 의한 화학적 화상 대처방법

1. 화상 부위를 흐르는 미지근한 물로 최대한 신속하게 남은 화학제품을 세척한다.
2. 충분히 세척을 한 뒤에는 화상 부위를 마른 거즈로 가볍게 덮어 주고, 병원으로 이송한다.
3. 얼굴, 관절, 생식기 부위, 넓은 범위의 화상은 화상 전문 병원으로 이동하여 의사의 처치를 받는다.

2.1.2 반려견에게 발생할 수 있는 안전사고(Plunket, 2013)

반려견 미용은 시간이 오래 걸리는 작업으로 반려견이 불안하고 예민한 상태이기 때문에 안전사고가 일어날 가능성이 있다. 따라서 반려견 미용사는 보호자에게 인계할 때까지 안전에 유의해야 하며 미용의뢰 시점에 보호자로부터 개체 특성을 미리 파악해두어야 한다.

가 낙상(落傷)

반려견이 미용테이블이나 목욕조에서 떨어져 다치는 낙상이 발생할 수 있다. 낙상은 주로 골절이나 뇌손상을 일으키게 된다. 낙상은 전 연령에서 발생할 수 있으며 특히, 어린 강아지나 노견의 경우에는 부상의 정도가 심할 수 있음에 유의해야 한다.

▶ 낙상 예방법

1. 반려견 미용사는 반려견이 미용테이블에 있는 동안에는 항상 반려견을 주의 깊게 살펴야 한다.
2. 반려견 미용사가 미용테이블을 벗어나야 하는 상황에는 반드시 크레이트에 넣어두도록 한다.

▶ 낙상 대처방법

1. 반려견이 낙상하게 되면 반려견 미용사가 당황하여 자신도 모르게 큰 소리를 낼 수 있는데 이러한 행동은 반려견에게 겁을 먹고 도망가게 하거나 아픈 곳을 숨기려 할 수 있으며 상황에 따라서는 물 수도 있기 때문에 가능한 침착함을 유지하는 것이 중요하다. 또한 미안함 때문에 본능적으로 반려견을 끌어안는 행동을 하게 되는데 이러한 행동은 부상을 가중시킬 수 있기 때문에 자제해야 한다.
2. 낙상 후에 즉시 반려견이 의식을 가지고 있는지를 확인하고 의식이 있다면 정상적으로 잘 걷는지 관찰한다. 만약 골절이 의심되면 조심스럽게 거즈로

감고 부목을 대어 상처 부위가 움직이지 않도록 한 후 동물병원으로 이송하여 수의사에게 처치를 받도록 한다. 그러나 의식이 없다면 가슴이나 배 부분이 위아래로 움직이는지 관찰하거나 반려견의 코에 손을 대고 호흡을 확인한다. 만약 호흡이나 심장박동이 없다면 심폐소생술을 하면서 동물병원으로 이송하여 수의사의 처치를 받도록 한다.

3. 낙상 사고가 발생하였다면 우선 적절한 치료 조치를 실시한 후 반드시 보호자에게 낙상사실과 치료 내역을 알려주어 사전에 인지할 수 있도록 하여야 한다.

나 미용도구에 의한 상처

반려견 미용사의 미용도구 사용 미숙, 부주의 등으로 인해 반려견 미용사뿐만 아니라 반려견에게도 미용도구에 의한 상처를 발생시킬 수 있다. 대부분의 미용도구들은 뾰족하고 날카로워 위험하기 때문에 항상 주의를 기울여야 한다.

▶ 예방법

1. 미용도구를 사용한 후에는 항상 소독하여 보관한다.
2. 미용도구는 항상 미용도구꽂이, 미용도구함, 보조테이블에 보관한다.
3. 미용을 하고 있는 중에는 사용하는 도구만을 가지고 있도록 하여 미용테이블에 어떠한 도구도 올려놓지 않도록 한다.
4. 여러 명이 함께 작업하는 공동 미용실인 경우에는 미용테이블의 간격을 충분히 확보하여 사고를 예방하도록 한다.

▶ 미용도구에 의한 출혈 · 피부 베임 · 찢김이 발생한 경우

1. 발톱을 너무 짧게 잘라서 가벼운 출혈이 있을 때에는 멸균 거즈나 클로르헥시딘 솜을 이용하여 출혈이 멈출 때까지 압박하거나 지혈제를 이용하여 지혈한다.

② 도구에 의해 출혈이 발생한 경우에는 상처 부위를 소독용 거즈로 완전히 덮고 압박하면서 동물병원으로 이송하여 수의사의 처치를 받도록 한다.

③ 피부 베임 또는 찢김이 있는 경우에는 상처 부위에 생리식염수를 흘려서 세척하고, 소독용 거즈로 완전히 덮어 준 후에 즉시 동물병원으로 이송하여 수의사의 처치를 받도록 한다.

▶ 미용도구가 피부에 박힌 경우

미용도구가 피부에 박히는 사고가 발생하면 박힌 부위를 소독용 거즈로 감싸고 도구가 빠지지 않도록 꼭 잡은 상태로 동물병원으로 이송하여 수의사의 처치를 받도록 한다.

다 화상

털에 의해서 보호되는 반려견의 피부는 사람보다 피부층이 얇기 때문에 쉽게 화상을 입을 수 있다. 열을 사용하는 미용 작업(베이싱, 드라잉, 클리핑 등)시에는 항상 화상 가능성에 유의하여야 한다.

▶ 헤어드라이어에 의한 화상 예방법

① 헤어드라이어를 사용하기 전에 반려견 미용사의 손에 바람을 쐬어 바람의 온도가 적당한지 확인한다.

② 헤어드라이어가 반려견의 몸에 직접 닿지 않도록 한다.

③ 헤어드라이어를 사용한 후에는 심한 열이 발생할 수 있으므로 미용이 끝난 후에는 반려견이 접근하지 못하는 안전한 장소에 보관하도록 한다.

▶ 온수에 의한 화상 예방법

1. 온수를 틀은 후 물의 온도가 올라갈 때까지 잠시 기다린 후 팔에 물을 적셔 보아 적절한 온도인지 확인한다.

2. 반려견을 목욕시킬 때 온수의 온도는 38~39°C 정도가 적당하다.

▶ 클리퍼에 의한 화상 예방법

1. 클리퍼를 장시간 사용하게 되면 클리퍼 날에 열이 발생하여 피부에 화상을 입힐 수 있다.

2. 클리퍼 날에 열이 발생하면 새로운 클리퍼 날이나 냉각제가 들어있는 클리너를 사용하여 냉각시키도록 한다.

라 도주

반려견 미용실은 반려견 입장에서 보면 매우 낯선 환경이고 보호자와 떨어져 있어야 하기 때문에 불안하고 스트레스를 받게 된다. 이러한 스트레스에서 벗어나고자 본능적으로 장소를 벗어나려고 시도한다. 건물 밖으로 완전히 도주하게 되는 경우에는 교통사고를 당할 수도 있고 실종될 수 있으므로 특히 조심해야 한다.

▶ 예방법

1. 새로운 환경에 빠르게 적응할 수 있도록 반려견의 불안감을 경감시키는 노력을 해야 한다.

2. 건물 및 반려견 미용실의 출입구에 이중 안전문을 설치하고 출입시 문단속을 철저히 하도록 한다.

3. 대형견의 경우에는 이중 안전문보다는 크레이트 안에 넣어 두는 것이 좋으며 크레이트의 잠금 장치를 자주 확인하도록 한다.

④ 반려견 미용 전후 쉬는 공간에 CCTV를 설치하여 반려견의 상태를 수시로 확인한다.

▶ 대처방법

① 반려견이 도주하였을 경우에 반려견 미용사가 당황하여 소리를 지르거나 억지로 붙잡으려고 하면 오히려 반려견이 겁을 먹고 더 멀리 도주하거나 반려견 미용사에게 달려들어 미용사를 공격할 수도 있으므로 가능한 침착성을 유지하려고 노력한다.

② 반려견이 미용실을 벗어나 건물 내에서 도주한 경우에는 외부로 나가는 모든 출입문을 즉시 봉쇄하여 건물을 벗어나지 않도록 해야 한다.

③ 반려견이 건물 밖으로 완전히 도주한 경우에는 주변 사람들에게 큰 소리를 내어 상황을 알려 도움을 청한다.

④ 반려견이 공격성을 보이는 경우에는 억지로 잡으려고 하지 말고 큰 이불이나 옷으로 얼굴을 가린 후 잡도록 한다.

⑤ 건물 밖으로 도주한 반려견을 포획하기 어려우면 즉시 119에 신고하여 도움을 받도록 한다.

마 이물질의 섭취

반려견은 인간의 상식으로 이해되지 않는 물건들을 섭취하여 중독을 일으키거나 때에 따라서는 생명을 위협할 수도 있기 때문에 이물질 섭취에 주의해야 한다. 특히 한살이 넘지 않은 어린 강아지는 이갈이 시기이기 때문에 이물질을 삼키는 행동에 매우 취약하다. 삼킬 수 있는 물건을 두고 주의 깊게 관찰하는 것보다는 사전에 삼킬만한 물건들을 모두 치우는 것이 예방적인 측면에서 더욱 효과적이다.

▶ 예방법

① 반려견 미용 전에 미용과 관련 없는 물건은 모두 치우도록 한다.

② 미용실 바닥에 떨어진 물건이 없도록 자주 청소하고 확인한다.

③ 미용시 잘라낸 털을 반려견이 삼키지 못하도록 수시로 미용테이블과 바닥을 청소한다.

▶ 대처방법

① 반려견이 이물질을 삼켰다고 판단되면 삼킨 이물질을 기억하고 즉시 동물병원으로 이송하여 수의사의 처치를 받도록 한다.

② 보호자에게 상황 발생이유 및 치료내용 및 결과에 대해서 자세히 설명하여 사전에 인지하도록 한다.

▶ 하임릭 응급법(Heimlich maneuver, Abdominal thrusts)

① 반려견이 이물질을 섭취하여 숨을 제대로 쉬지 못하고, 기침을 심하게 하며, 앞발로 자신의 입을 치는 행동을 하는지 확인한다.

② 반려견의 입을 열고, 입안에 이물질이 있는지 확인하고 이물질이 보이면 손가락으로 제거한다.

③ 손가락으로 이물질을 제거하기 어려우면 하임릭 응급법을 실시한다.

ㄱ 소형견인 경우에는 양손으로 하복부나 다리를 잡고 복부가 사람을 향하도록 거꾸로 들어 올린 뒤, 30초간 부드럽게 좌우로 흔들거나 갈비뼈 끝부분을 자극해 토하도록 유도한다.

ㄴ 대형견은 양손으로 반려견의 뒷다리를 잡고 들어 올려, 머리가 땅을 향하고 몸이 기울여지게 한 후, 이물질이 나오도록 흔들거나 갈비뼈 끝부분을 자극해 토하도록 유도한다.

④ 이물질이 제거되었더라도 잔여 이물질이나 이물질 섭취에 의한 중독 등의 문제가 발생할 수 있으므로 즉시 동물병원으로 이송하여 수의사의 처치를 받도록 한다.

바 다른 반려동물에 의한 교상

반려견의 크기와 성향 등 각 개체별 특성으로 인하여 예측하지 못한 순간에 반려견 사이에 싸움이 발생할 수 있으므로 반려견들의 행동과 상호작용에 대해서 주의 깊게 관찰하도록 한다.

▶ 예방법

① 반려견 미용의뢰에 따라 보호자로부터 반려견을 인수받을 때에 보호자로부터 반려견의 특성에 대한 질의응답을 통해서 특성과 성향을 미리 파악한다. 반려견 미용사는 미용 의뢰견의 특성이 예민하고 스트레스를 많이 받을 수 있다고 판단되면 다른 미용견들과 분리시키거나 입마개 등 물림 방지 도구의 사용을 고려하도록 한다.

② 부득이 여러 마리의 반려견을 함께 두어야 하는 경우에는 비슷한 체구나 성향이 있는 반려견들만 있도록 한다.

③ 반려견의 행동변화를 수시로 확인하여 문제의 가능성이 있다고 판단되면 즉시 다른 반려견과 분리시키기나 혼자 조용히 있을 수 있도록 배려한다.

▶ 대처방법

① 반려견 사이에 싸움이 발생하면 간식을 던져주거나 강한 소리를 발생시키는 방법 등을 사용하여 순간적으로 주의를 분산시키도록 한다.

② 담요 등을 활용하여 반려견의 얼굴을 가리고 몸을 덮은 후 잡거나, 미용사의 손을 수건으로 여러 번 감싼 후 반려견의 뒤에서 접근하여 잡는다.

③ 반려견을 잡은 후에는 반려견 미용사의 몸에 최대한 밀착시켜 움직이지 못하도록 한다.

④ 물림 방지 도구를 착용시키거나, 신속하게 크레이트 안에 넣는다.

⑤ 물린 반려견의 상처 부위를 확인하고, 생리식염수로 세척한 후 상처 부위를 소독용 거즈로 덮은 후 동물병원으로 이송하여 수의사의 처치를 받도록 한다.

사 감전

감전은 신체에 전류가 흘러 상처를 입거나 충격을 받는 것을 말하며, 노출 시간, 전압의 크기, 전류의 세기에 따라 부상 정도가 달라진다. 개는 물건을 물어뜯는 습성이 있으므로 전열기기의 전기선에 감전되지 않도록 주의해야 한다. 특히, 반려견의 경우 99%가 입으로 전기코드를 물어뜯어서 발생한다. 또 반려견의 피부가 건조하거나 전원에 약하게 접촉하였을 때에는 위험도가 크지 않으나, 물기가 있을 때에는 전기가 더 잘 통하기 때문에 생명을 잃는 등 위급한 상황이 발생할 수 있다.

▶ 예방법

① 반려견들이 있는 공간에는 가능한 천장에 배선하여 바닥에 전기선이 있지 않도록 한다.

② 사용하지 않는 전기기기의 전기선은 정리해서 보관한다.

③ 전기기기를 사용한 후에는 항상 콘센트에서 뽑아 분리시킨다.

▶ 대처방법

① 감전사고가 발생하면 분전반의 전기 공급 스위치를 내려 전기를 차단한 후 고무장갑 등 절연성 보호장비를 착용한 후 콘센트를 뽑아 분리한다.

② 손상된 전기선을 분리한 후 반려견의 의식 · 맥박 · 호흡 상태를 확인한다.

③ 만약 감전된 반려견의 호흡과 맥박에 이상이 있으면 즉시 심폐소생술을 실시하면서 동물병원으로 이송하여 수의사의 처치를 받도록 한다.

▶ 심폐소생술

① 의식 및 호흡, 심장박동을 확인한다.

ㄱ 반려견을 가볍게 흔들어 반응이 있는지 확인하고, 윗입술을 들어 올려 잇몸색이 평소보다 창백해지거나 어두워졌는지 확인하고, 동공이 확장되어 있는지 확인한다.

ㄴ 반려견의 코와 입 부분에 손이나 귀를 대고 호흡을 확인한다.

ㄷ 반려견의 왼쪽 가슴에 귀를 대고 심작박동 소리를 듣거나, 손가락으로 허벅지 안쪽 살(두 다리가 갈라진 사이의 허벅지 어름) 부위를 만져 맥박이 느껴지는지 확인한다.

② 기도를 확보한다.

ㄱ 입을 열어 혀를 입 밖으로 잡아당긴다. 반려견이 의식이 없더라도 물릴 수 있으니 주의해야 한다.

ㄴ 머리를 반려견의 등쪽으로 올려 목과 일직선이 되도록 한다.

ㄷ 손으로 주둥이를 잡아 입이 닫히도록 한 후, 반려견의 코에 입을 가까이 대어 인공호흡을 2회 반복한다.

ㄹ 가슴이 올라갔다 내려가거나, 숨을 쉬는지 확인한다.

③ 기도가 확보된 반려견에게 다시 인공호흡을 3~5초에 한 번씩(1분에 15회) 실시한다.

④ 가슴 압박을 한다.

ㄱ 심장박동을 확인한다.

ㄴ 반려견의 오른쪽 부분이 바닥을 향하도록 눕혀서 심장이 위치하는 왼쪽이 위를 향하도록 한다.

ㄷ 개 앞다리의 팔꿈치 부분을 가슴 부위에 밀착시켰을 때 닿는 부위가 늑골인데, 이 늑골 부위를 한쪽손바닥은 바닥에 받쳐주고 다른 손바닥으

로 겹쳐서 압박한다.

ㄹ 가슴을 2초에 3회 정도 반복하여 15회 압박한 후 맥박을 확인한다.

ㅁ 맥박이 없으면 다시 비강대 구강 호흡을 2회 실시한다.

ㅂ 동물병원에 도착할 때까지 반복한다.

2.1.3 미용실에서 발생할 수 있는 안전사고(국민재난안전포털 홈페이지, 행정안전부 홈페이지, 안전보건공단 홈페이지, 한국소방안전원 홈페이지)

미용실에는 미용에 필요한 여러 전기기기와 물을 필수적으로 사용해야 되므로, 이에 따른 안전사고의 발생 위험이 항상 존재한다. 따라서 미용실에 발생할 수 있는 안전사고에 대해서 사전에 충분히 숙지하여 안전사고를 예방할 수 있도록 노력해야 한다.

가 화재

화재의 종류에는 여러 가지가 있으나, 미용실에서 주로 발생하는 화재의 원인으로는 전선의 합선 또는 낡은 전선이나 전기기구의 절연 불량, 전류의 과부하, 정전기 불꽃으로 인한 전기 화재, 인화성이 있는 액체 및 고체의 유지류에 의한 유류 화재, 담뱃불로 인한 담뱃불 화재 등이 있다(한국소방안전원 홈페이지).

▶ 예방법

① 미용실에 있는 각종 전기기구의 상태를 점검한다.

ㄱ 전기기구를 사용한 후에는 반드시 콘센트에서 분리한다.

ㄴ 전기기구의 전선 상태를 수시로 점검한다.

ㄷ 전기기구 주변에 인화성 물건이 있는지 수시로 점검한다.

ㄹ 전기기구에 손상 부위가 있으면 즉시 사용을 중지하고 수리를 의뢰한다.

② 미용실에 있는 콘센트의 상태를 점검한다.

ㄱ 콘센트에 많은 전기기구를 동시에 연결하여 사용하면 과부하로 화재가 발생할 수 있으므로, 필요한 전기기구만을 연결하여 사용하도록 한다.

ㄴ 사용하지 않는 콘센트는 안전커버를 꽂아 둔다.

ㄷ 콘센트에 먼지가 끼지 않도록 자주 청소한다.

▶ 대처방법

① 화재가 발생하면 큰소리로 주변 사람들에게 화재를 알리고, 화재경보기를 작동한다.

② 미용실에 있는 반려견들과 함께 대피한다.

- 큰 불길 속을 통과할 때에는 몸과 얼굴을 물에 적신 수건 등으로 덮어 주고, 연기가 많이 있는 곳에서는 물에 적신 수건으로 코와 입을 가려 주고 최대한 밑으로 기어서 이동한다.

③ 즉시 119에 화재 신고하여 신속히 소방차가 출동하게 한다.

④ 주위 사람과 함께 소화기나 소화전을 이용하여 초기 대처를 하며, 불길이 너무 강한 경우에는 섣불리 행동하지 않는다.

그림 2-1. 소화기 사용법

1 소화기를 불이 난 곳으로 옮깁니다.
2 손잡이 부분의 안전핀을 뽑습니다.
3 바람을 등지고 호스를 불쪽으로 향합니다.
4 손잡이를 힘껏 움켜쥐고 비로 쓸어내듯 뿜어냅니다.

출처: 한국소방안전원

그림 2-2. 소화전 사용법

1 소화전함을 열고 호스를 화재지점 가까이 전개합니다.
2 소화전 밸브를 시계 반대방향으로 돌려서 개방합니다.
개방
3 노즐을 잡고, 화점을 향해 방수합니다.
4 진화 후 소화전 밸브를 잠급니다.
잠금

출처: 한국소방안전원

※ 전기 화재는 감전 위험이 있으므로, 물을 사용하면 안 된다.

※ 유류 화재는 물을 사용하면 불이 번질 수 있다.

※ 가스 화재는 폭발 가능성이 높다.

나 누전

전선의 피복이 손상되거나 낡은 전선의 절연 불량 또는 습기가 침입하는 등 전기의 일부가 전선 밖으로 흘러나와 주변에 흐르는 상태로, 신체의 일부에 닿으면 감전사고를 일으킬 수 있고, 전류에 의한 열이 인화 물질에 닿아 화재가 발생할 수 있다.

▶ 예방법

1. 누전 차단기를 반드시 설치한다.
2. 물이 많은 환경(목욕조 등) 주변에서는 전기기기를 연결하여 사용하지 않는다.
3. 반려견이 전선을 물어뜯지 못하도록 반려견이 쉬는 곳에는 전기기기가 없도록 한다.

▶ 대처방법

1. 전기가 통하지 않는 장갑을 착용한 후 콘센트에서 전기기기들을 분리한다.
2. 누전 차단기가 내려간 경우에는 다시 올린다.
3. 전기 관리 전문가에게 연락하여 점검 및 수리를 받도록 한다.

다 누수

누수는 물이 흐르는 통로나 기구 등에 손상으로 균열 또는 구멍이 생겨서 물이 새어나가는 상태를 의미한다. 누수로 물이 주변 전기기구에 닿으면 감전 등의 사고가 발생할 수 있기 때문에 항상 점검해야 한다.

▶ 예방법

1. 수도를 잠갔을 때 물이 새는지 확인한다.
2. 물이 샌다면 수도 관리 전문가에게 연락하여 점검 및 수리를 받도록 한다.

▶ 대처방법

1. 누수로 물이 심하게 쏟아져 나오는지 확인한다.
2. 누수 부위를 여러 장의 수건으로 덮어 물이 튀지 않도록 하거나, 양동이를 받쳐 최대한 물이 주변 전기기기에 닿지 못하게 한다.
3. 수도 계량기를 잠가 물이 새어 나오지 않게 한다.
4. 물이 샌다면 수도 관리 전문가에게 연락하여 점검 및 수리를 받도록 한다.

2.2 장비관리

반려견 미용사는 주기적으로 안전장비를 점검하여 안전사고 방지를 위해 노력하도록 한다.

2.2.1 대기 장소의 안전 장비

가 안전문

반려견의 도주를 예방하기 위해 사용하는 안전문을 선택할 때에는 창 사이가 충분히 촘촘한 것을 선택한다. 또 대기하는 반려견의 크기에 따라 충분히 높고, 특히 안전문의 잠금 장치가 튼튼해야 하며, 반려견이 물리력을 가하여 열 수 없는 방향으로 제작되어야 한다. 출입문 주변에는 문을 여닫을 때 반려견이 도주하지 못하도록 안전문을 이중으로 설치하는 것이 좋고, 안전문은 항상 닫힌 상태로 유지해야 한다.

나 크레이트

반려견이 대기하는 장소인 크레이트는 반려견의 몸높이에 비해 충분히 높고, 튼튼하며 촘촘하여야 한다. 크레이트는 독립적인 공간을 제공함으로써 반려견의 불안이나 스트레스를 감소시킬 수 있다. 반려견이 퇴실한 이후에는 반드시 소독하도록 한다.

2.2.2 미끄러짐과 낙상 방지를 위한 안전 장비

가 테이블 고정 암(Arm)

테이블 고정 암은 미용 작업을 하는 동안, 반려견의 안전을 위해 움직임을 제한하도록 하는 장치이다. 그러므로 미용 작업 중에만 사용하고 반려견을 혼자 대기시키는 목적으로 사용해서는 절대 안 된다. 고정 암을 선택할 때에는 목을 고정하는 목줄만 있는 형태가 아니라 허리와 배도 받쳐 줄 수 있는 것을 선택하는 것이 좋다. 고정 암은 반려견의 체중을 충분히 지탱할 수 있도록 튼튼한 것을 사용해야 하며, 목줄과 배를 고정하는 하네스는 반려견을 너무 꽉 조이지 않고 반려동물의 움직임을 제한할 정도로만 조여주어 손가락이 들어갈 수 있는 정도의 여유가 있어야 한다. 또 반려견이 편하게 서 있을 수 있게 하네스가 고정 장치에 너무 팽팽하게 연결되지 않고 여유가 있도록 조절해 준다.

나 바닥재

테이블의 바닥재는 미끄럽지 않은 소재를 선택하거나 깔판을 깔아 반려견의 미끄러짐과 낙상을 방지하여 안전사고가 나지 않도록 한다. 특히, 목욕조가 있는 공간이나 출입문에는 물기로 인하여 미끄럼의 위험이 있으므로 미끄럼방지 깔판을 설치하도록 한다.

2.2.3 물림 방지를 위한 안전 장비

물림 방지를 위한 도구에는 엘리자베스 칼라와 입마개 등이 있다. 반려견의 입 부분이 나오지 않을 크기 정도의 엘리자베스 칼라를 선택한다. 엘리자베스 칼라의 잠금 부위가 반려견의 목 뒤에 오도록 착용시킨다. 이때 손가락 두 개 정도가 들어갈 정도로 여유를 두고 고정한다.

입마개는 반려견의 입 부분의 크기에 알맞은 것을 선택한다. 엘리자베스 칼라와 마찬가지로 입마개의 잠금 부위는 귀 뒤쪽에 오도록 착용시키고, 끈 부분은 손가락 두 개 정도가 들어갈 정도로 여유를 두고 고정한다. 입마개 착용은 반려견의 호흡에 의한 체온 조절에 영향을 줄 수 있으므로 장시간 착용하는 것은 바람직하지 않다.

2.3 위생관리

2.3.1 소독(消毒, Disinfection)

소독은 질병의 감염이나 전염을 예방하기 위해 아포(芽胞, 포자의 다른 이름)를 제외한 대부분의 유해한 미생물을 파괴하거나 불활성화시키는 것을 말한다. 또 소독은 비병원성 미생물을 파괴하지 않으므로, 모든 미생물을 사멸시키는 것은 아니다. 이와 비슷한 개념으로 멸균(滅菌, sterilization)은 아포를 포함한 모든 미생물을 사멸하는 것을 의미한다. 소독은 일반적인 오염물질들을 제거하기 위해 사용되고, 멸균은 식품 보존이나 의약품 및 수술도구에 주로 사용된다(김문주, 소영진, 송인영 외 2011).

가 소독 방법

소독 방법에는 화학제품을 이용한 화학적 소독(化學的消毒), 끓는 물을 이용한 자비 소독(煮沸消毒), 빛을 이용한 일광 소독(日光消毒), 자외선을 이용한 자외선 소독(紫外線消毒, ultraviolet disinfection), 증기를 이용한 증기 소독(蒸氣消毒, steam disinfection) 등이 있다(김문주, 소영진, 송인영 외 2011).

▶ 화학적 소독(化學的消毒)

화학적 소독은 특정 화학제품을 사용하여 소독하는 것을 말한다. 반려동물에게 위해하지 않은 화학적 소독제 중 알맞은 소독제를 사용하여 소독한다.

▶ 자비 소독(煮沸消毒)

자비 소독은 100℃의 끓는 물에 소독 대상을 넣어 소독하는 것을 말한다. 100℃ 이상으로는 올라가지 않으므로 미생물 전부를 사멸시키는 것은 불가능하여 아포와 일부 바이러스에는 효과가 없다. 소독 방법은 100℃의 끓는 물에 소독대상을 넣고 10~30분 정도 충분히 끓이는 것이다. 의류 · 금속 제품 · 유리 제품 등을 소독하는데 적당하고, 금속 제품은 탄산나트륨 1~2%를 추가하면 녹이 스는 것을 방지할 수 있다. 자비 소독은 고압 증기 멸균기가 없는 곳에서 사용하고, 유리 제품은 찬물에 넣은 다음, 끓기 시작하면 10~20분간 두고, 유리 제품을 제외하고는 끓기 시작하면서 넣으면 된다.

▶ 일광 소독(日光消毒)

일광 소독은 직사광선에 직접 소독대상을 노출하여 소독하는 것을 말한다. 가장 간단한 소독법이나, 두께가 두꺼운 경우에는 소독이 깊은 부분까지 미치지 않는 단점이 있다. 또 계절 · 기후 · 환경에 영향을 받기 때문에 효과가 일정하지 않다. 미용실에서 사용하는 수건 및 의류의 소독에 적합하다. 소독 방법은 맑은 날 직사광선에 소독 대상을 충분히 노출시킨다.

▶ 자외선 소독(紫外線消毒, Ultraviolet Disinfection)

자외선 소독은 2,500~2,650Å의 자외선을 조사하여 멸균하는 방법으로, 소독 대상의 변화가 거의 없고, 균에 내성이 생기지 않는다. 소독 방법은 소독 대상을 자외선 소독기에 넣고, 10cm 내의 거리에서는 1~2분 동안, 50cm 내의 거리에서는 10분 정도 노출시킨다.

▶ 고압 증기 멸균(高壓蒸氣滅菌, Steam Sterilization, Autoclaving)

고압 증기 멸균은 포화된 고압 증기 형태의 습열(濕熱, 습증에 나는 열)을 이용하여 아포를 포함한 모든 미생물을 사멸시키는 것을 말한다. 소독 방법은 고압 증기 멸균기를 사용하여 소독 대상을 물기가 없이 닦고, 증기가 침투하기 쉽게 기구의 뚜껑은 열어 놓고 천 또는 알루미늄 포일(Aluminum Foil)로 감싼 후, 보통 15파운드(6.8kg)의 수증기압과 121℃에서 15~20분간 소독한다. 습열(濕熱)에 약한 소독 대상에는 사용하지 않는다. 금속날은 무뎌질 수 있다.

나 화학적 소독제의 종류

① 계면활성제(界面活性劑, Surfactant)

계면활성제는 분자 안에 친수성기(親水性基, 극성이 크고 물에 대해 친화성이 강한 원자단)와 소수성기(疏水性基, 물과의 친화성이 적고 극성이 작은 기)를 모두 가지고 있어, 물과 기름 모두에 잘 녹는 특징이 있다. 계면활성제의 종류에는 비누 · 샴푸 · 세제 등과 같은 음이온 계면 활성제, 4급 암모늄(역성비누)과 같은 살균, 소독용으로 사용되는 양이온 계면 활성제 등이 있다. 양이온 계면 활성제는 대부분의 세균 · 진균 · 바이러스를 불활성화 시키지만, 녹농균 · 결핵균 · 아포에는 효과가 없다. 일반적으로 손 · 피부 점막 · 식기 · 금속 기구와 식품 등을 소독할 때 사용한다. 제품의 설명서에 명시된 희석 배율로 희석한 후에 분무하거나 소독제 안에 일정 시간 담가 소독한다.

② 과산화물(過酸化物, Peroxide)

과산화물계 소독제는 과산화수소, 과산화초산 등을 포함하며, 산화력으로 살균 소독을 하고, 산소와 물로 분해되어 잔류물이 남지 않는다. 주로 2.5~3.5%의 농도로 사용하며, 자극성과 부식성을 나타내는 단점이 있다.

③ 알코올(Alcohol)

알코올은 주로 에탄올(Ethanol) 또는 에틸알코올(Ethylalcohol)을 사용하며, 물과 70%로 희석하였을 때 넓은 범위의 소독력을 가진다. 세균 · 결핵균 · 바이러스 · 진균을 불활성화 시키지만, 아포에는 효과가 없다. 알코올은 손이나, 피부 및 미용 기구 소독에 가장 적합하다. 적당량을 분무기에 넣어 분무 또는 솜 등에 적혀서 사용하거나 기구를 10분간 담가 소독한다. 알코올은 가격이 비싸고, 고무나 플라스틱에 손상을 일으킬 수 있으며, 상처가 난 피부에 사용하면 매우 자극적이다. 또 인화성이 있어 화재의 위험성이 있으므로 보관할 때 주의해야 한다.

④ 차아염소산나트륨(次亞鹽素酸-, Sodium Hypochlorite).

차아염소산나트륨은 락스의 구성 성분으로 기구 소독 · 바닥 청소 · 세탁 · 식기 세척 등 다양한 용도로 쓰인다. 개에서 전염성이 높은 파보 · 디스템퍼 · 인플루엔자 · 코로나바이러스 · 살모넬라균 등을 불활성화 시킬 수 있고, 넓은 범위의 살균력을 가지며 소독력 또한 좋다. 제품에 명시된 농도로 희석하여 용도에 맞게 사용한다. 사용 시에 독성을 띄는 염소가스가 발생하기 때문에 환기에 특히 신경을 써야 한다. 점막 · 눈 · 피부에 자극성을 나타내며 금속에 부식을 일으킬 수 있기 때문에 기구 소독에 사용할 때에는 유의해야 한다. 보관할 때에는 빛과 열에 분해되지 않도록 보관에 주의해야 한다.

⑤ 페놀류(석탄산, Phenols).

놀류는 거의 모든 세균을 불활성화 시키고 살충 효과도 있지만, 바이러스나 아포에는 효과가 없다. 가격이 저렴하여 넓은 공간을 소독할 때 적합하며, 고온일수록 소독 효과가 크고 안정성이 강하여 오래 두어도 화학 변화가 없다. 유기물이 있는 표면에 사용해도 소독력이 감소하지 않는다. 하지만 점막 · 눈 · 피부에 자극성을 나타내고, 특히 고양이에서 독성을 나타내기 때문에 고양이가 있는 환경에서는 사용을 추천하지 않는다. 또 금속을 부식시키므로 배설물 소독 등의 한정된 용도로만 사용해야 한다. 기구나 배설물 소독에는 보통 3~5%의 농도로 사용한다.

⑥ 크레졸(Cresol)

크레졸의 독성은 페놀류와 같은 정도이지만, 소독 효과는 3~4배 더 좋다. 녹농균 · 결핵균을 포함한 대부분의 세균을 불활성화 시키지만, 아포나 바이러스에는 효과가 없다. 물에 잘 녹지 않으므로, 비누로 유화해서 보통 비눗물과 50%로 혼합한 크레졸 비누액으로 많이 사용한다. 기구나 배설물 소독에는 보통 3~5%의 농도로 사용한다. 하지만 냄새가 강한 편이고 금속을 부식시키며 원액은 피부에 손상을 일으키므로 주의해서 사용해야 한다.

다 청소도구

① 진공청소기

진공청소기는 바닥 청소 등 넓은 공간에 사용하기에 적합한 도구로 진공청소기에 익숙하지 않는 반려견들은 불안해하고 두려움을 느낄 수 있다. 따라서 소음이 적은 제품을 구입하여 영업 전후의 반려견이 없는 시간을 활용하여 사용하도록 한다. 청소기의 가장 중요한 부분이 필터이므로 자주 청소하여 깨끗이 유지 · 관리하도록 한다.

② 핸디청소기

핸디청소기는 좁은 공간에서 사용하기에 적합한 청소 도구로 주로 미용테이블에 떨어진 털을 제거하는데 사용한다.

③ 먼지떨이, 빗자루, 걸레

먼지떨이는 먼지를 털기 전에 창문을 열어 놓은 상태에서 사용하도록 한다. 먼지떨이로 먼지를 턴 후 물을 뿌려 먼저가 가라앉으면서 물에 달라붙게 한 후 빗자루를 사용하여 빗질을 한다. 이후 걸레를 사용하여 다시 한번 닦아내도록 한다. 청소가 끝난 후에는 반드시 청소도구를 세척하여 건조한 후 보관한다.

2.3.2 미용도구 소독

① 손을 깨끗이 씻은 후, 장갑을 끼고 작업한다.

② 세척액과 소독제를 도구의 재질에 맞춰 선택하여 준비한다.

③ 부드러운 재질의 세척용 솔로 도구의 표면이 손상되지 않도록 세척한다.

④ 세척 후 미용도구에 잔여물이 없도록 충분히 헹군다.

⑤ 알맞은 소독제로 소독하거나 자외선 소독기에 노출시켜 소독한다.

⑥ 완전히 건조시킨 후 정해진 장소에 보관한다.

2.3.3 반려견 미용사 위생 관리

가 반려견 미용사의 위생 관리

① 손 위생관리

반려견 미용은 장시간이 요구되는 수작업으로, 미용사 자신을 보호하고, 전염병의 전파를 예방하기 위하여 손의 위생은 매우 중요하다. 손톱은 되도록 짧게 깎아 청결하게 유지하도록 한다. 반려견 미용사는 미용 업무 및 기타 업무의 시작 전이나 마무리 후 반드시 손을 씻어 손을 위생적으로 관리해야 한다. 식품의약품안전처에 의하면 비누를 사용해 흐르는 물로 손을 씻으면 세균이 99.8% 제거된다고 한다. 세계보건기구(WHO)는 30초 이상 손을 씻을 것을 권고하고 있다.

▶ 위생적인 손 씻기 9단계

ㄱ 흐르는 물에 손을 충분히 헹구고 적신 뒤, 충분한 양의 비누를 묻힌다.

ㄴ 손바닥과 손바닥을 맞대고 여러 번 비벼준다.

ㄷ 한쪽 손의 손바닥으로 반대쪽 손의 손등을 덮어 깍지를 낀 뒤 비벼준다. 반대쪽 손도 같은 방법으로 시행한다.

ㄹ 손바닥과 손바닥을 맞대고 깍지를 낀 뒤 비벼준다.

ㅁ 양손을 손가락이 맞물리게 잡은 뒤 손가락을 비벼준다.

ㅂ 한쪽 손으로 반대쪽 손의 엄지손가락을 잡은 뒤 돌려주며 문지른다. 반대쪽 손도 같은 방법으로 한다.

ㅅ 손톱을 반대쪽 손의 손바닥에 대고 원을 그리며 문지른다. 반대쪽 손톱도 같은 방법으로 한다.

ㅇ 흐르는 물에 손과 손톱 밑을 충분히 헹군다.

ㅈ 마른수건이나 종이 타월로 물기를 제거하고 건조시킨다.

그림 2-3. 올바른 손씻기

출처 : 질병관리본부

▶ 미용사의 손 소독

손 소독은 흐르는 물에 씻는 것이 가장 바람직하나 상황에 따라 손 소독제를 비치하여 사용하도록 한다.

▶ 손 소독제 사용 3단계

ㄱ 알코올 손소독제를 500원 크기 정도로 짜내어 손에 바른다.
ㄴ 손바닥, 손등, 손가락, 손톱 밑까지 문질러준다.
ㄷ 건조될 때까지 문지른 후 10초간 말린다.

▶ 미용사의 손톱 관리

손톱은 하루 평균 0.1mm가 자라며 손톱을 이루고 있는 주성분은 케라틴, 즉 단백질이다. 만약 단백질 섭취가 부족하다면 손톱이 튼튼하게 자라나지 못해서 약해지고, 쉽게 갈라지거나 부러지는 현상이 나타나게 된다. 손톱은 밑 부분에 세균이 쉽게 번식할 수 있으므로 항상 청결하게 유지한다. 손톱은 손끝에서 2~3mm 이내로 짧게 다듬는 것 좋으며, 손톱깎이를 이용해 다듬는 것보다는 네일 파일 등을 이용해 길이를 조절해 주는 것이 좋다.

② 머리 관리

반려견 미용사가 머리를 풀고 작업하면 머리카락이 도구에 끼거나 반려견이 머리를 물어 당겨 안전사고가 발생할 수 있으므로 머리띠나 고무줄을 이용하여 단정히 묶도록 한다.

나 접촉에 의한 주요 인수공통전염병

인수공통전염병은 사람과 동물이 같은 병원체에 감염되는 전염병을 의미한다. 현재까지 약 250여 종이 알려져 있으며 사람의 건강과 공중보건학적으로 중요한 전염병은 약 100여 종이 된다. 최근 발생하는 사람 전염병의 75% 이상이 인수공통전염병에 해당할 만큼 인수공통전염병에 대한 관리가 중요하다. 반려견 미용사들은 지속적으로 제한된 공간에서 반려견과 지내야 하기 때문에 인수공통전염병에 감염위험이 매우 높다(강재선, 2004; Morgan 2007).

① 광견병(Rabies)

광견병 바이러스로 인해 급성 바이러스성 뇌염을 일으키는 질병으로, 광견병 예방백신 사업으로 인해 드물게 발생하지만, 치사율이 높으므로 위험성을 꼭 숙지하고 있어야 한다. 주로 광견병 바이러스에 감염된 반려동물의 교상과 상처 부위를 통해 감염된다.

② 백선증(곰팡이성 피부질환, Ringworm)

곰팡이 감염으로 인한 피부질환으로, 곰팡이에 감염된 반려동물에 직접 접촉하거나 오염된 미용기구, 목욕조 등의 접촉으로 감염된다.

③ 개선충(옴진드기, Sarcoptic Mange)

개선충으로 생기는 피부질환으로 대부분 반려동물과 직접 접촉하여 감염된다. 피부 표피에 개선충이 굴을 파고 서식하므로 소양감(아프고 가려운 느낌)이 매우 심하다.

④ 회충, 지알디아, 캠필로박터, 살모넬라균, 대장균

반려동물의 배설물 등에 의해 옮겨지며, 주로 입으로 감염되어 사람과 반려동물에게 장염과 같은 소화기 질병을 일으킨다.

다 피부 소독제의 종류

① 알코올(Alcohol)

알코올은 주로 피부와 같이 살아 있는 조직을 소독하는 데 사용한다. 점막에 닿으면 자극적이므로 상처 부위에 직접 사용하는 것은 피한다. 60~80%의 농도가 되도록 물에 희석하여 사용한다(예: 70%라면, 알코올 7 + 물 3). 또 지나치게 많이 사용하면 오히려 피부에 자극이 될 수 있으므로 주의한다.

② 클로르헥시딘(Chlorhexidine)

클로르헥시딘은 일상적인 손 소독과 상처 소독에 모두 사용이 가능한 광범위 소독제이다. 클로르헥시딘을 사용하면 세균이 급격히 감소하는 효과를 나타내지만, 알코올보다는 소독효과가 천천히 나타나는 편이다. 0.5%의 농도가 되도록 물 또는 생리식염수에 희석하여 사용하고, 4% 이상의 농도에서는 피부에 자극이 될 수 있다. 반려동물에서는 독성을 나타내므로 귀와 눈 부위에는 사용하면 안 된다.

③ 과산화수소(過酸化水素, Hydrogen Peroxide)

과산화수소는 도포 시 거품이 나는 것이 특징이며, 산화력이 강하고 산소가 발생하므로 호기성 세균 번식을 억제하는 효과가 있다. 상처 소독을 위해서는 사용하지 않으나 소독용으로 사용하는 경우에는 2.5~3%의 농도로 사용한다.

④ 포비돈(Povidone)

포비돈은 세균 · 곰팡이 · 원충 · 일부 바이러스 등 넓은 범위의 살균력을 가지며, 주로 상처소독용 · 수술 전 소독용으로 사용한다. 알코올과 함께 사용하면 효과가 상승하며, 1~10%의 농도로 사용한다.

참고문헌

강재선(2004). 『동물공중위생학』. 고문사.

김문주, 소영진, 송인영, 송황순, 임진숙(2011). 『공중보건학』. 훈민사.

최상복(2004). 『산업 안전 대사전』. 도서출판 골드.

Morgan, R. V. (2007) *『Handbook of Small Animal Practice 5th Editon』*. Saunders.

Plunket, S. J. (2013). *『Emergency Procedures for the Small Animal Veterinarian 3rd Edtition』*. Saunders.

국가직무능력표준. www.ncs.go.kr

국민재난안전포털. www.safekorea.go.kr

반려동물 응급처치법(소방청). https://www.youtube.com/watch?v=j5qOfxXdDf8

법제처 국가법령정보센터 www.law.go.kr

서울대학교병원 의학정보 www.snuh.org

소방청(2019). 국민행동요령-화재

안전보건공단. www.kosha.or.kr

찾기 쉬운 생활법령정보. www.easylaw.go.kr

한국소방안전원. www.kfsi.or.kr

행정안전부. www.mois.go.kr

03

미용 장비 및 도구 관리

03 미용 장비 및 도구 관리

3.1 미용 장비의 종류 및 관리

가 미용테이블(그루밍 테이블 Grooming Table)

미용테이블이란 반려견 미용에 사용하는 테이블을 뜻한다. 반려견 미용은 주로 높고 좁은 테이블 위에서 이루어지는데 이것은 동물의 불필요한 활동을 제한하고 반려견 미용사가 바르고 편한 자세로 작업할 수 있도록 하기 위해서이다.

그림 3-1. 미용테이블 (그루밍 테이블 Grooming Table)

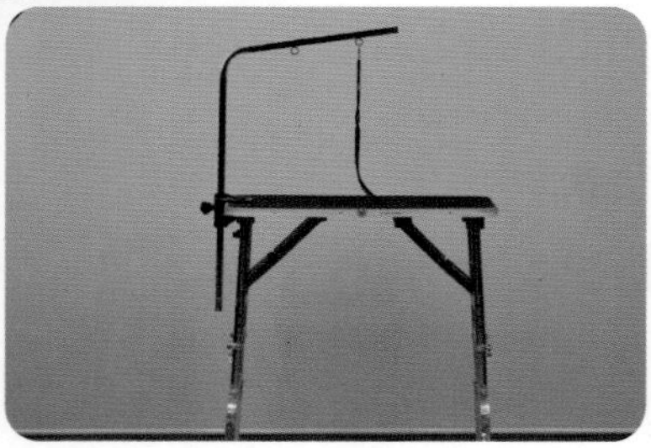

나 드라이어 Dryer

드라이어는 목욕 후 반려견의 털을 말리기 위해 사용하는 도구로 개인용 드라이어, 스탠드 드라이어, 룸 드라이어, 블로 드라이어 등 다양한 종류가 있다.

그림 3-2. 드라이어 Dryer
(스탠드 드라이어 Stand Dryer)

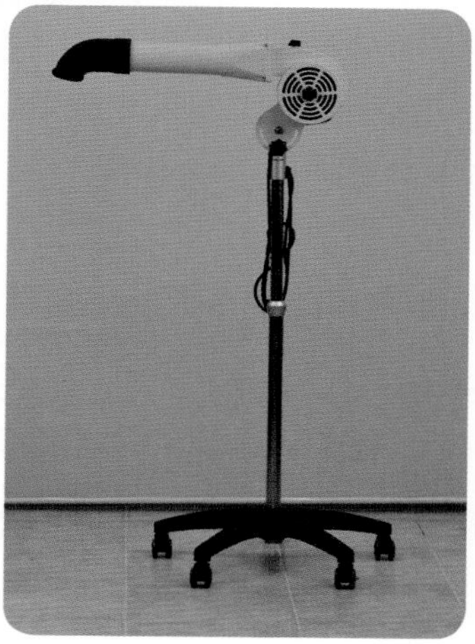

다 목욕 장비

1 목욕조(펫 텁스 Pet Tubs)

그림 3-3. 목욕조(펫 텁스 Pet Tubs)

② 온수기(溫水器, 오터르 히터르 Water Heater)

온수를 공급하는 장치로, 주로 전기온수기와 가스온수기를 사용한다. 전기온수기는 설치가 간편한 장점이 있으나 저장된 물을 모두 사용하면 물을 데우는 데 시간이 오래 걸려 물을 많이 사용하는 곳은 적절하지 못하다. 반면, 가스온수기는 설치 방법이 까다롭지만 많은 양의 물을 빨리 데울 수 있는 장점이 있다.

라 소독기(消毒器, 스텔러라이저르 Sterilizer)

자외선을 이용하여 살균하는 기계로 반려동물의 미용도구 소독에 사용한다. 소독 기능과 건조 기능을 함께 갖춘 제품이 편리하며 가열 살균이나 약제 소독에 비해 소독에 걸리는 시간이 짧기 때문에 사용이 간편하다.

3.2 미용도구의 종류 및 관리

가 가위

① 블런트 가위(블런트 시저르즈 Blunt Scissors, 스트레이트 시저르즈 Straight Scissors)

민가위 또는 일자가위라고도 하며 반려견의 털을 자르는 데 사용한다. 면처리할 때 사용한다.

그림 3-4. 블런트 가위 (블런트 시저르즈 Blunt Scissors)

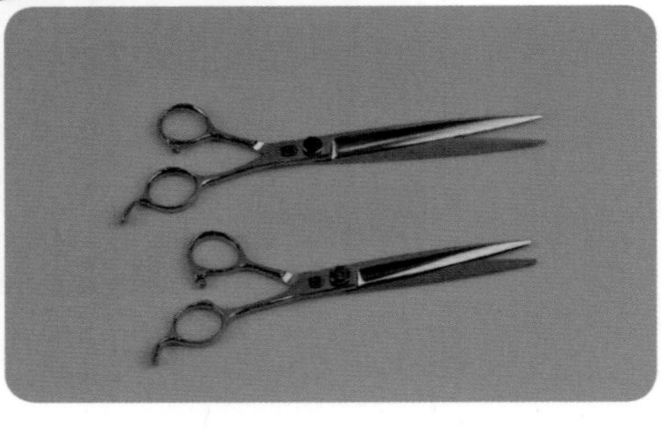

② 블런트 커브 가위(블런트 커르브드 시저르즈 Blunt Curved Scissors)

곡선으로 이루어져 있으며 굴곡이 있는 몸이나 얼굴 모양을 만들 때 사용한다.

그림 3-5. 블런트 커브 가위(블런트 커르브드 시저르즈 Blunt Curved Scissors)

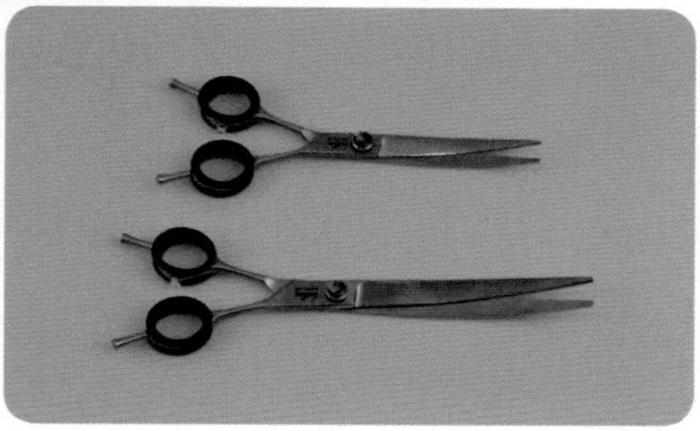

③ 틴닝 가위(틴닝 시어르스 Thinning Shears, 블렌더르스 Blenders)

숱가위라고도 부르며 숱을 치는 데 사용한다.

그림 3-6. 틴닝 가위(틴닝 시어르스 Thinning Shears, 블렌더르스 Blenders)

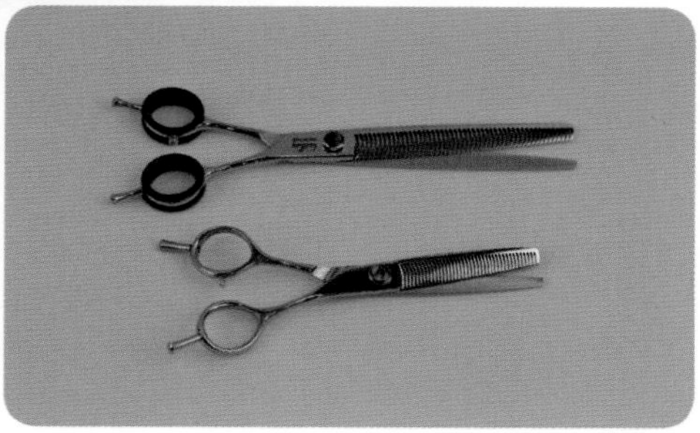

④ 요술 가위(청커르스 Chunkers, 수퍼르 블렌더르스 Super Blenders)

틴닝 가위의 일종으로 틴닝 가위보다 넓은 면적의 털을 자를 수 있다.

그림 3-7. 요술 가위(청커르스 Chunkers, 수퍼르 블렌더르스 Super Blenders)

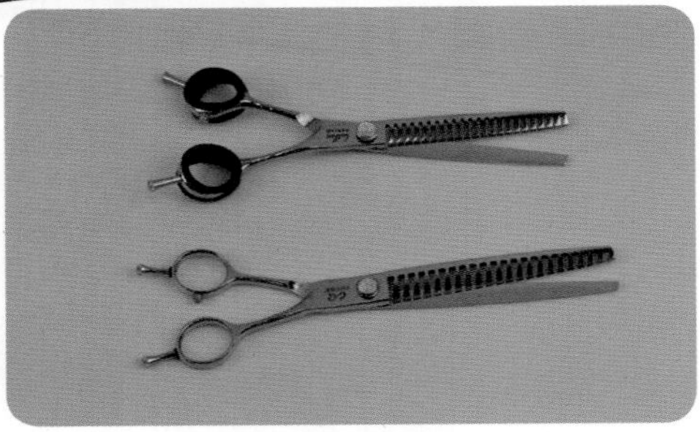

⑤ 커브 요술 가위(커르브드 청커르스 Curved Chunkers)

요술 가위로 곡선으로 이루어져 있다.

그림 3-8. 커브 요술 가위(커르브드 청커르스 Curved Chunkers)

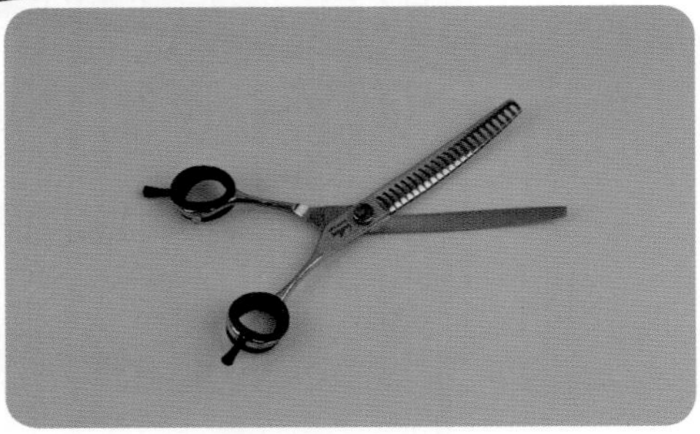

▶ 관리방법

새로 구입한 가위에 적응하는 데에는 대략 3주에서 2개월 정도가 필요하며, 이 기간 동안에 어떻게 사용하느냐에 따라 가위의 수명이 크게 달라진다. 따라서 이때에는 기존의 가위질보다 좀 더 가볍고 부드럽게 사용하는 것이 좋다.

① 볼트의 조절

가위를 사용할 때 볼트가 너무 느슨하거나 필요 이상으로 꽉 조여있으면 엄지손가락으로 손잡이를 밀어서 커트하게 되고 가윗날 2개 중 한쪽 날만 마모되어 가위의 수명을 단축시키는 원인이 된다. 볼트의 조절은 각 개인에게 알맞은 정도의 차이가 있으므로 본인이 힘을 주지 않고 가위를 잡아 상하로 가위질할 때 너무 가볍거나 무겁지 않게 느껴지는 정도가 적당하다.

② 날의 유지

가윗날의 예리함이 가위의 품질에서 가장 중요하며 이것을 더 길게 유지하기 위해서는 가위의 소독 관리 보관이 중요하다. 또한 엉키거나 굵고 억센 털을 마구 자르면 가윗날의 마모가 빨라져 가위의 수명이 단축되므로 가능하면 조금씩 잡고 가볍게 커트하는 것이 좋다.

③ 관리

가위를 사용하기 전후에 윤활제를 뿌리는 것이 좋으며 가위를 닦을 때에는 전용 가죽이나 천을 사용한다. 이때 날을 왕복해서 닦으면 가윗날이 손상될 수 있으므로 날의 바닥면을 날의 손잡이 쪽에서 날 끝 쪽으로 밀면서 닦아주는 것이 좋다. 이렇게 관리하면 가윗날에 묻은 이물질도 제거하고 날의 예리함도 더 오래 유지시킬 수 있다.

④ 날의 연마

가윗날의 마모 및 외부 충격으로 날을 A/S해야 하는 경우에는 가능하면 빨리 A/S를 받아야 가위의 손상을 줄일 수 있다. 가위의 연마는 숙련된 전문가에게 의뢰하는 것이 좋다.

⑤ 보관

ㄱ 닫힌 상태로 보관

가위를 보관할 때 가장 중요한 것은 항상 가윗날을 닫힌 상태로 보관하는 것이다. 가위가 벌어진 상태이면 안전사고가 발생할 위험이 있으며 외부 충격이 발생했을 때 닫힌 상태보다 벌린 상태의 가윗날에 손상을 더 크게 입는다.

ㄴ 닦아서 보관

사용한 다음에는 항상 날을 닦아서 보관하여 날에 미세한 상처가 생기는 것을 방지한다. 반려견 한 마리의 미용이 모두 끝날 때마다 가볍게 닦아준다. 하루 일과를 다 마친 후에는 깨끗이 닦고 가위의 각 부위에 윤활제를 충분히 뿌려 보관한다.

▶ 기타

① 가위 세트(펫 시저르스 셋 위스 케이스 백 Pet Scissors Set with Case Bag)

일반적으로 블런트 가위와 틴닝 가위가 들어가 있으나 여러 가지를 조합하여 세트를 만들 수 있다.

그림 3-9. 가위 세트 (Pet Scissors Set with Case Bag)

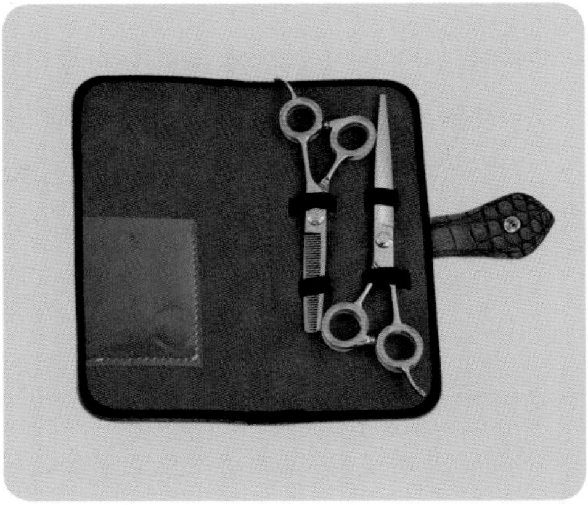

나 클리퍼 Clipper

반려견의 털을 일정한 길이로 자르는 데 사용한다. 전체 미용이 가능한 전문가용과 기본 미용이나 섬세한 부분의 클리핑에 사용하는 소형 클리퍼 등이 있다.

① 전문가용 클리퍼(프러페셔늘 독 클리퍼 Professional Dog Clipper)

애완동물 미용 시 몸체나 얼굴, 발 등 전반적인 클리핑을 하는데 다양하게 사용한다. 클리퍼 본체에 길이가 다른 여러 가지 클리퍼 날을 장착하여 사용할 수 있다.

그림 3-10. 전문 가용 클리퍼(프러페셔늘 독 클리퍼 Professional Dog Clipper)

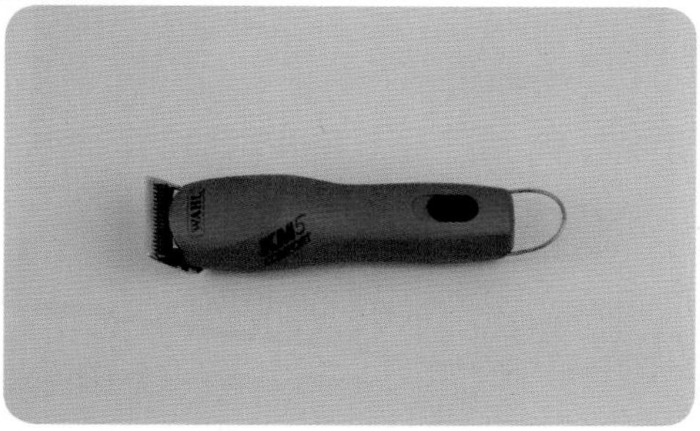

② 중간 클리퍼(독 클리퍼 - 미디엄 사이즈 Dog Clipper - Medium Size)

0.5~1.6mm까지 날의 길이를 조절하여 사용할 수 있는 클리퍼이다.

그림 3-11. 중간 클리퍼(독 클리퍼 - 미디엄 사이즈 Dog Clipper - Medium Size)

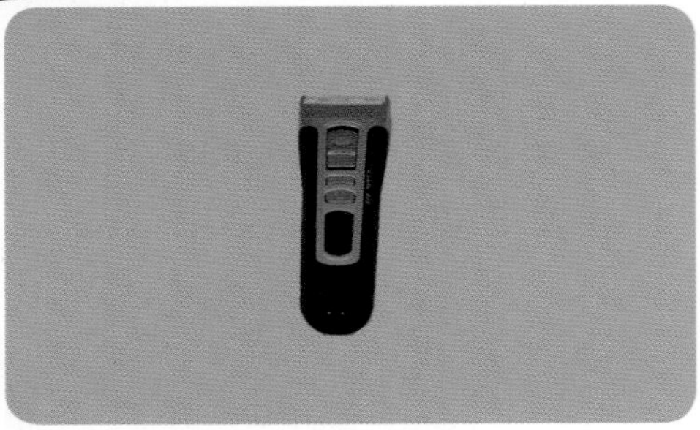

③ 미니 클리퍼 Mini Clipper

발바닥, 배, 항문 등을 클리핑할 때 사용한다.

그림 3-12. 미니 클리퍼 Mini Clipper

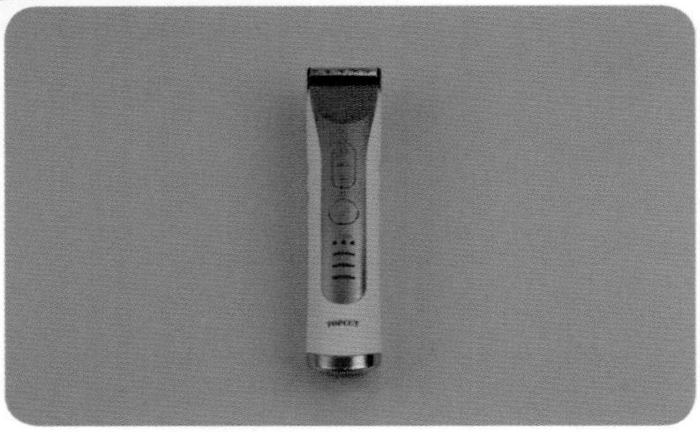

다 클리퍼 날(클리퍼 블레이드스 Clipper Blades)

클리퍼에 부착하여 잘리는 털의 길이를 조절한다. 클리퍼의 아랫날은 두께를 조절하기 때문에 아랫날 두께에 따라 클리핑 되는 길이가 결정되며, 윗날은 털을 자르는 역할을 한다. 클리퍼 날에는 번호가 적혀 있는데 일반적으로 번호가 클수록 털의 길이가 짧게 깎인다. 번호에 따른 날의 길이는 제조사마다 약간씩 편차가 있으며 날에 표기된 mm 수치는 동물의 털을 역방향으로 클리핑 할 때 남아 있는 털의 길이이다. 동물의 종류나 미용 방법 및 사용 부위에 따라 적당한 길이의 날은 선택하여 사용한다.

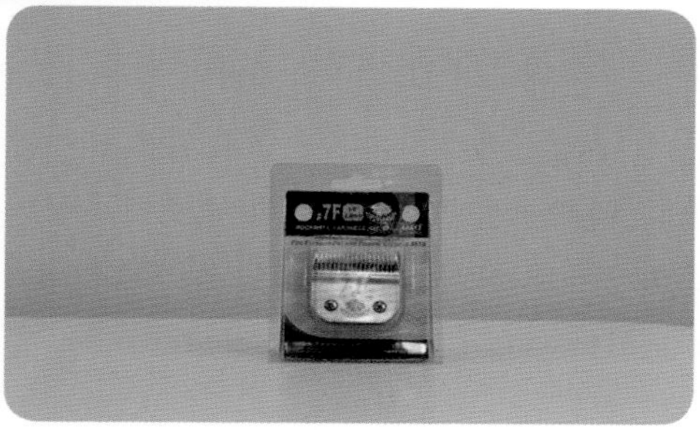

그림 3-13. 클리퍼 날(클리퍼 블레이드스 Clipper Blades)

라 클리퍼 콤(어태치먼트 캄즈 Attachment Combs)

클리퍼 날에 끼우는 덧빗으로 보통 1mm 길이의 클리퍼 날에 덧끼워 사용한다. 덧끼우는 날에 따라 길이를 조절하여 클리핑 할 수 있다.

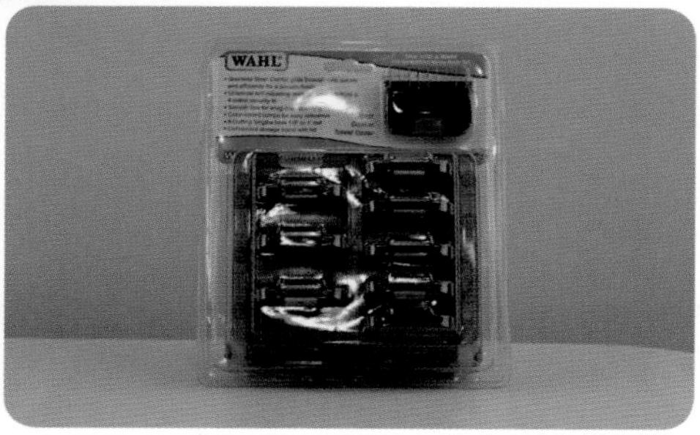

그림 3-14. 클리퍼 콤(어태치먼트 캄즈 Attachment Combs)

▶ 관리방법

① 사용 전 관리

새로 구입한 클리퍼는 반려동물의 털을 바로 클리핑하지 말고 사용하기 전에 관리 작업을 미리 해두면 더 오래 사용할 수 있다. 기름을 충분히 바른 상태에서 2~3분 정도 공회전을 한 후에, 윤활제를 뿌려 날의 생산 과정에서 묻은 이물질을 제거한 다음에 사용한다.

② 유지

클리퍼 날과 클리퍼의 모터는 클리퍼의 성능과 밀접한 연관이 있다. 클리퍼 날은 항상 청결해야 하며 사용하지 않을 때에는 윤활제를 뿌린 후 보관해야 한다. 특히 동물의 털은 유분이 많으며 이물질이 많이 끼어 있어 사용한 다음에 청소를 하지 않으면 날의 수명이 짧아지고 날에 묻은 이물질이 굳어져 모터의 성능에도 영향을 준다.

③ 관리

클리퍼 날은 습기에 약하므로 날에 묻은 수분은 부식의 원인이 된다. 반려견 미용 작업 중 또는 소독할 때 물기가 묻은 경우에는 반드시 건조시켜 사용하고 보관한다. 또 사용 전후에 윤활제를 뿌려 주는 것이 좋으며 날에 기름이 묻은 상태로 클리핑을 하면 털이 달라붙고 뭉쳐져 클리핑이 어렵고 세척과 소독도 어려우므로 기름을 뿌린 후에는 마른 수건이나 휴지로 윤활제를 닦아낸 후 사용한다.

④ 날의 연마

클리퍼 날은 연마가 가능하며 관리를 잘하면 반영구적으로 사용할 수 있다. 클리퍼 날의 연마는 숙련된 전문가에게 의뢰하는 것이 좋다.

⑤ 보관

날은 깨끗하게 청소한 후 윤활제를 뿌려 건조한 곳에 보관한다.

마 빗과 브러시(브러시스 언 콤즈 Brushes and Combs)

① 슬리커 브러시 Slicker Brush

엉킨 털을 빗거나 드라이를 위한 빗질 등에 사용하는 빗이다. 금속이나 플라스틱 재질의 판에 고무 쿠션이 붙어 있고 그 위에 구부러진 철사 모양의 쇠가 촘촘하게 박혀 있다. 핀의 재질이나 핀을 심은 간격, 브러시의 크기가 다양하므로 반려견의 견종나 사용용도에 알맞은 것을 선택하여 사용한다.

그림 3-15. 슬리커 브러시 Slicker Brush

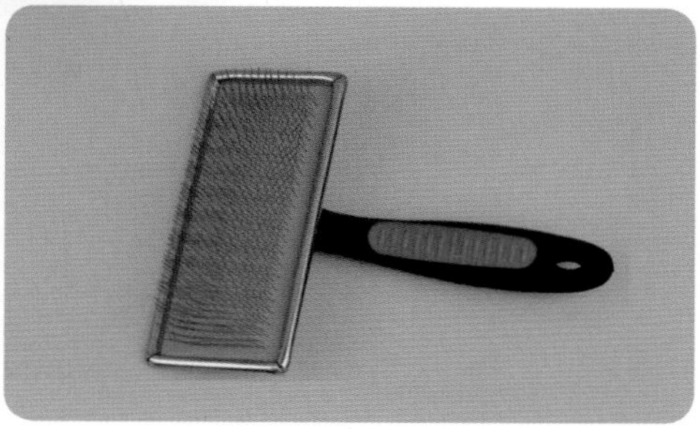

② 핀 브러시 Pin Brush

장모종의 엉킨 털을 제거하고 오염물을 털어내는 용도로 사용된다. 플라스틱이나 나무판 위에 고무 쿠션이 붙어 있고 둥근 침 모양의 쇠로 된 핀이 끼워져 있다.

그림 3-16. 핀 브러시 Pin Brush

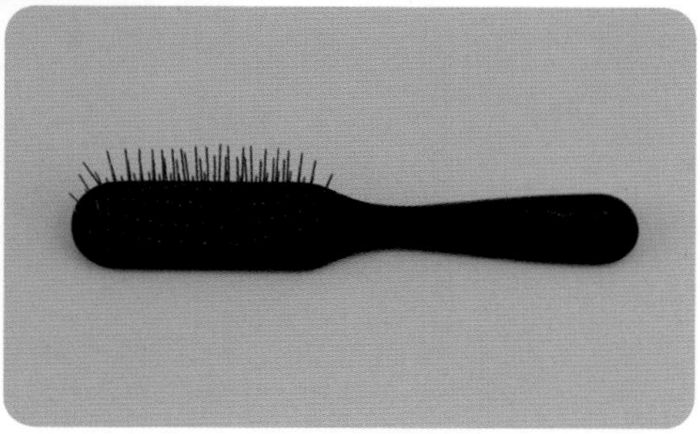

③ 브리슬 브러시 Bristle Brush

동물의 털로 만든 빗이다. 오일이나 파우더 등을 바르거나 피부를 자극하는 마사지 용도로 사용된다. 말, 멧돼지, 돼지 등 여러 동물의 털이 이용되며 사용 목적에 따라 길이나 재질이 다양하다.

그림 3-17. 브리슬 브러시 Bristle Brush

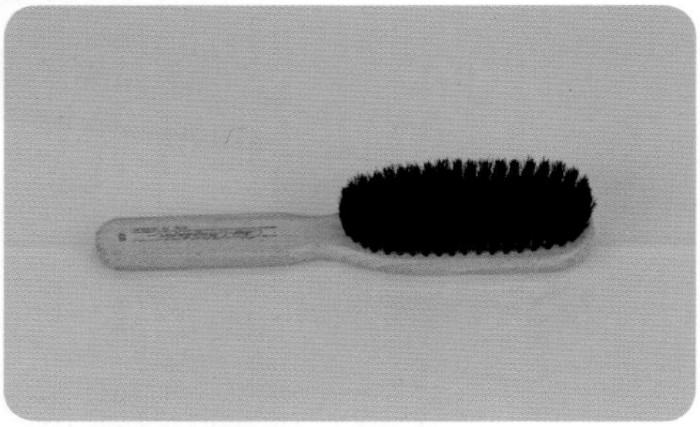

④ 콤 Comb

엉키거나 죽은 털 제거, 가르마 나누기, 털 세우기, 방향 만들기 등 다양한 용도로 사용된다. 길쭉한 금속 막대 위에 끝이 굵고 둥근 빗살이 꽂혀 있다. 이러한 형식으로 빗살이 심어진 빗은 가볍고 털에 손상을 덜 주는 장점이 있다. 빗의 크기 · 굵기 · 길이 · 중량 등이 다양하므로 반려견의 견종과 미용의 용도에 따라 알맞은 것을 선택하여 사용한다.

그림 3-18. 콤 Comb

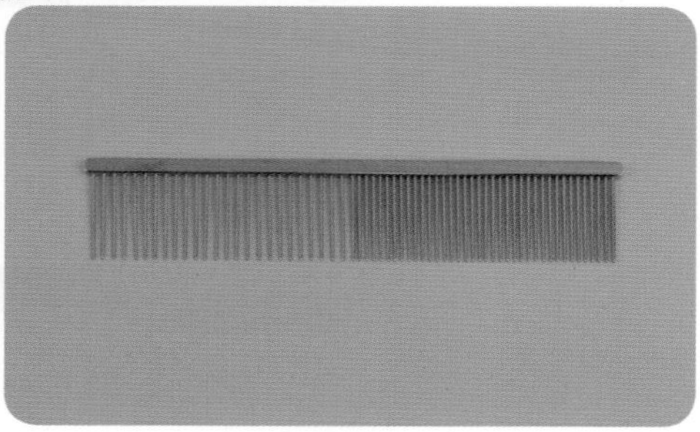

⑤ 꼬리빗(포인티드 콤 Pointed Comb)

반려견의 털을 가르거나 랩핑을 할 때 사용한다. 주로 장모견의 털을 나눌 때 사용한다.

그림 3-19. 꼬리빗 (포인티드 콤 Pointed Comb)

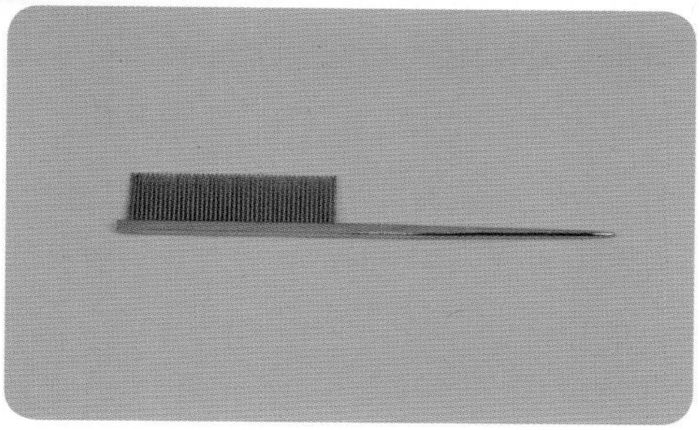

⑥ 눈꼽빗(티어르 스테인 리무버르 콤 Tear Stain Remover Comb)

베이싱할 때 눈꼽 제거시 사용한다.

그림 3-20. 눈꼽빗(티어르 스테인 리무버르 콤 Tear Stain Remover Comb)

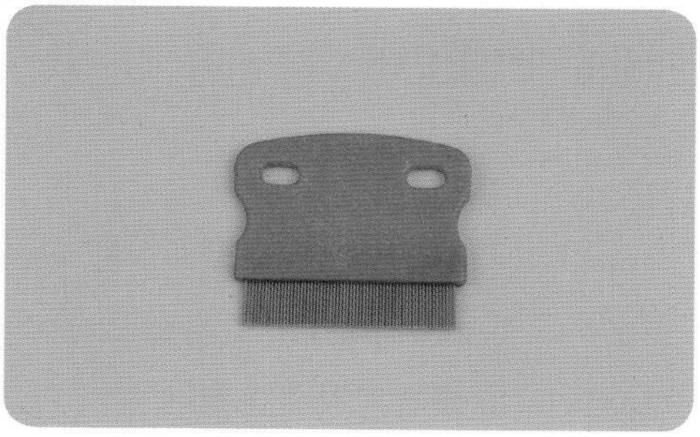

▶ 관리방법

① 슬리커 브러시

콤이나 손을 이용하여 슬리커 브러시에 붙은 털을 제거하고 패드 부분과 빗 전체 부분의 이물질을 제거하기 위해 비눗물로 세척한 후 깨끗한 물로 씻어 낸다. 이때 패드 부분에 물이 들어가지 않도록 뒤집어 잡고 닦아주며 브러시의 물기를 털어내고 뜨겁지 않은 바람으로 말려준다. 미용테이블에 슬리커 브러시를 긁어 털을 제거하면 핀의 끝부분이 손상되어 빗질할 때 반려견의 피부에 찰과상을 입힐 수 있으므로 반드시 손가락이나 굵은 콤 등을 이용하여 털을 제거한다. 슬리커 브러시를 젖은 채로 보관하면 패드가 부식되거나 핀에 녹이 생길 수 있으므로 완전히 건조시켜 보관한다.

② 핀 브러시

엄지손가락과 집게손가락을 이용하여 핀 브러시에 붙은 털을 제거하고 핀 브러시와 패드 부분에 낀 이물질을 모두 제거한다. 남은 이물질은 비눗물로 씻어내고 깨끗한 물로 헹구어 제거한다. 이때 핀 브러시의 패드 부분에 있는 작은 구멍에 물이 들어가지 않도록 브러시를 뒤집어 잡고 닦는다. 브러시를 흔들어서 물기를 털어 내고 뜨겁지 않은 바람으로 말려 준다. 너무 뜨거운 바람은 패드 부분에 손상을 줄 수 있으므로 주의해야 한다. 또 직사광선, 오일, 제습기나 공기청정기는 패드 부분에 손상을 줄 수 있으므로 가급적 피해야 한다.

③ 브리슬 브러시

브러시에 붙은 털을 손으로 털어낸다. 파우더가 묻었으면 손을 부드럽게 양옆으로 움직여 털어내며 오일이 묻었으면 마른 수건으로 가볍게 닦아낸다. 브러시를 뒤집은 상태로 물에 적셔 남은 오일과 파우더를 전용 세정제를 사용하여 충분히 닦아낸 후 건조시켜 보관한다. 건조시킬 때에는 직사광선을 피하여 브러시의 털이 갈라지거나 손상되지 않도록 주의해야 한다.

바 스트리핑 나이브즈 Stripping Knives

스트리핑에 사용하는 나이프이다. 코스 · 미디엄 · 파인 3가지 종류의 나이프가 있으며 죽은 털을 제거하고 굵고 건강한 모질을 만드는 데 사용한다.

그림 3-21. 스트리핑 나이브즈 Stripping Knives

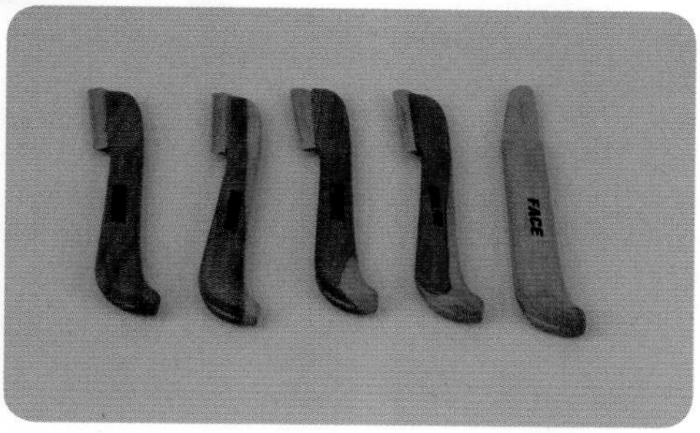

사 코트 킹 Coat King

필요 없는 언더코트를 자연스럽게 제거해 주는 도구이다. 반려견의 모발 특징에 따라 날의 촘촘함 정도와 크기를 선택하여 사용한다.

그림 3-22. 코트 킹 Coat King

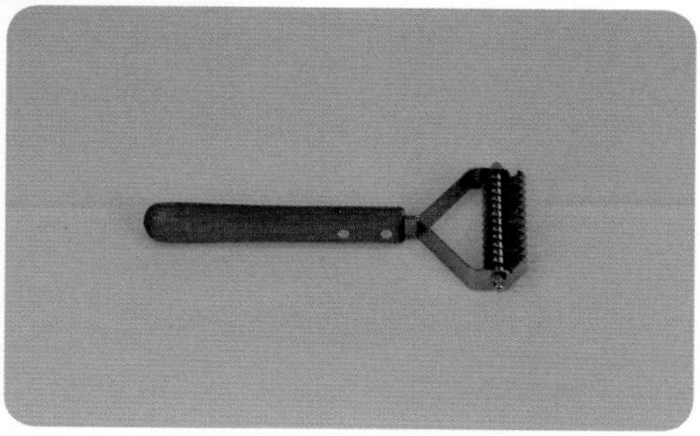

아 겸자(히머스탯 Hemostat)

귓속의 털을 뽑거나 청소할 때 사용하며 직선형 · 곡선형 · 무구형 등 다양한 종류가 있다.

그림 3-23. 겸자(히머스탯 Hemostat)

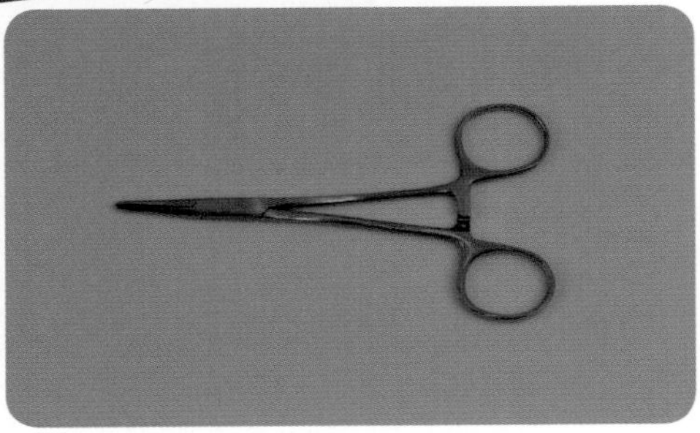

자 발톱깎이(네일 클리퍼 Nail Clipper)

발톱을 깎는 데 사용하며 집게형 · 니퍼형 · 기요틴형 등 다양한 종류가 있다.

그림 3-24. 발톱깎이(네일 클리퍼 Nail Clipper)

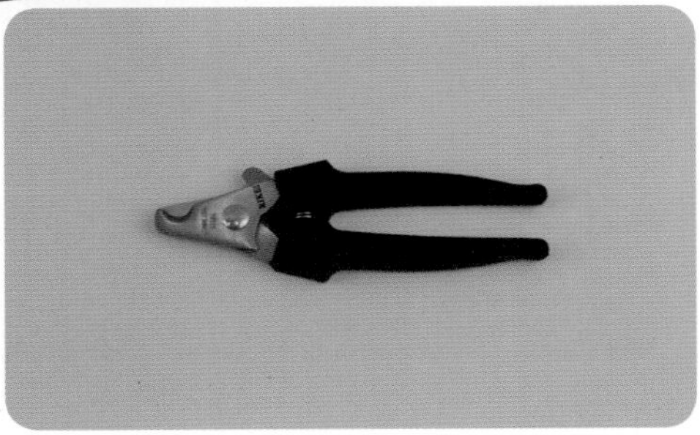

차 발톱갈이(네일 파일 Nail File)

동물의 발톱을 깎으면 절단면이 뾰족하고 날카로워 사람이나 동물에게 상해를 입힐 수 있으므로 이러한 부분을 갈아서 둥글게 다듬는데 사용한다. 충전을 하거나 건전지를 넣어 사용하는 전동식과 사람의 손으로 양방향으로 움직여 사용하는 수동식이 있다.

그림 3-25. 발톱 갈이(네일 파일 Nail File)

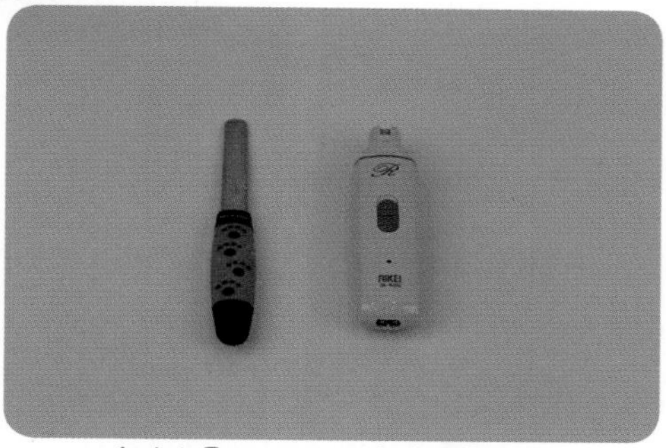

(좌) 수동식 (우) 전동식

카 도그 위그와 견체 모형(독 위그 언 독 매너킨 Dog Wig and Dog Mannequin)

위그의 외피를 씌워 미용 연습을 하는 견체 모형이다.

타 기타

▶ 엘리자베스 칼라(일리저비선 칼러르 Elizabethan Collar)

원래는 반려견이 수술을 마치고 수술 부위를 핥지 못하게 하기 위해 동물의 목에 착용시켜 얼굴을 감싸는 용도로 만들어졌으나 물지 못하게 하기 위해서도 유용하게 사용된다. 플라스틱으로 된 것과 천으로 된 것 등 다양한 종류가 있다.

그림 3-26. 엘리자베스 칼라
(일리저비선 칼러르 Elizabethan Collar)

▶ 입마개(독 마우스 커버르 Dog Mouth Cover)

반려견이 물지 못하게 하기 위하여 입에 씌우는 도구이다. 천이나 플라스틱 등으로 만들어졌으며 단두종과 장두종 또는 동물의 종류에 따라 다양한 종류가 있다. 오리 주둥이나 엘리자베스 칼라는 매우 사나운 동물에게는 적합하지 못하며 입이 다 가려지는 플라스틱 입마개는 동물이 호흡하는 데 문제가 생길 수 있으므로 주의해야 한다.

그림 3-27. 입마개
(독 마우스 커버르 Dog Mouth Cover)

3.3 미용도구의 소독

미용도구에 붙은 털을 제대로 털어내지 않으면 도구의 수명을 단축시키므로 도구는 늘 청결하게 유지해야 한다. 가위에 붙은 털은 가윗날에 미세한 상처를 내어 가위의 성능을 떨어뜨리고 클리퍼 날에 이물질이 붙어 있으면 클리퍼 모터에 과부하를 발생시킨다. 털을 털어낼 때에는 부드러운 화장용 솔부터 뻣뻣한 칫솔까지 다양한 도구를 사용하는데 반려견 미용도구의 특성에 알맞은 제품을 선택해서 사용하도록 한다. 일단 미용도구의 털을 모두 제거했으면 소독제를 분무하여 소독하거나 소독기기를 이용하여 소독한다.

3.4 미용 소모품

가 기자재관리 소모품

① 소독제(消毒劑, 디신펙턴트 Disinfectant)

소독제는 반려동물 미용사의 손이나 작업복, 미용도구, 기자재, 작업장 등의 소독에 사용한다.

② 윤활제(潤滑劑, 루브리컨트 Lubricant)

윤활제는 반려견 미용도구, 기자재 등의 관리에 사용한다. 미용도구나 기자재에 뿌리거나 미용도구를 담가 보관하는 등 활용도에 따라 윤활제의 종류가 다양하다.

③ 냉각제(冷却劑, 리프리저런트 Refrigerant)

냉각제는 장시간 사용할 때 열이 발생하는 미용도구의 냉각에 사용한다. 제품에 따라 도구를 부식시키는 성분이 포함된 것도 있으므로 반드시 닦아서 보관해야 한다.

나 목욕관련 소모품

① 샴푸 및 컨디셔너(샴푸 언 컨디셔너르 Shampoo and Conditioner)

각 동물의 pH에 맞추어 연구 개발된 여러 종류의 제품들이 시판되고 있다. 반려동물 미용사는 고객에게 의뢰받은 동물의 모질이나 모색, 털의 상태 등을 파악하여 알맞은 제품을 선택해야 한다. 예를 들면 몰티즈의 경우에는 동물의 종류는 개이고 모색은 하얀색이며 모질의 성격은 장모의 싱글 코트를 가지고 있으므로 여기에 맞도록 개 전용으로 선택하고 백모용과 싱글 코트에 사용하는 제품을 선택할 수 있어야 한다.

그림 3-28. 샴푸 및 컨디셔너(샴푸 언 컨디셔너르 Shampoo and Conditioner)

② 구강 관리: 치약, 칫솔(투스페이스트 언 투스브러시 Toothpaste and Toothbrush)

사람과 마찬가지로 동물들 역시 구강 관리는 신체 건강과 밀접한 관계가 있다. 동물들은 칫솔질을 마치고 치약을 뱉어 낼 수 없으므로 대부분의 동물 치약은 삼켜도 유해하지 않은 성분으로 이루어져 있다. 또한 칫솔질이 어려운 경우에도 사용할 수 있도록 뿌리거나 바르는 제품 등도 다양하게 시판되고 있다.

그림 3-29. 치약과 칫솔 세트(독 투스브러시
셋 Dog Toothbrush Set)

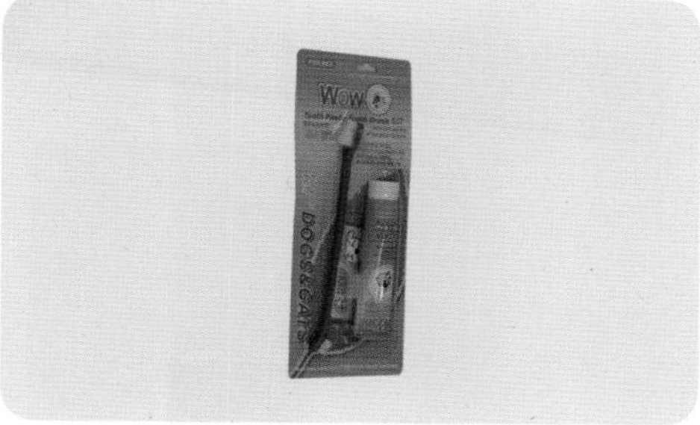

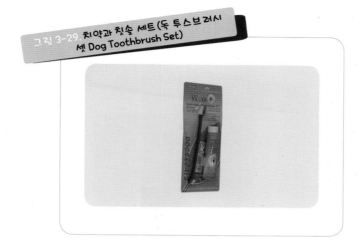

그림 3-30. 뿌리는 치약(스프레이 투스페이
스트 Spray Toothpaste)

③ 펫 타올 Pet Towel

베이싱 후 물기를 제거할 때 사용한다.

그림 3-31. 펫 타올 Pet Towel

다 미용관련 소모품

① 지혈제(止血劑, 히머스태틱 Hemostatic)

동물의 발톱 관리 시 출혈이 발생했을 때 지혈하는 데 사용한다. 기존에는 가루로 된 제품만을 사용하였으나 요즈음에는 지혈과 소독이 동시에 가능한 젤이나 스프레이 등 다양한 형태의 제품이 시판되고 있다.

그림 3-32. 지혈제 (히머스태틱 Hemostatic)

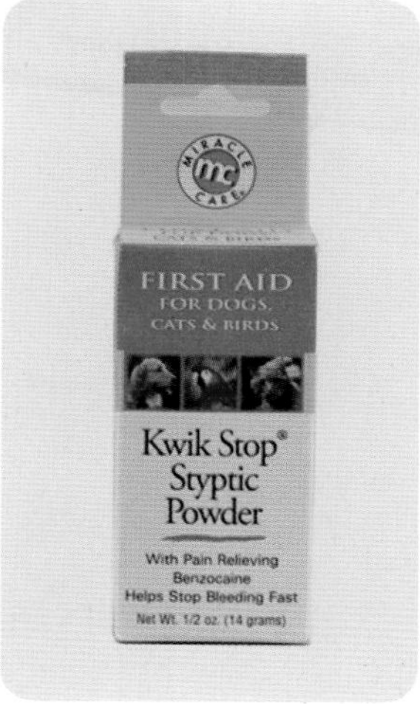

② 이어 파우더 Ear Powder

귓속의 털을 뽑을 때 털이 잘 잡히도록 하기 위해 사용한다.

그림 3-33. 이어 파우더 Ear Powder

③ 이어 클리너 Ear Cleaner

귀 세정제로 귀의 이물질을 제거하거나 소독하는 데 사용한다.

그림 3-34. 이어 클리너 Ear Cleaner

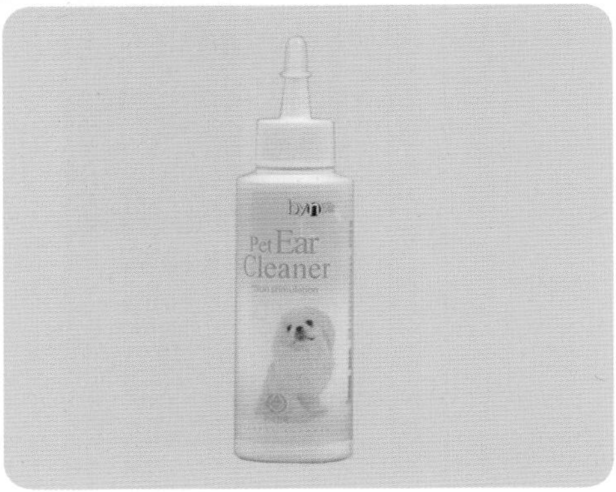

④ 클리너 Cleaner 또는 블레이드 오시 Blade Wash

미용도구를 소독할 때 또는 뜨거워진 날을 식힐 때 사용한다.

그림 3-35. 클리너 Cleaner 또는 블레이드 오시 Blade Wash

⑤ 오일 Oil

클리퍼 날 또는 가위의 움직임을 원활하게 하기 위해 사용한다.

그림 3-36. 오일 Oil

3.5 랩핑 Wrapping

가 밴딩 가위(밴드 시저르즈 Band Scissors)

랩핑이나 밴딩 작업 시 고무 밴드를 자를 때 사용하는 가위이다.

그림 3-37. 밴딩 가위 (밴드 시저르즈 Band Scissors)

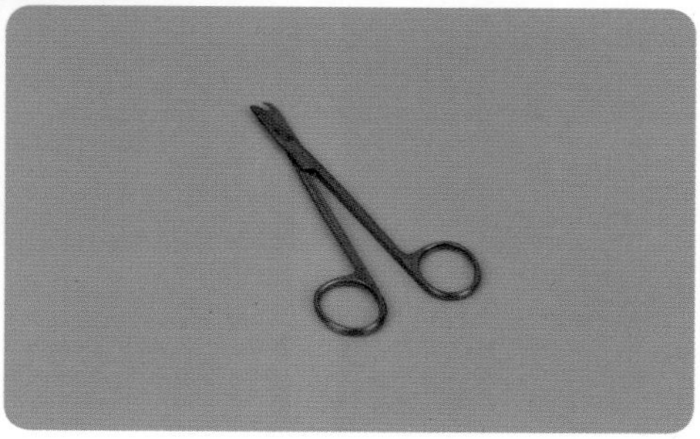

나 랩핑지(랩핑 페이퍼 Wrapping Paper)

장모견의 털을 보호하기 위해 사용하는 종이이다.

그림 3-38. 랩핑지 (랩핑 페이퍼 Wrapping Paper)

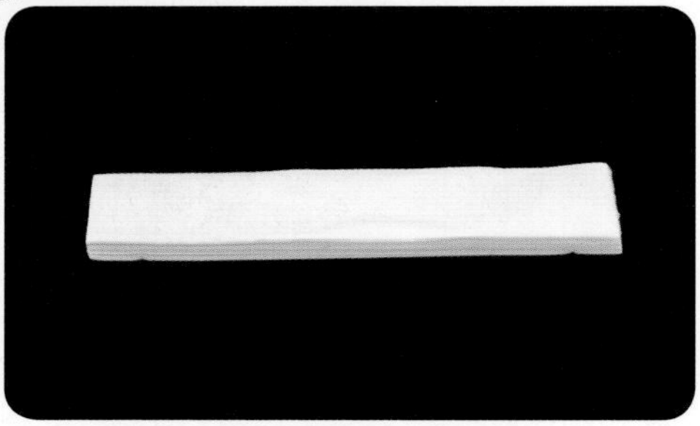

다 고무줄(랩핑 밴즈 Wrapping Bands)

장모견을 랩핑할 때 랩핑지 위에 사용하는 동그란 고무줄이다.

그림 3-39. 고무줄 (랩핑 밴즈 Wrapping Bands)

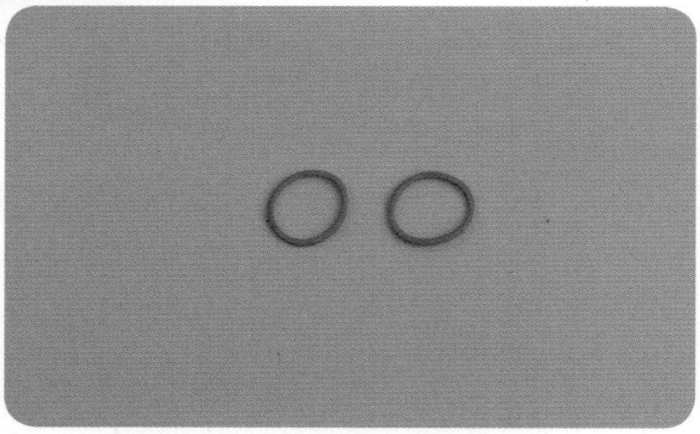

라 작은 고무줄(랩핑 밴즈-스몰 Wrapping Bands - Small)

쇼견의 털을 묶을 때 또는 장모견의 털을 묶을 때 사용하는 고무 밴드이다.

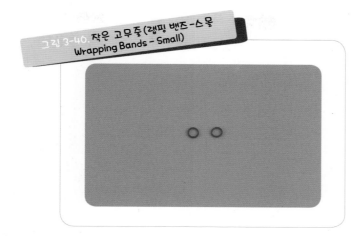

그림 3-40. 작은 고무줄(랩핑 밴즈-스몰 Wrapping Bands - Small)

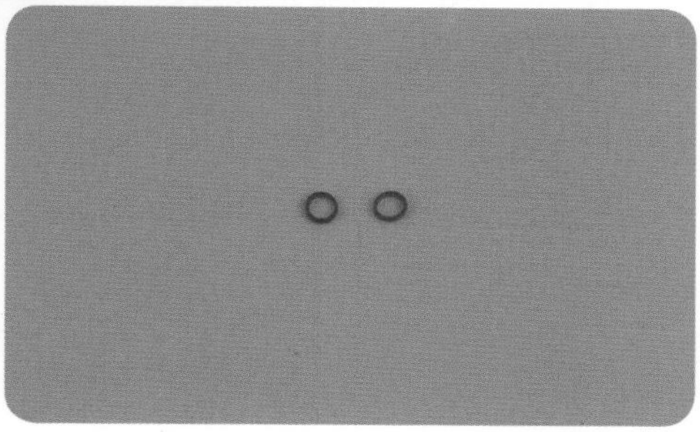

3.6 염색

가 염모제(헤어르다이 Hairdye)

반려동물의 털을 염색하는 데 사용한다. 다양한 색으로 구성되어 하나의 색을 사용하기도 하고 2가지 이상의 색을 섞어 새로운 색을 만들어 사용할 수도 있다.

그림 3-41. 염모제(헤어르 다이 Hairdye)

나 호일 Foil

염색 후 염색 부위를 도포할 때 사용한다.

그림 3-42. 호일 Foil

다 비닐 장갑(플래스틱 글러브 Plastic Glove)

염색할 때 미용사의 손을 보호할 때 사용한다.

그림 3-43. 비닐 장갑 (플래스틱 글러브 Plastic Glove)

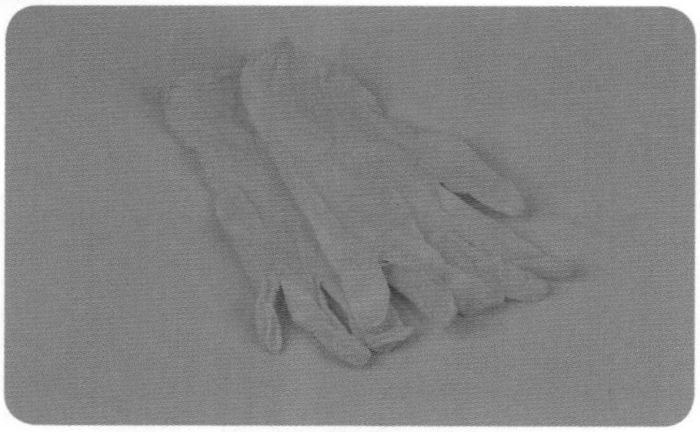

라 염색빗(다이 콤 언 브러시 Dye Comb and Brush)

털에 염색약을 바를 때 사용한다.

그림 3-44. 염색빗
(다이 콤 언 브러시 Dye Comb and Brush)

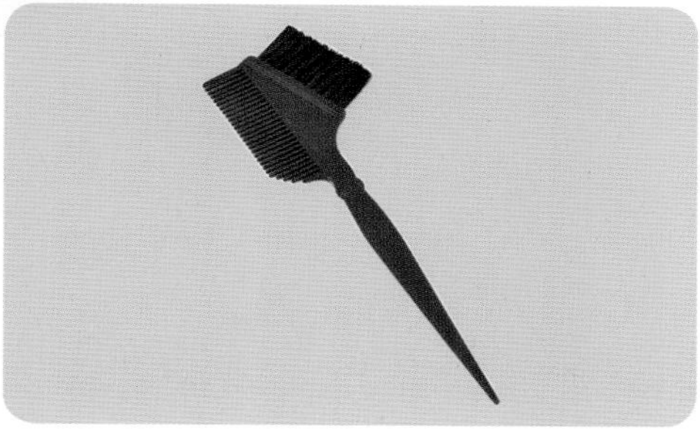

마 헤어 집게(헤어 클립 Hair Clip)

염색 부위의 털을 나눌 때 사용한다.

그림 3-45. 헤어 집게
(헤어 클립 Hair Clip)

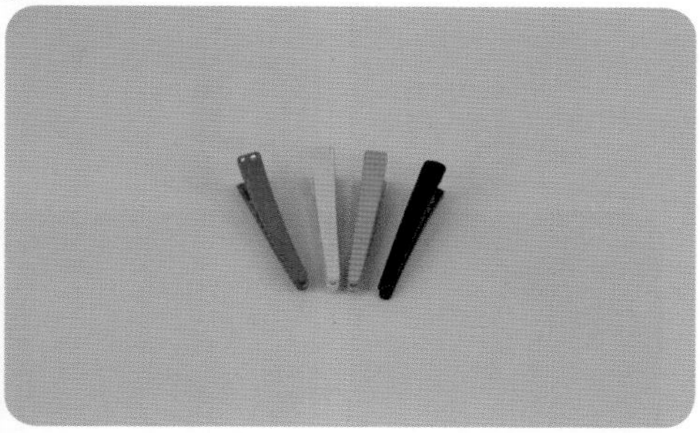

바 종이 테이프(페이퍼 테이프 Paper Tape)

라인을 만들어 염색할 때 또는 다른 부위에 묻는 것을 방지할 때 사용한다.

그림 3-46. 종이 테이프 (페이퍼 테이프 Paper Tape)

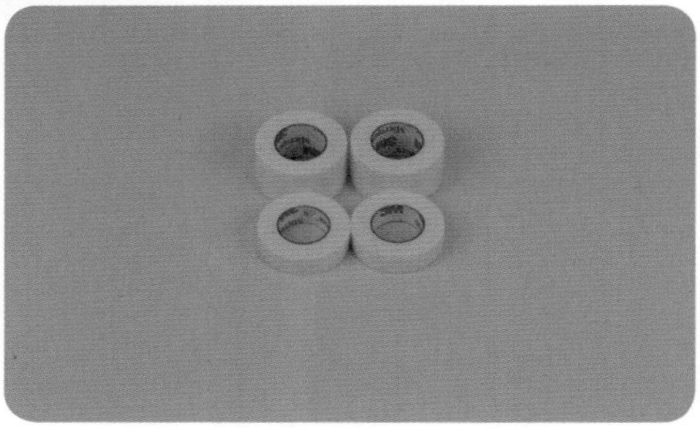

3.7 기타

가 위그 Wig

반려견 미용시 또는 가위 사용법을 연습할 때 사용하는 개 모형에 입힐 수 있는 인조털이다.

그림 3-47. 위그 Wig

나 미용 가운(그루밍 유너포름 Grooming Uniform)

미용할 때 입는 옷으로 털이 잘 붙지 않으며 통풍이 잘 되는 소재로 되어 있다.

그림 3-48. 미용 가운 (그루밍 유너포름 Grooming Uniform)

다 앞치마와 토시(그루밍 에이프런 언 슬리브즈 Grooming Apron and Sleeves)

베이싱할 때 착용하는 것으로 앞치마는 미용사의 옷을 보호해주고 토시는 팔을 보호해준다.

그림 3-49. 앞치마와 토시(그루밍 에이프런 언 슬리브즈 Grooming Apron and Sleeves)

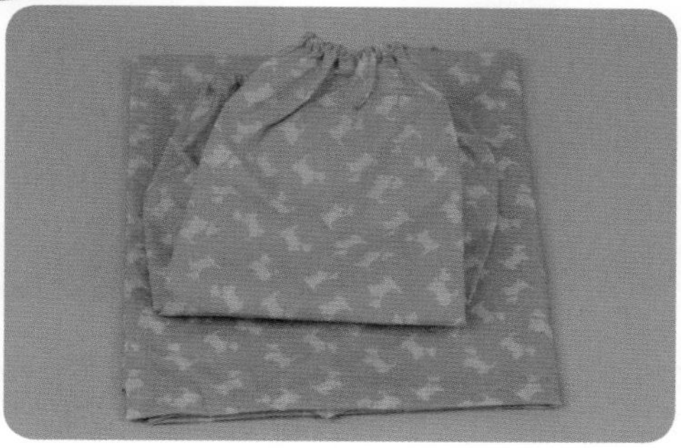

라 미용도구꽂이(그루밍 툴 오르거나이저르 Grooming Tool Organizer)

반려견 미용시 가위, 빗, 클리퍼 등을 사용한 후 안전하게 보관할 때 사용한다.

그림 3-50. 미용도구꽂이(그루밍 툴 오르거나이저르 Grooming Tool Organizer)

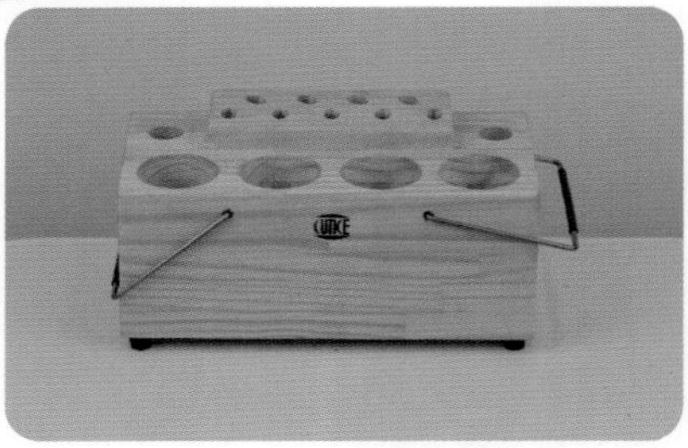

(가) 사용전

(나) 사용후

마 미용도구함(그루밍 툴 케이스 Grooming Tool Case)

미용도구를 함께 모아서 보관하거나 이동시 사용한다.

그림 3-51. 미용도구함(그루밍 툴 케이스 Grooming Tool Case)

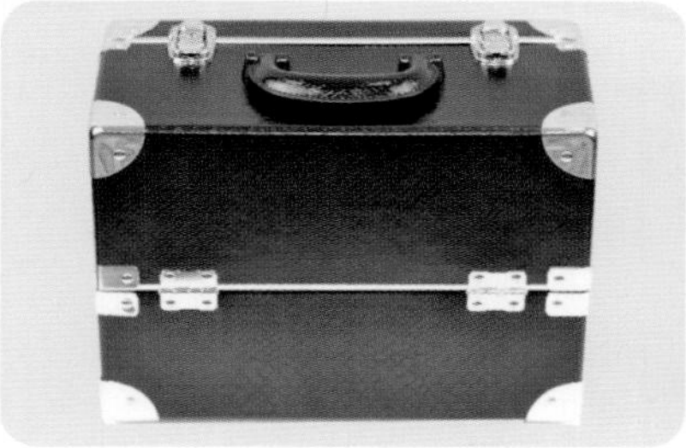

(가) 닫은 상태

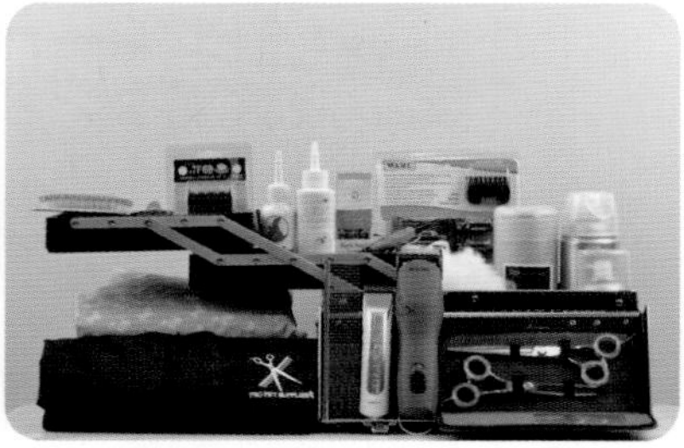

(나) 연 상태

바 보조테이블(카르트 Cart, 트라리 Trolley)

미용도구들을 모아 놓은 것으로 보조테이블을 사용하면 미용테이블에 놓아둔 미용도구의 떨어짐에 의한 미용도구의 파손이나 미용도구에 의해 반려견이 다칠 위험을 감소시킬 수 있다.

그림 3-52. 보조테이블 (카르트 Cart, 트라리 Trolley)

참고문헌

국가직무능력표준. NCS 학습모듈『애완동물 기자재 관리』

04

그루밍과 트리밍

04 그루밍과 트리밍

반려견의 일상적인 손질로 브러싱(Brushing), 코밍(Coming), 베이싱(Bathing), 드라잉(Drying)을 포함해 눈 · 귀 · 발톱 등 견체 각 부분의 손질을 총체적으로 그루밍(Grooming)이라고 한다. 그루밍은 반려견에게 꼭 필요한 것이며 주기적으로 관리를 해주어야 위생적으로 키울 수 있고 외관상으로도 아름답게 해줄 수 있다. 그루밍은 쇼의 참가를 목적으로 하는 그루밍과 일반가정에서 반려견으로 키우기 위한 그루밍으로 나눌 수 있다.

푸들 Poodle, 비숑 프리제 Bichon Frise 등 반려견의 털을 자르는 작업이나 테리어 Terrier 견종의 핑거 스트리핑 Finger Stripping, 플러킹 Plucking을 하는 작업을 트리밍(Trimming)이라고 한다.

그림 4-1. 펫 미용

그림 4-2. 쇼 미용

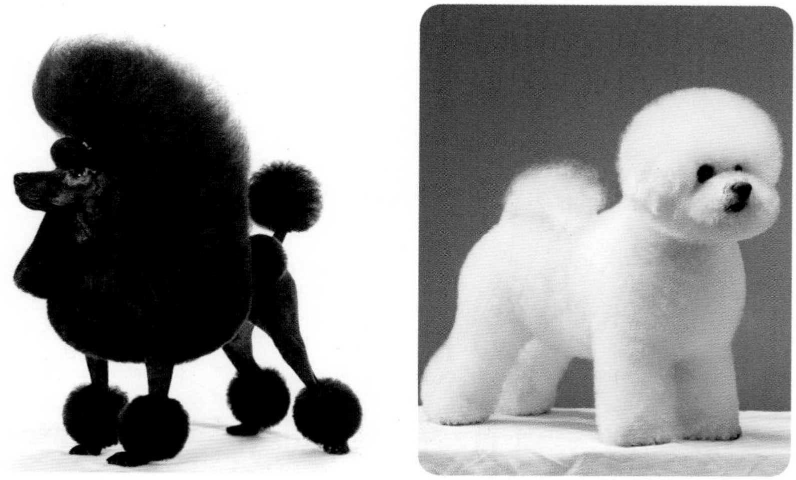

(가) 푸들 Poodle (나) 비숑 프리제 Bichon Frise

4.1 귀 및 발톱 관리

4.1.1 귀 관리

가 귀의 구조

반려견의 귀는 외이, 중이, 내이로 구성되어 있으며, 사람은 수평구조로만 되어 있으나 반려견은 수직과 수평구조를 모두 가지고 있는 L자형으로 되어있다. 이러한 구조는 고막을 보호하기에 좋은 구조이나 공기가 쉽게 통하지 못하여 세균이 번식하거나 염증이 생기기도 하며 악취가 발생하기 쉽다.

그림 4-3. 귀의 구조

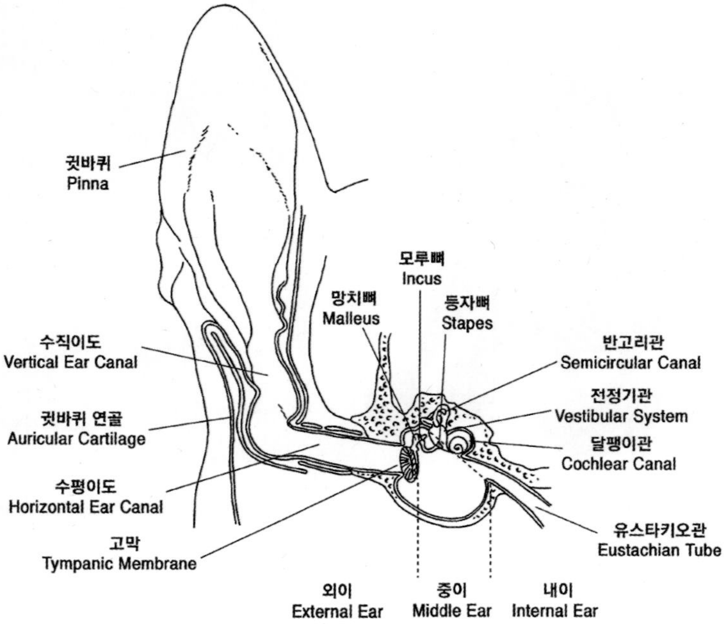

나 귀 청소

반려견의 귓속을 잘 관리해주지 않으면 외부 기생충이 기생하여 귓병의 원인이 된다. 대부분의 견종은 귓속에 털이 자라기 때문에 외이염이 발생하기 쉬우므로 주기적으로 귓속 털을 뽑아주어야 한다. 귀가 쳐진 견종은 귀의 안쪽 구멍을 막고 있어서 습기가 차기 쉽고 습도가 높아 세균이 번식하기 용이하다. 이를 방치하면 귓병의 원인이 된다. 귓속 털이 자라지 않는 견종은 탈지면에 이어클리너를 사용하여 귓속을 닦아 준다. 귀 청소를 하기 위해서는 겸자, 이어 파우더, 이어 클리너, 탈지면 등이 필요하다.

다 귀 관리 용품

① 겸자(鉗子, 히머스탯 Hemostat)

날이 서지 않은 가위 모양의 기구로 물체를 집을 때 사용하는 도구이다. 반려견 미용에서는 귀 내부의 털을 뽑거나 귀의 이물질을 제거할 때 탈지면을 말아 사용한다.

② 이어 파우더 Ear Powder

반려견의 귓속 털을 뽑기 위해 사용하는 분말로 미끄럼을 방지하고 피부 자극과 피부 장벽을 느슨하게 하며 모공을 수축시키는 효과가 있다.

③ 이어 클리너 Ear Cleaner

반려견의 귀 내부를 청소하기 위한 액체로 귀 세정제라고도 한다. 이어 클리너는 귀지(귓구멍 속에 낀 때)를 용해시키며, 귓속의 이물질을 제거하고 미생물의 번식을 억제하며 악취를 제거하는 효과가 있다.

④ 탈지면(脫脂綿, 앱소번트 코튼 Absorbent Cotton)

불순물이나 지방 따위를 제거하고 소독한 솜이다.

라 귀 관리시 주의사항

- 귀 더러움이 심한 경우는 이어 크리너를 귀 안쪽에 뿌려주고 잘 묻을 수 있도록 문질러준다.
- 한 번에 너무 많은 양의 귓속 털을 뽑으면 귀 내부의 피부를 다치게 하여 염증을 일으킬 수 있다. 귓속의 털을 제거하지 않고 방치하면 세균감염을 일으킬 수 있다.

그림 4-4. 귀 관리 순서

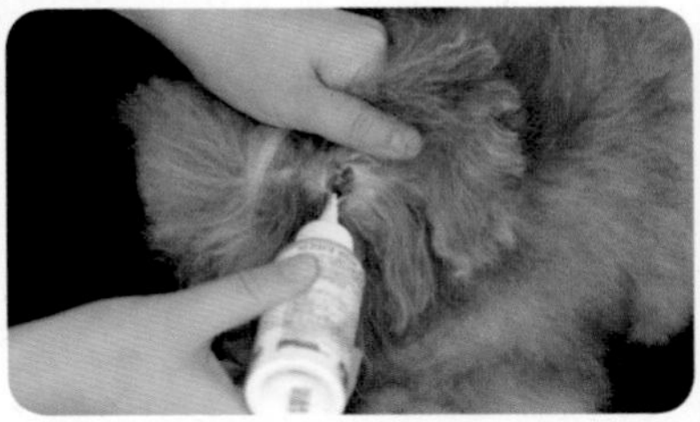

① 이어 파우더를 사용하면 털이 미끄러지지 않게 잘 제거할 수 있다.

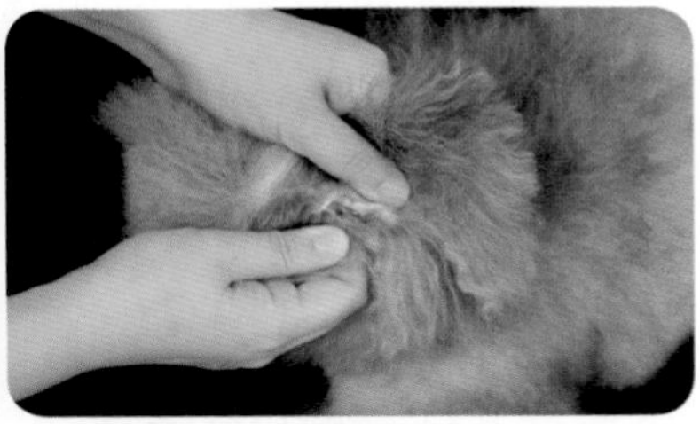

② 전체적으로 파우더가 묻을 수 있도록 귀를 문질러 준다.

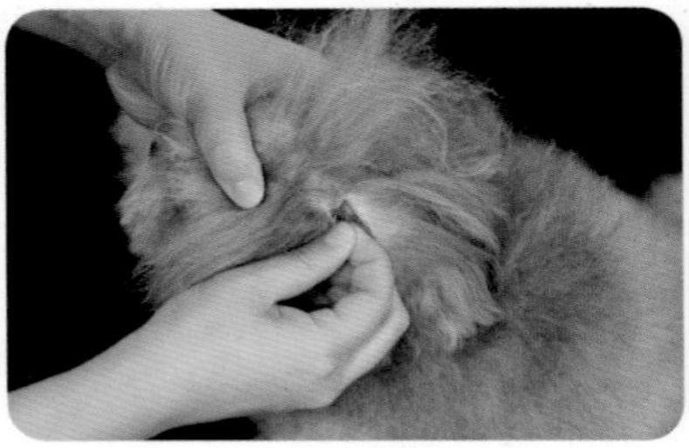

③ 손가락으로 보이는 털을 제거한다.

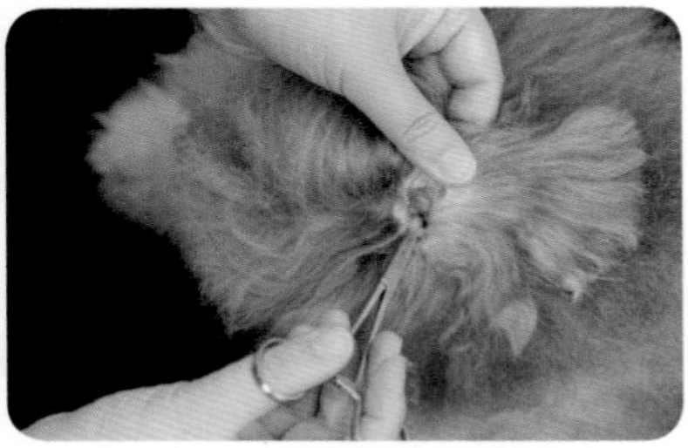

④ 손이 닿지 않는 부분은 겸자를 사용하여 제거한다.

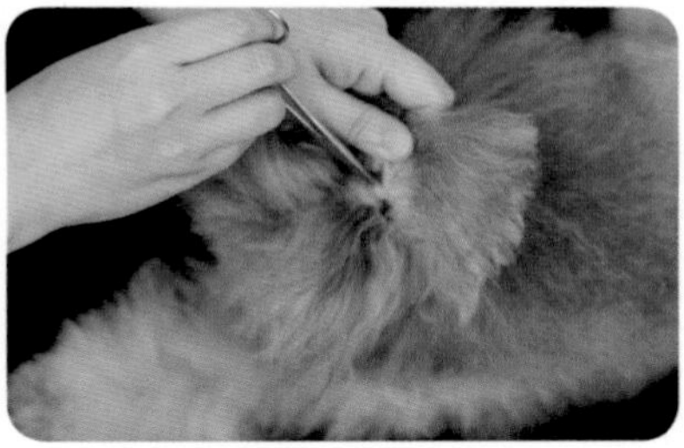

⑤ 겸자에 탈지면을 감싼 후 이어 크리너를 묻혀 깊숙이 들어가지 않게 주의하며 귀를 닦아준다.

4.1.2. 발톱 관리

가 발톱의 구조

반려견의 발톱은 앞발에 5개, 뒷발에 4개가 있으며, 지면으로부터 발을 보호하기 위해 단단하게 되어 있다. 발톱에는 혈관과 신경이 연결되어 있고 발톱이 자라면서 혈관과 신경도 같이 자란다.

나 발톱과 발바닥의 역할

발의 발가락뼈(지골)는 반려견이 보행할 때 체중을 지탱해주는 역할을 한다. 발톱은 이러한 발가락뼈의 역할을 보조할 뿐 아니라 발가락뼈를 보호한다. 발바닥은 땅에 닿는 부분으로 지면에 미끄러지지 않도록 털이 나지 않고 피부가 각질화한 패드로 되어있다. 발바닥의 패드에는 많은 신경과 혈관이 있어 지면 상태를 감지하는 역할을 하고 지면에서 받는 충격을 완화시켜 준다.

다 발톱 관리 용품

① 발톱깎이(네일 클리퍼 Nail Clipper)

발톱을 깎는 기구로 가위형(시저 클리퍼 Scissor Clipper)과 길로틴형(길러틴 클리퍼 Guillotine Clipper)이 있다. 가위형은 대형견에 적합하며, 길로틴형은 중소형견에 적합하다.

② 발톱갈이(네일 파일 Nail File, 네일 그라인더 Nail Grinder)

물체를 쓸 때 사용하는 도구로, 세로줄(File) 또는 전동 연마기(Grinder)가 있다. 발톱깎이에 의해서 잘라진 발톱의 끝 부분을 둥글고 부드럽게 만들어 주기 위해서 사용한다.

③ 지혈제(止血劑, 히머스태틱 Hemostatic)

혈액 응고제로 출혈증상을 멈추게 하도록 쓰이는 분말 형태의 약이다.

라 발톱 관리 시 주의사항

- 발톱 안에는 혈관이 분포되어 있는데 발톱에 있는 멜라닌 색소의 정도에 따라 잘 보이는 발톱이 있고 잘 보이지 않는 발톱이 있다. 잘 보이는 발톱은 혈관에 주의하여 발톱을 자르면 된다. 발톱이 잘 보이는 않는 경우에는 조금씩 여러 번 반복하여 자르도록 한다.
- 발톱을 자를 때에 혈관을 잘라 **동맥혈**(動脈血, 아르티어리얼 블러드 Arterial Blood)이 출혈되면 해당 부위를 엄지손가락으로 지압한다. 지혈제를 바른 후 잘린 발톱부분을 다시 눌러 1~2분간 지압하여 지혈한다.
- 며느리발톱이 있는지 재확인하고 잘라준다.
- 발톱을 오랫동안 관리하지 않아서 길어지면 살을 파고들게 되므로, 살을 파고 들어간 휘어진 부분을 발톱깎이로 자른 후 박힌 부분의 살을 소독한다.

그림 4-5. 발톱 관리 순서

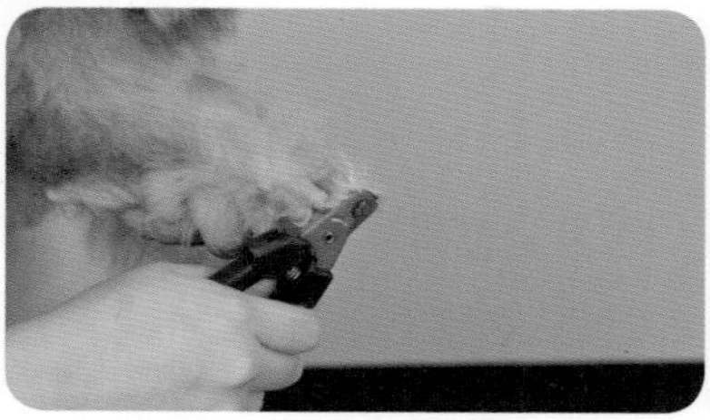

① 엄지손가락과 검지손가락으로 발가락을 눌러 발톱이 보이게 한 후 혈관 앞부분까지 직각으로 잘라준다.

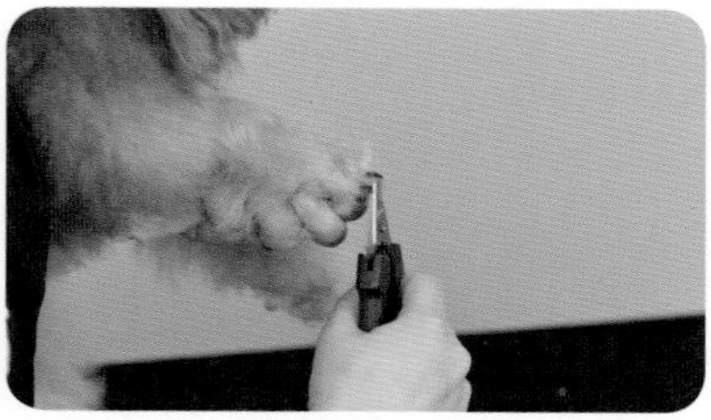

② 직각으로 자른 날카로운 발톱 모서리를 잘라준다.

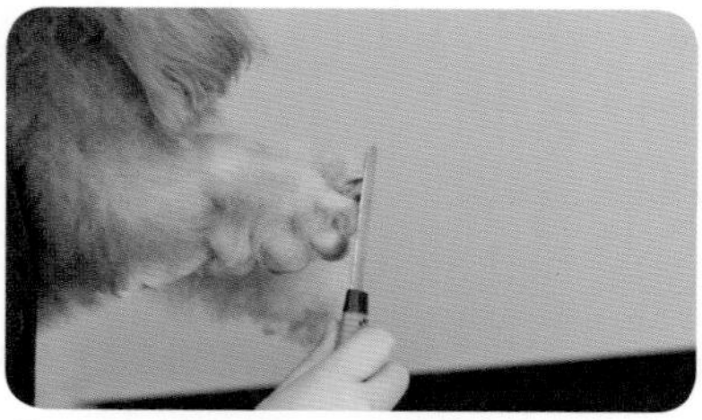

③ 자른 발톱은 면이 고르게 될 수 있도록 세로 줄(File) 또는 전동 다듬기(Grinder)로 다듬어준다.

4.2 브러싱

브러싱(Brushing)은 더러워지거나 엉킨 털 또는 뭉친 피모를 슬리커 브러시 Slicker Brush, 핀 브러시 Pin Brush, 콤 Comb을 이용하여 풀어 가지런하게 하는 작업을 말한다.

4.2.1 피부와 털의 특징

브러싱을 하기 위해서는 반려견의 피모에 관한 지식, 모질의 특징에 대한 정보를 알아야 한다.

가 피모의 구조와 특징

① 상모(上毛, 프라이메리 헤어 Primary Hair)
길고 굵으며 뻣뻣하다.

② 표피(表皮, 에퍼더르머스 Epidermis)
피부의 외층 부분으로 개의 표피는 털이 있는 부위가 얇다.

③ 진피(眞皮, 더르미스 Dermis)
입모근, 혈관, 림프관, 신경 등이 분포한다.

④ 입모근(立毛筋, 어렉터르 파일라이 머슬 Arrector Pili Muscle)
불수의근으로 추위 또는 공포를 느꼈을 때 털을 세울 수 있는 근육이다.

⑤ 피하지방(皮下脂肪, 서브큐테이니어스 팻 Subcutaneous Fat)
피부 밑과 근육 사이에 분포하는 지방이다.

⑥ 피지선(皮脂腺, 시베이셔스 글랜드 Sebaceous Gland)
털이 난 피부 부위에 분포하며 물리 · 화학적 장벽을 형성하고 피지는 항균 작용과 페로몬 성분을 함유한다.

⑦ 땀샘(스웻 글랜드 Sweat Gland)

아포크린선(애퍼크린 글랜드 Apocrine Gland)은 꼬인 낭(주머니) 형태 또는 관 형태로 털이 나 있는 모든 피부에 분포하며 비경에는 분포하지 않는다. 페로몬 성분, 항균 성분이 있다. 에크린 한선(에크런 수웻 글랜드 Eccrine Sweat Gland)은 발볼록살에만 있다.

⑧ 하모(下毛, 세컨데리 헤어 Secondary Hair)

짧은 털로 상모가 바로 설 수 있게 도와주며, 보온 기능과 피부 보호의 역할을 한다.

⑨ 모낭(毛囊, 헤어 팔리클 Hair Follicle)

모근을 싸고 있는 주머니 형태의 구조물로 털을 보호하고 단단히 지지한다.

그림 4-6. 피부의 구조

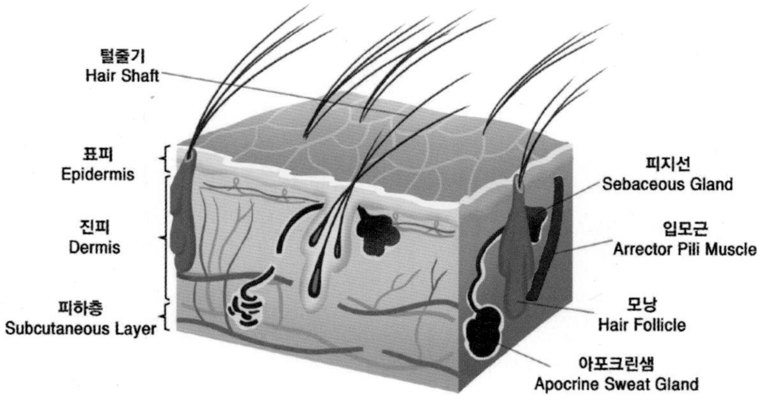

나 털의 기능

① 보호털(가르드 헤어 Guard Hair)

몸의 외형을 이루는 털로 길고 두꺼우며 방수 기능이 있으며 체온을 유지시킨다.

② 솜털(울 헤어 Wool Hair)

보호털에 비해 짧고 부드러우며 단열재의 역할을 한다.

③ 촉각털(택틀 헤어 Tactile Hair)

외부 자극으로 들어오는 감각 정보를 수용하는 털로, 보호털보다 두껍고 크며 주로 안면부에 집중되어 있다.

다 털의 주기(헤어 사이클 Hair Cycles)

털은 각각 다른 성장주기를 갖는데 이를 털 주기(Hair Cycles)라 한다. 각기 다른 털 주기를 갖는 타입을 **모자이크 타입** Mosaic Type이라 하며, 전체의 털 주기가 일치하는 타입을 **싱크로니스틱 타입** Synchronistic Type이라 한다. 털은 광주기 · 주위 온도 · 영양 · 호르몬 · 전신 건강 상태 · 유전자 등에 의해 제어된다. 반려견의 털갈이는 모자이크 타입 형태로 진행되는데, 이것은 일정 시기에 이웃한 모낭이 다른 단계의 털 주기에 있기 때문이다. 주로 광주기에 반응하며 일부분은 주위 온도에 영향을 받는다. 온대 기후의 개와 고양이는 봄과 가을에 현저하게 털이 빠진다(Scott, Miller, & Griffin, 1999).

요르크셔르 테리어르와 몰티즈는 모자이크 타입의 털 주기를 갖고 있어 일정한 길이를 유지하며 털갈이가 진행되고, 진돗개는 싱크로니스틱 타입으로 봄 · 가을에 털갈이가 진행된다. 또 태아기에 형성되어 생후 약 3개월까지 가지고 있던 배냇털이 빠지면서 성체의 털로 새로 나게 되는 털갈이가 있으며, 암컷의 경우에는 출산 후에 호르몬의 변화로 생기는 털갈이가 있다.

4.2.2. 털의 형태적 특징에 따른 분류

개의 경우 털의 형태는 다양하며 모량과 길이에 따라 장모종, 단모종, 털이 없는 종 등으로 나눌 수 있다. 또 모질에 따라 커를리 코트 Curly Coat, 실키 코트 Silky Coat, 스무드 코트 Smooth Coat, 와이어르 코드 Wire Coat 등으로 나눌 수 있다.

가 모량과 길이에 따른 분류

① 장모종(長毛種, 롱 헤어르드 독 브리드스 Long-haired Dog Breeds)

코커르 스패니얼 Cocker Spaniel, 피머레이니언 Pomeranian 등은 털이 미세하여 단위 면적당 털의 무게가 적은 장모종에 속한다. 푸들 Poodle, 베들링턴 테리어르 Bedlington Terrier, 케리 블루 테리어르 Kerry Blue Terrier 등은 상모의 무게가 전체 무게의 10%, 털 수의 80%를 차지하며, 다른 하모의 형태와 비교하여 털이 비교적 거칠며 적게 빠지는 경향이 있다(Scott, Miller & Griffin, 1999).

② 단모종(短毛種, 쇼르트 헤어르드 독 브리드스 Short-Haired Dog Breeds)

거칠고 미세한 형태로 분류할 수 있으며 거친 단모로는 라트와일러르 Rottweiler, 많은 테리어 종 등이 이러한 형태를 보인다. 피모는 상모가 강하게 성장하고 하모는 무게가 적고 그 수도 적으며 약하게 성장한다. 미세한 단모로는 박서르 Boxer, 닥스훈드 Dachshund, 미니어처르 핀셔르 Miniature Pincher 등으로 이 형태의 피모는 단위 면적당 털의 수가 가장 많다(Scott, Miller & Griffin, 1999).

③ 털이 없는 종 Hairless Dog Breeds

털이 없는 종에는 멕시컨 헤어르리스 Mexican Hairless, 차이니즈 크레스티드 Chinese Crested가 있으며, 일부 머리와 다리 꼬리 등에 털이 나 있다. 이 개체는 털이 없어 피부 보호막을 형성하기 위한 피부 분비물이 많다. 따라서 주기적인 점검과 관리가 이루어지지 않으면 피부질환이 발생할 수 있고 피부의 분비물이 산화하여 불쾌한 냄새가 날 수 있다. 또 샴푸 후 충분한 보습과 영양 공급으로 피부 보호를 위한 관리가 필요하다.

나 모질에 따른 특징

① 커를리 코트 Curly Coat

털이 곱슬거리는 형태로 엉키지 않도록 자주 빗질해 주는 것이 중요하다. 목욕과 털 손질 후 필요에 따라 털을 잘라주어야 한다. 푸들 Poodle이나 비숑 프리제 Bichon Frises 등이 여기에 포함된다.

② 실키 코트 Silky Coat

길고 부드러운 털의 형태로 빗질할 때 피부 관리에 주의가 필요하다. 코커르 스패니얼 Cocker Spaniel, 애프갠 하운드 Afghan Hound, 요르크셔르 테리어르 Yorkshire Terrier 등이 여기에 포함된다.

③ 스무드 코트 Smooth Coat

부드럽고 짧은 털을 가지고 있으며 러버르 브러시 Rubber Brush 등을 사용하여 털을 관리한다. 빗질하여 죽은 털을 제거하고 피부 자극을 주어 건강하고 윤기 있게 관리할 수 있다. 와이머라너르 Weimaraner, 도베르먼 핀셔르 Doberman Pinscher 등이 여기에 포함된다.

④ 와이어르 코트 Wire Coat

거칠고 두꺼운 형태의 털을 뽑아 주는 관리로 털의 아름다움을 관리할 수 있다. 팍스 테리어르 Fox Terrier 등이 여기에 포함된다.

4.2.3 브러싱시 주의사항

- 털이 긴 장모견을 손질할 때에는 핀 브러시를 사용하고, 털이 짧은 단모종이나 시저링을 필요로 하는 개에게는 슬리커 브러시를 사용한다.
- 반려견의 머리 · 관절 · 피부 · 안구 등 돌출된 부위에 사용할 때에는 찰과상에 주의한다.
- 피부의 손상에 주의하고 피부의 면과 각도, 강도를 조절하며 브러시를 사용한다.
- 슬리커 브러시는 핀 끝이 촘촘하고 뾰족하므로 작업자의 피부와 손톱 밑이 찔리거나 상처가 날 수 있으므로 주의한다.
- 털이 손상되는 일이 없도록 용도에 알맞은 브러시를 사용한다.

그림 4-7. 브러싱 순서

① 슬리커 브러시는 가볍게 쥐고 피모에 무리가 가지 않도록 빗질한다.

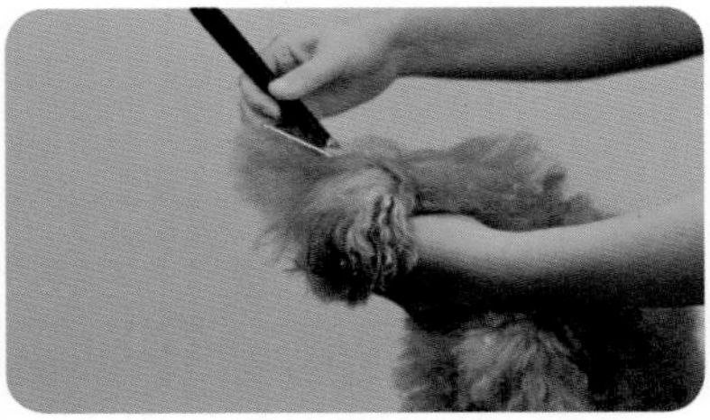

② 머리 부분은 반려견이 움직이지 않게 한손으로 주둥이를 잡고 역방향으로 빗질한다.

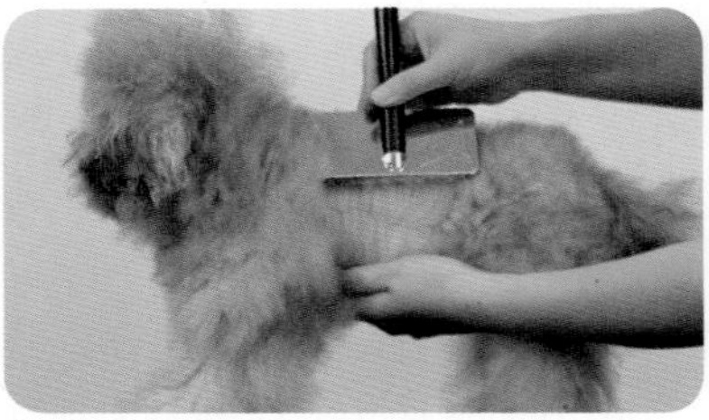

③ 몸통은 윗부분에서 아랫부분으로 진행하며 이 때 역방향으로 빗질한다.

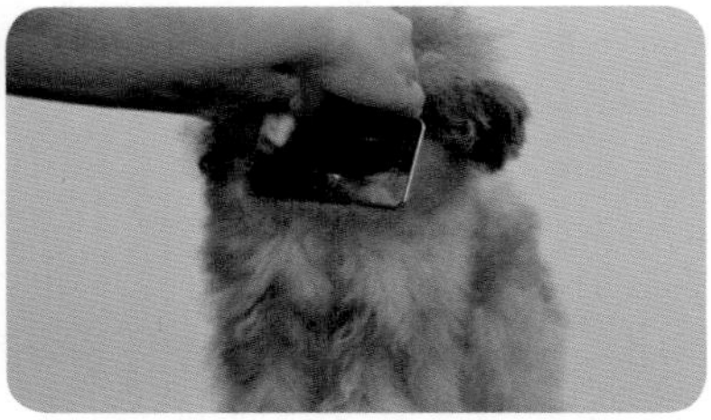

④ 에이프런에서 넥 라인까지 역방향으로 빗질한다.

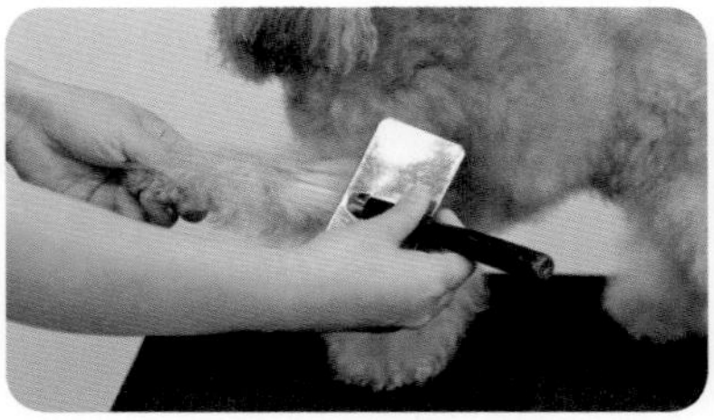

⑤ 앞발을 잡고 역방향으로 빗질한다.

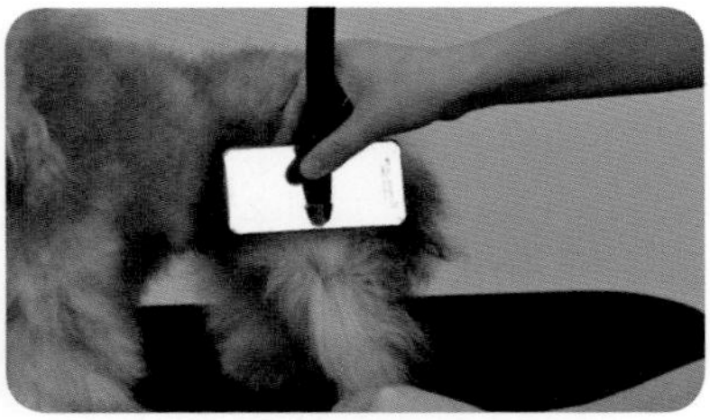

⑥ 한손으로 비절을 잡고 역방향으로 빗질한다.

그림 4-7. 브러싱 순서(계속)

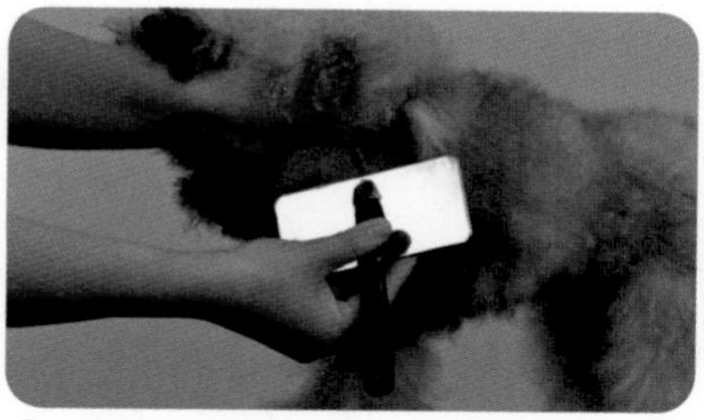

⑦ 한손으로 앞다리를 들고 안쪽을 빗질한다.
※ 다리를 옆으로 벌릴 때 무리하게 당기지 않도록 주의한다.

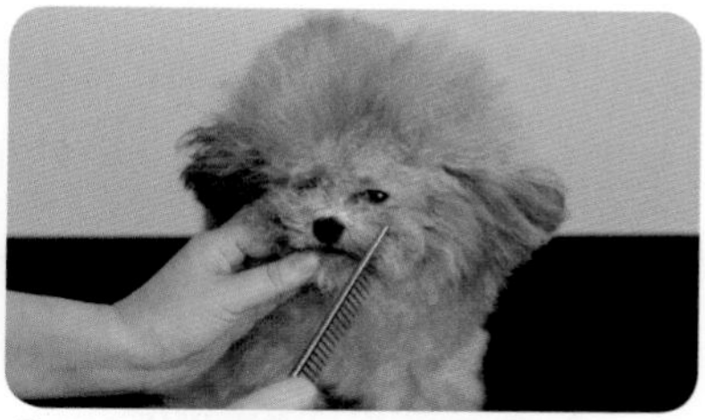

⑧ 한손으로 목을 잡고 머즐을 빗질한다.
※ 눈에 찔릴 위험이 있으니 머즐은 콤을 사용하도록 한다.

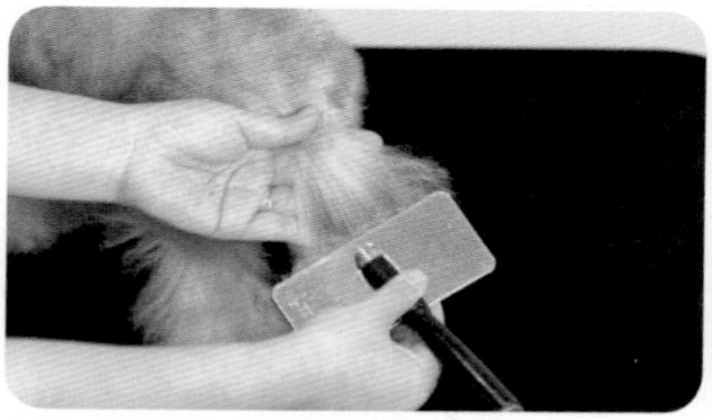

⑨ 꼬리는 정방향으로 빗질한다.

⑩ 귀 안쪽을 정방향으로 빗질한다.

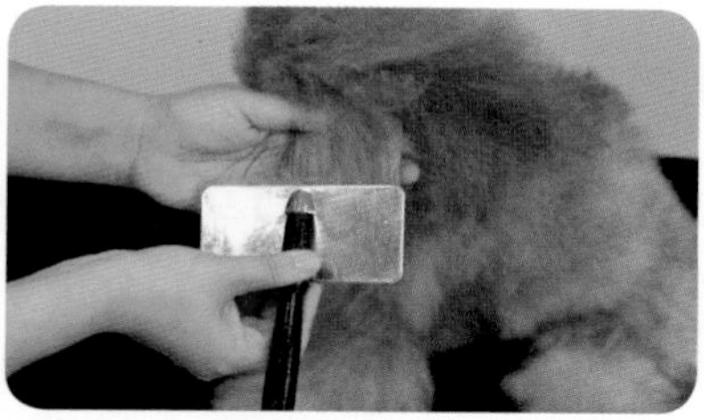

⑪ 귀 바깥쪽도 귀 안쪽과 동일하게 정방향으로 빗질한다.

4.3 베이싱

베이싱(Bathing)인 목욕은 샴핑(Shampooing)과 린싱(Rinsing)으로 나뉜다. 샴핑은 오염된 피모와 피부를 청결히 하고 신진대사를 촉진하여 털의 발육과 피부 건강을 목적으로 한다. 린싱은 알카리화된 피모를 중화시키거나 정전기를 방지하고 모발을 부드럽게 하기 위해 사용한다.

4.3.1. 샴핑 Shampooing

가 샴핑의 목적

반려견의 피부 표면은 피지 분비선에서 분비되는 피지와 분비물이 분비되어 보호막을 형성한다. 피지와 외부에서 부착되는 여러 가지 오염물질이 피부에 쌓이면 피부가 건강하지 못하게 되어 털의 건강도 좋지 못하게 된다. 정기적으로 샴핑을 하면 건강한 피부와 털을 점검하고 관리할 수 있다. 과도한 피지의 제거와 세정은 정상적인 피부 보호막의 기능을 약화시킬 수 있으므로 주의해야 한다.

나 샴푸의 기능과 특징

샴핑은 외부 먼지와 피지를 제거하고 모질을 부드럽고 빛나게 하여 빗질하기 쉽도록 해야 하며 잔류물을 남기지 않고 눈에 자극이 없으며 오물을 잘 제거할 수 있어야 한다. 대부분의 샴푸에는 계면활성제, 향수 기능의 다양한 첨가제, 영양 성분과 보습 물질이 함유되어 있다. 개의 피부는 중성(pH 7~7.4)에 가까우며 사람 피부는 약산성(pH 4.5~5.5)으로 다르므로, 사람용 샴푸는 개의 피부에 자극적일 수 있기 때문에 개 전용 샴푸를 사용한다.

다 항문낭(肛門囊, 에이늘 색스 Anal Sacs)의 관리

항문낭은 개체마다 특별한 체취를 담은 주머니로 항문의 양쪽에 있으며 항문낭액은 냄새가 나는 끈적한 타르 형태이다. 항문낭에 문제가 생기면 핥거나 엉덩이 끌기와 같은 행동을 보이며 앉을 때 갑자기 놀라는 행동을 보이기도 한다. 항문선이 붓거나 막힌 경우에 치료하지 않고 방치하게 되면 배변이 고통스러워지며 염증이 유발되어 수술로 항문낭을 제거해야 하는 상황까지 이를 수 있다. 지속적인 점검과 관리를 하면 항문낭의 질병을 예방할 수 있다.

그림 4-8. 항문낭(에이늘 색스 Anal Sacs)

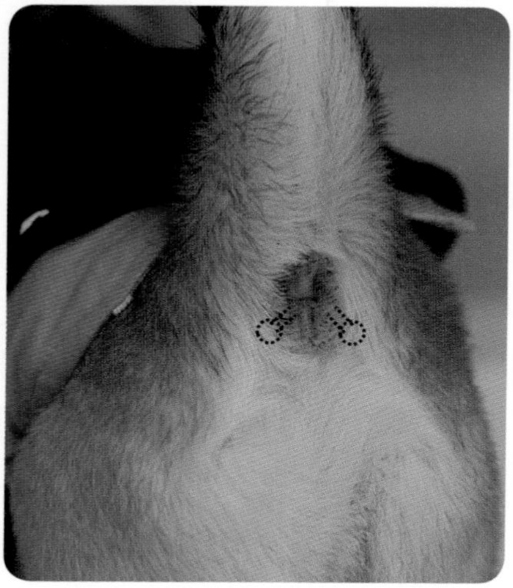

라 샴푸의 종류와 기능

현재 판매되고 있는 샴푸는 종류와 기능이 다양하며 사용 선택의 폭이 넓다. 샴푸의 기능에 대한 정보를 습득하여 개체 특징에 알맞은 제품을 사용하도록 한다. 일반적으로 세척력이 강한 샴푸인 경우에는 알칼리성이 강하므로 건강한 털을 관리하기 위해서 샴푸의 선택은 매우 중요하며 일반적으로 pH가 중성에 가까운 샴푸를 사용한다. 천연 성분을 함유하여 자극이 적은 천연 제품을 선택하여 사용할 수 있다.

① 털의 모질과 모색에 따라 샴푸의 종류를 선택한다.

털의 종류와 형태에 따라 샴푸는 선택할 수 있으며 모색 강화용으로 화이트닝, 블랙 코트용, 컬러 코트용이 있다. 모질에 따라 와이어 코트의 털은 납작하게 눕게 하거나 뜨는 털을 가라앉혀 가위질이 수월하도록 도와주는 기능을 가진 샴푸도 있다.

② 털의 상태에 따라 샴푸의 종류를 선택한다.

털의 상태에 따라 영양 강화 · 민감 · 보습 · 외부 기생충의 퇴치와 예방 · 드라이 샴푸 등 알맞은 종류의 샴푸의 종류를 선택할 수 있다.

4.3.2. 린싱 Rinsing

가 린싱의 목적

샴핑을 하는 과정에서 과도한 세정이 이루어지면 피부에 자극을 주게 된다. 샴핑으로 알카리화된 상태를 중화시키는 것이 린스의 가장 큰 목적이다. 린스의 질과 용도에 따라 차이가 나지만 린싱을 함으로써 과도한 세정 때문에 생긴 피부와 털의 손상을 적절히 회복시켜 줄 수 있다. 일반적으로 농축 형태로 된 것을 용기에 적당한 농도로 희석하여 사용한다. 과도하게 사용하거나 잘못 사용하게 되면 드라이 후 털이 끈적거리고 너무 지나치게 헹구면 효과가 떨어지므로 사용 방법을 숙지하여 효과적으로 사용해야 한다.

나 린스의 종류와 기능

린스는 기본적으로 정전기 방지제 · 보습제 · 오일 · 수분 등의 성분으로 구성되어 있다. 린스에 함유된 오일 성분을 비롯한 여러 기능성 성분이 털에 윤기와 광택을 주고 정전기를 방지해 엉킴을 방지하며 빗질로 발생한 손상에서 털을 보호해 주는 역할을 한다. 또 드라이로 인한 열의 손상을 막기 위한 전처리제 역할도 한다.

그림 4-9. 베이싱 순서

① 귀에 물이나 샴푸가 들어가지 않도록 손으로 막는다.

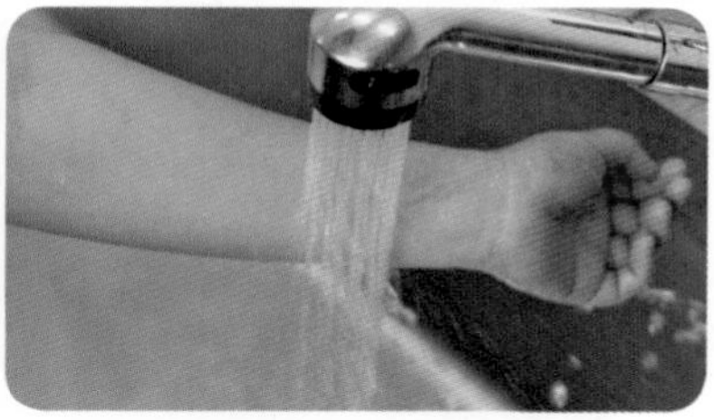

② 물의 온도를 37~38°C로 맞춘다.
※ 팔 안쪽에 물을 대고 약간 따뜻한 느낌인지를 확인한다.

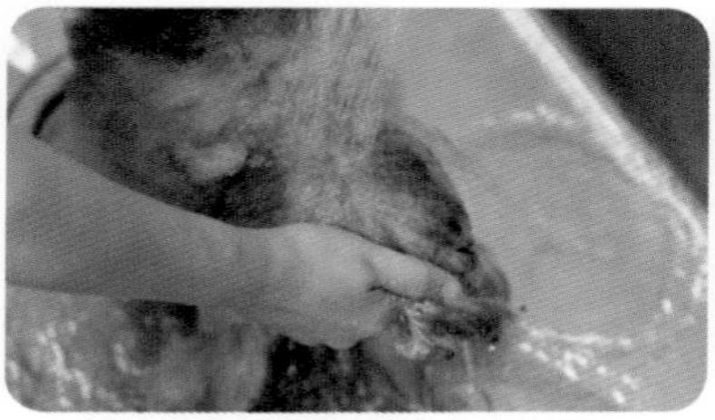

③ 반려견이 거부반응이 없도록 심장에서 먼 부위인 엉덩이부터 적셔준다.
※ 이중모를 가진 반려견들은 털 안쪽까지 충분히 물을 적셔주어야 한다.

④ 한 손으로 얼굴을 들어 머리 부위를 적셔준다.

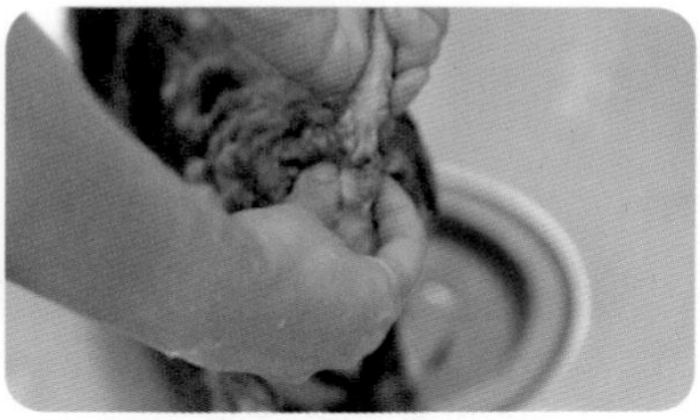

⑤ 항문낭 짜기 : 한 손으로 꼬리가 위로 향하게 하고 항문의 양쪽을 손가락으로 쥐고 밀어내듯이 짜낸다.
※ 항문 양쪽 4시에서 8시 방향으로 짠다.

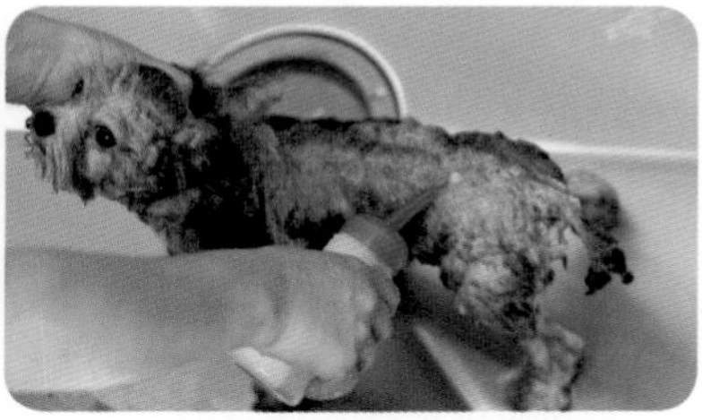

⑥ 샴푸는 엉덩이 방향에서 머리 쪽으로 뿌려준 뒤 견종의 모색이나 피부의 상태에 따라 전용 샴푸를 선택해 마사지해준다.

그림 4-9. 베이싱 순서 (계속)

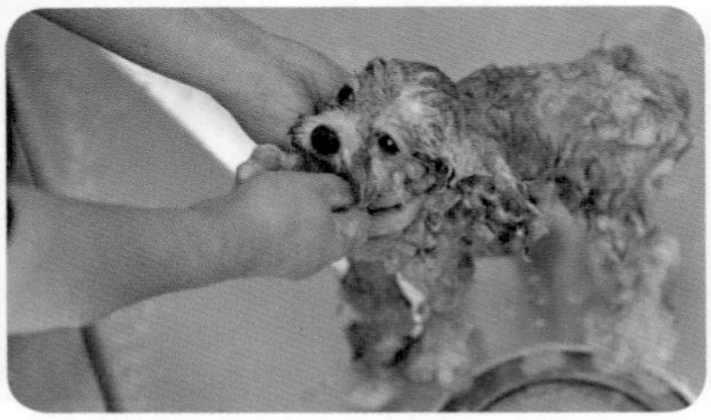

⑦ 얼굴은 마지막에 실시하며, 눈, 코, 귀에 샴푸가 들어가지 않도록 주의한다.

⑧ 눈꼽이 심한 반려견들은 얼굴 부위를 충분히 물로 적신 후 눈꼽빗을 사용하여 제거한다.

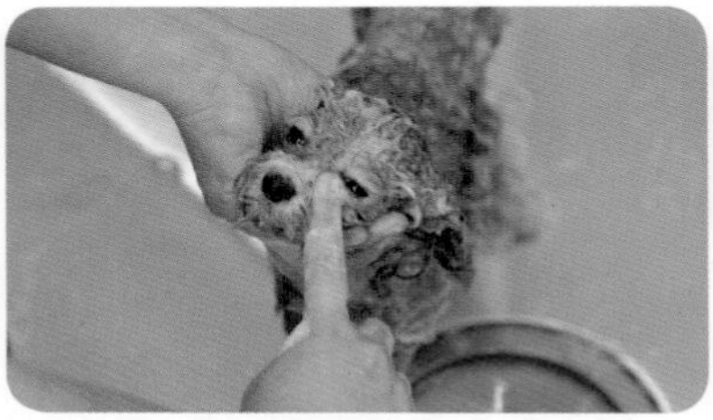

⑨ 얼굴의 스탑 부위는 세밀하게 엄지 또는 검지손가락을 이용해 문질러준다.

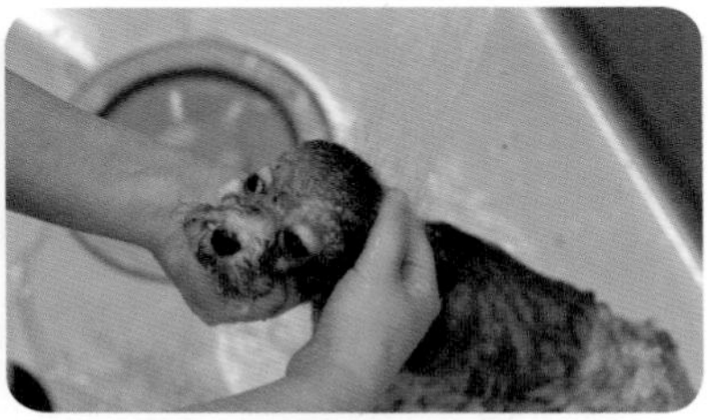

⑩ 목을 들어 얼굴부터 엉덩이 방향으로 헹구어준다.

⑪ 몸 전체에 샴푸가 남아있지 않도록 깨끗하게 헹구어준다.

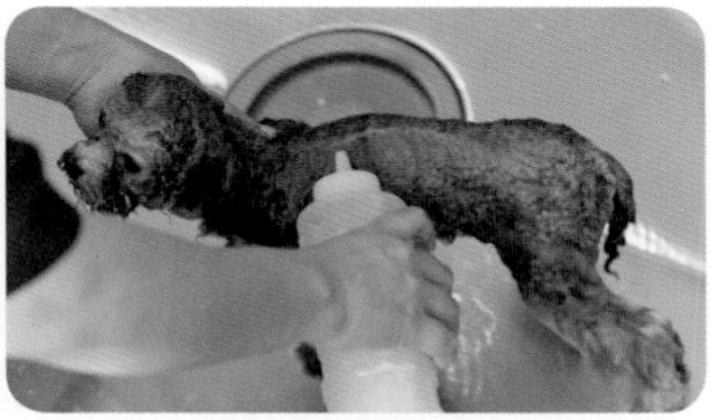

⑫ 린스나 컨디셔너를 물에 희석하여 마사지 후 헹구어준다.

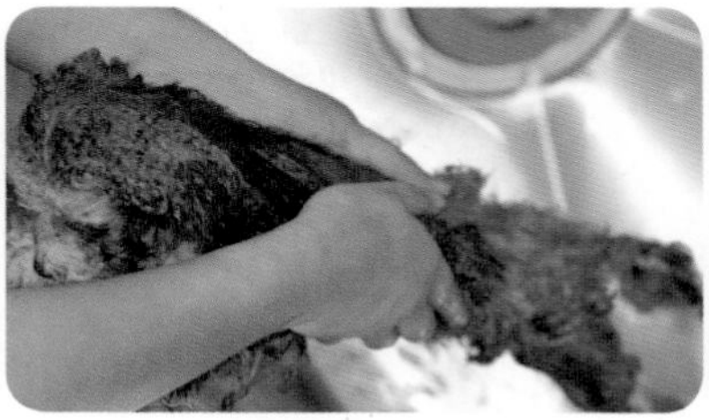

⑬ 손으로 털의 물기를 최대한 제거한다.

⑭ 타월로 문지르지 말고 누르듯이 수분을 제거한다.

4.4 드라잉

4.4.1 드라잉 목적

드라잉(Drying)의 목적은 털을 말리는 것이다. 드라이어의 풍향 · 풍량 · 온도의 조절과 브러시를 사용하는 시점은 드라잉에서 가장 중요하다. 시점을 적절히 맞추지 못하면 털이 곱슬거리는 상태로 건조되므로 바람으로 말리는 동안 반복적으로 신속하게 빗질을 해야 하며, 피부에서 털 바깥쪽으로 풍향을 설정하여 드라잉 한다. 드라잉이 잘 되어야 이후 작업이 용이하며, 드라잉도 브러싱과 마찬가지로 일정한 순서를 정하여 작업해야 효율적으로 작업을 할 수 있다. 드라잉에서 가장 중요한 것은 털을 자르기 전에 털의 상태를 최상으로 만드는 것이므로 브러싱이 함께 이루어져야 한다. 품종과 털의 특징에 따라 드라잉하는 방법이 달라질 수 있다.

4.4.2 여러 가지 드라잉 방법

드라잉에서 털을 자르기 위한 최상의 상태를 만들기 위해 드라이어의 바람과 브러싱의 시점은 매우 중요한 기술이다. 수분을 모두 제거하지 않고 드라잉을 하는 동안 털의 수분 함량을 일정한 상태로 유지시켜야 한다. 품종과 피모의 특징에 따라 드라잉 방법이 달라질 수 있다.

가 타월 드라잉(Towel Drying)

목욕 후 수분을 제거하기 위해 수건을 사용한다. 수분 제거가 잘 되면 드라잉을 빨리 마칠 수 있다. 그러나 지나치게 수분을 제거하면 드라잉할 때 피부와 털이 건조될 수 있으므로 적당한 수분 제거로 털의 습도를 조절할 수 있어야 한다. 와이어르 코트의 경우에는 타월 드라잉의 수분 제거만으로 드라잉을 대체할 수 있다.

나 새킹(Sacking)

털을 자르고 다듬기 작업을 용이하게 하기 위해서는 털이 들뜨고 곱슬거리는 상태로 마르는 것을 막아야 한다. 이를 위해서 타월링 후 수건으로 몸을 감싸주는 것을 새킹이라고 한다. 드라이어의 바람이 말리고자 하는 부위에만 가도록 유도하는 것이 중요하며 바람이 브러싱하는 곳 주변의 털을 건조시키지 않도록 주의한다. 드라잉을 끝내기 전에 곱슬거리는 상태로 건조되었다면 컨디셔너 스프레이로 수분을 주어 드라잉 한다.

다 플러프 드라이(Fluff Drying)

몰티즈 Maltese, 요르크셔르 테리어르 Yorkshire Terrier와 같은 장모에 비해 비교적 짧은 이중모를 가진 피킹이즈 Pekingese, 피머레이니언 Pomeranian, 러프 칼리 Rough Collie 등의 경우에는 핀 브러시를 사용하여 모근에서부터 털을 세워 가며 모량을 풍성하게 드라잉 한다.

라 켄넬 드라잉(Kennel Drying)

케이지 드라잉(Cage Drying 또는 Crate Drying)라고도 하며 켄넬 안에 목욕을 마친 반려견을 넣고 안으로 드라이어 바람을 쏘이게 하여 털의 수분이 날아가도록 하는 방법이다. 켄넬에 걸기 장치를 하고 드라이어를 걸어 바람을 쏘이거나 스탠드 드라이어의 높이에 맞추어 켄넬 안에 두어 바람을 쏘이게 한다. 켄넬 드라잉 후 어느 정도 수분이 제거된 뒤 반려견의 피부와 털을 확인하여 드라이어 바람으로 귀, 얼굴, 가슴, 등을 포함하여 전체적으로 한 번 더 꼼꼼하게 손으로 말려 주는 것이 좋다. 켄넬 드라잉에 익숙하지 않은 반려견일 경우에는 연습이 필요하며 드라잉하는 동안 반려견을 방치하게 되면 드라이어 바람의 열로 인한 화상을 입거나 체온이 상승해 호흡곤란 등을 일으킬 수 있으므로 절대로 반려견을 켄넬 안에 방치해 두어서는 안 된다.

마 룸 드라잉(Room Drying)

드라이어를 크게 공간화시켜 다양한 사이즈와 기능을 갖춘 드라이어 룸을 이용하여 드라잉하는 것을 룸 드라잉이라고 한다. 목욕과 타월링을 마친 반려견을 룸 안에 두고 시간 설정, 바람의 세기, 음이온, 자외선, 소독 등의 기능을 조정하고 선택하면 룸 안에서 입체적으로 바람이 만들어져 털의 수분이 날아가도록 하는 방법이다.

켄넬 드라잉과 마찬가지로 드라잉 후 어느 정도 수분이 제거된 뒤 반려견의 피부와 털을 확인하여 드라이어 바람으로 귀, 얼굴, 가슴, 등을 포함하여 전체적으로 한 번 더 꼼꼼하게 말려 주는 것이 좋다. 룸 드라잉에 익숙하지 않은 반려견일 경우에는 연습이 필요하며, 드라잉하는 동안 동물을 방치하게 되면 드라이어 바람의 열로 화상을 입거나 체온이 상승하여 호흡곤란 등을 일으킬 수 있으므로 절대로 반려견을 룸 안에 방치해서는 안 된다.

4.4.3 드라잉시 브러싱 방법

드라잉시 브러싱하는 방법은 코트의 방향이 따라 정방향으로 하는 브러싱 방법과 역방향으로 하는 브러싱 방법의 2가지 방법이 있다.

가 정방향 브러싱

몰티즈 Maltese, 요르크셔르 테리어르 Yorkshire Terrier, 시추 Shih Tzu와 같은 긴 털을 가진 장모종은 긴 털이 엉키는 것을 방지하기 위하여 안쪽부터 정방향으로 핀 브러시 Pin Brush를 사용해 브러싱하면서 드라잉 한다.

나 역방향 브러싱

푸들 Poodle, 비숑 프리제 Bichon Frise, 피머레이니언 Pomeranian과 같은 견종은 슬리커 브러시 Slicker Brush를 사용해 역방향으로 드라잉 한다. 대부분의 이중모를 가지고 있는 견종들은 시저링을 통해 미적 아름다움을 추구하기 때문에 털이 가라앉지 않게 세우기 위하여 역방향으로 작업한다.

그림 4-10. 드라이잉 순서

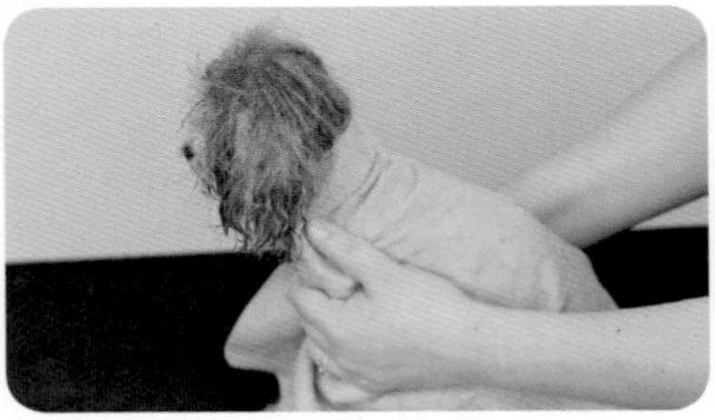

① 수건으로 수분을 제거한 다음 미리 마르지 않도록 감싸둔다.
※ 수분이 없는 상태에서의 곱슬거리는 털은 펴지지 않기 때문이다.

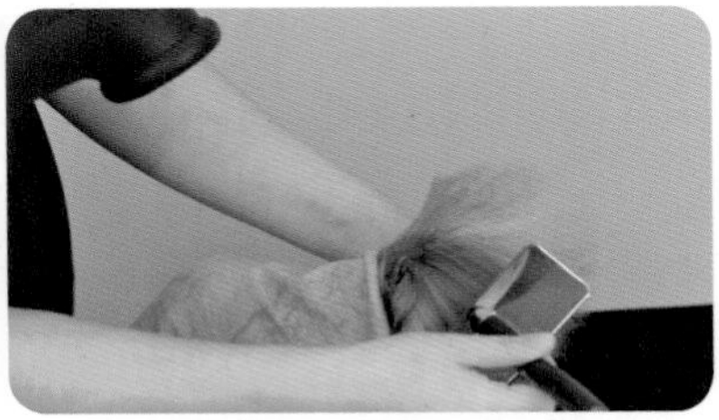

② 드라이 바람의 온도를 확인한 후 머리부터 역방향으로 말린다.
※ 시저링을 하는 이중모의 개들은 털을 세우기 위해 역방향으로 드라이한다.

③ 한 손으로 뒷다리나 몸통을 잡고 뒷다리 → 몸통 → 앞다리 → 가슴 순서로 드라이한다.

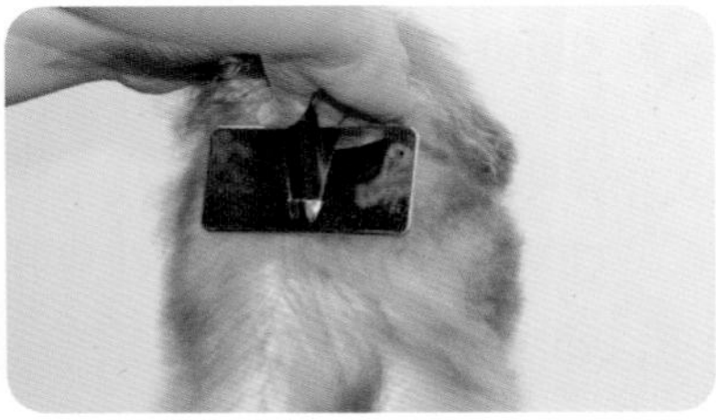

④ 앞가슴은 한 손으로 주둥이를 잡아 올린 후 역방향으로 말린다.

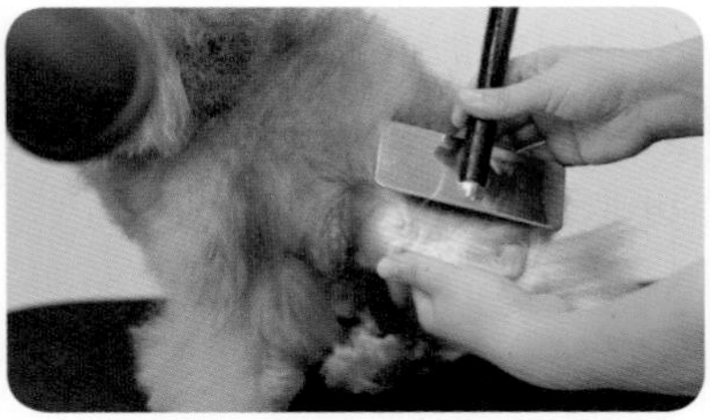

⑤ 비절 부위를 잡고 역방향으로 말린다.

⑥ 앞다리 발부분을 잡고 역방향으로 말린다.

그림 4-10. 드라잉 순서 (계속)

⑦ 꼬리는 정방향으로 말린다.

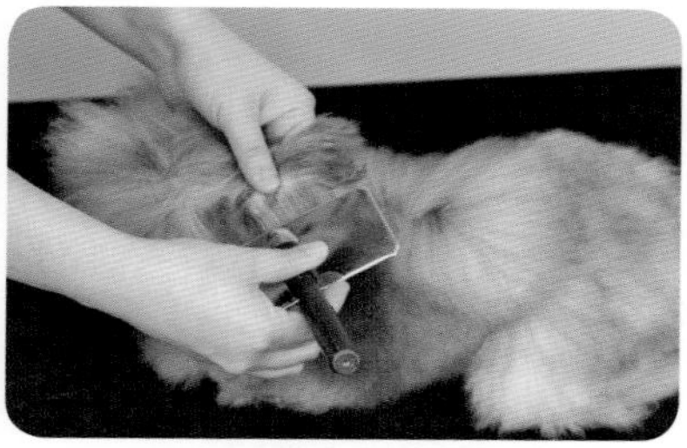

⑧ 귀의 안쪽은 정방향으로 말린다.

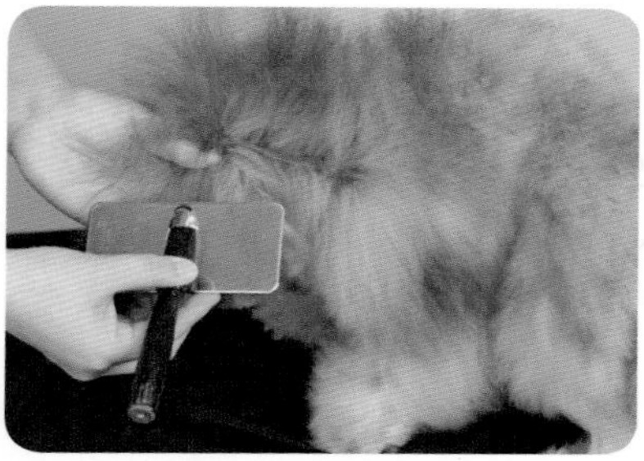

⑨ 귀의 바깥쪽도 정방향으로 말린다.

참고문헌

국가직무능력표준. 학습모듈『애완동물 기본미용』

05

미용 계획도 그리기

05 미용 계획도 그리기

5.1 기초 작업

반려견의 미용 기술을 습득하기 위해서는 견체의 이해가 선행되어야 한다. 견체의 이해는 골격 및 외부 명칭으로부터 시작되기 때문에 이에 대한 충분한 숙지가 필요하다. 어느 정도 숙지가 되었다면 반려견 미용분야에서 사용되고 있는 미용 전문용어를 충분히 학습하여 자신의 것으로 만들어야 한다. 이러한 선행 지식은 좋은 반려견 미용사가 되기 위한 근간이 되며 반려견 미용사 간 의사소통시 업무의 효율을 높일 수 있도록 도와준다. 훌륭한 반려견 미용사가 되기 위해서는 반려견 미용을 어떻게 할 것인지를 미리 마음속에 그릴 수 있어야 한다. 미용 결과를 마음에 그리는 것은 초보 반려견 미용사가 하기에는 쉬운 작업이 아니며, 많은 경험과 충분한 연습을 통해서만 이룰 수 있는 높은 수준의 능력이다. 항상 미리 마음으로 결과를 그리는 작업을 먼저 한 후 실제 미용을 실시하는 것을 권장한다.

본 서에서는 미용 결과에 대한 사전 계획도를 그리는 방법을 소개하니 충분한 반복연습을 통해서 본인의 것으로 만들기 바란다. 일반적으로 반려견 미용은 푸들로 시작하게 되는데 푸들은 인기 견종으로 개체 수가 많아 쉽게 구할 수 있으며 클리핑과 시저링이 모두 가능하고 다양한 변형 미용을 해 볼 수 있기 때문에 매우 이상적인 견종이라 할 수 있다.

가 1단계 : 모눈종이 준비하기

빈 용지를 사용해도 상관없으나 모눈종이는 일정한 간격으로 여러 개의 세로줄과 가로줄이 그려져 있어 사용하기 편리하므로 모눈종이를 준비하여 사용하도록 한다.

그림 5-1. 1단계 : 모눈종이 준비하기

나 2단계 : 사각형 그리기

사각형의 크기는 특별한 기준은 없으며 자신이 편리하다고 생각되는 크기로 하면 된다. 본 서에서는 설명이 용이하도록 가로와 세로 각각 10cm로 하여 설명하도록 한다.

1. 하나의 큰 정사각형(가로 10cm, 세로 10cm)을 만든다.
2. 그려진 하나의 큰 정사각형을 가로 4등분(각 2.5cm), 세로 4등분(각 2.5cm)하여 총 16개의 작은 사각형을 만든다.
3. ⓐ는 목부분을 그릴 부분으로 가로 2.5cm 높이는 ①의 높이인 10cm의 ⅓이 되도록 그려준다.
4. ⓑ는 ②처럼 2.5cm 크기로 만들어준다.

※ 2단계는 3단계를 위한 기초 작업으로 기준선들을 잡기 위한 작업이므로 너무 진한 색의 펜을 사용하여 그리게 되면 구별이 어려우므로 조금 연한 색을 사용하여 작업한다.

그림 5-2. 2단계 : 사각형 그리기

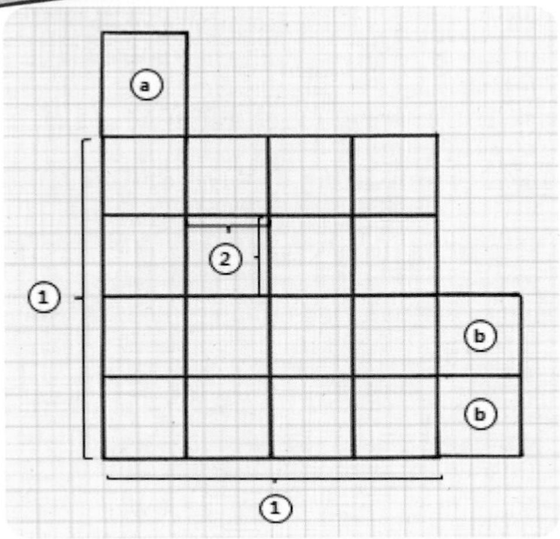

다 3단계 : 골격 그리기

2단계에서 그린 사각형을 이용하여 골격을 그린다.

1. 체고의 ⅓길이인 목을 만들기 위하여 사선을 그린다.

2. 견갑골을 만들기 위하여 사선을 그린다.

3. 상완골을 만들기 위하여 사선을 그린다.
   ※ ②와 ③의 각도는 90°가 되게 한다.
   ※ ③의 지점은 2.5cm의 ⅔이며 사선을 지면까지 확장하면 45°이다.

4. 전완골을 만들기 위하여 ③의 사선 끝점에서 수직으로 선을 그린다.
   ※ ④의 끝점이 중수골이 되며 이 중수골과 지면의 각도는 90°가 된다.

⑤ 등선(흉추, 요추, 선추)을 그리기 위하여 왼쪽에서 네 번째-위에서 첫 번째 사각형의 가로½, 세로⅙이 되는 지점에 점을 찍은 후 ①의 끝점에서부터 점을 찍은 곳까지 선을 그린다.

⑥ 좌골을 만들기 위하여 ⑤의 끝점에서 사선을 그린다.

⑦ 대퇴를 만들기 위하여 왼쪽에서 네 번째-위에서 세 번째 사각형의 가로⅔, 세로⅓이 되는 지점에 점을 찍은 후 ⑥의 끝점에서 시작하여 점을 찍은 곳까지 사선을 그린다.

※ ⑥과 ⑦의 교차지점이 좌골단이 된다.

⑧ 하퇴골을 만들기 위하여 왼쪽에서 다섯 번째-위에서 세 번째 사각형의 가로⅔가 되는 지점에 점을 찍은 후 ⑦의 끝점에서부터 점을 찍은 곳까지 사선을 그린다.

※ ⑦과 ⑧의 교차지점이 슬개골이 된다.

⑨ ⑧의 끝점에서 시작하여 수직으로 선을 그린다.

※ ⑨의 끝점이 중족골이며 지면과 90°가 된다.

※ ⓐ와 ⓑ, ⓒ와 ⓓ의 길이는 같다.

그림 5-3. 3단계 : 골격 그리기

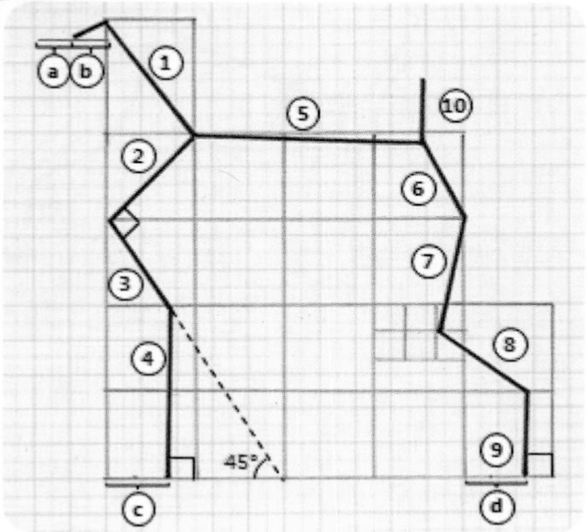

라 4단계 : 외관 그리기

3단계에서 완성된 골격도를 바탕으로 그림 5-4와 같이 외관을 그리도록 한다. 그림 5-4의 예시는 푸들로 기본적으로 푸들은 정방형의 몸을 가지고 있다. 수정할 필요가 있을 수 있으므로 3단계의 완성본을 복사하여 사용하도록 한다. 실수할 수 있으므로 연필을 사용하여 충분히 연습한 후 최종적으로 명확하게 선을 그리도록 한다. 다음 내용을 유의하면서 정성스럽게 그리도록 한다.

1. ①번 흉골단에서 ②번 좌골단까지 길이가 체장이 되며, ③번 위더스에서 ④번 지면까지 길이가 체고이다. 체장과 체고의 길이가 동일할 때에 정방형의 몸(스퀘어 타입)이라고 한다.
2. ⑤번은 팔꿈치(엘보우)이며 체고높이의 ½에 위치한다.
3. ⑥은 턱업이며 복부는 팽팽한 상태이다.

그림 5-4. 4단계 : 외관 그리기

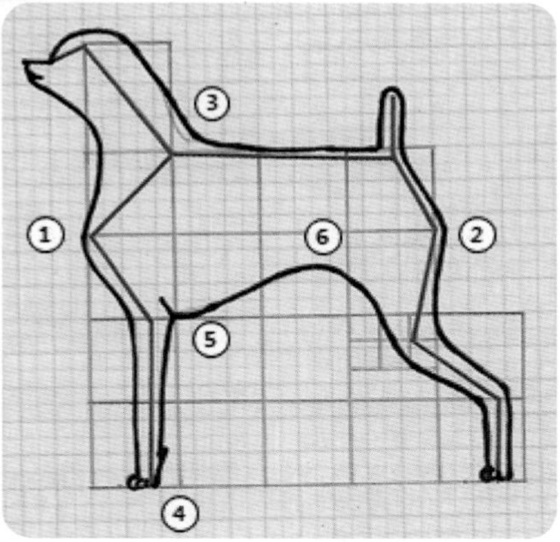

5.2 퍼피 클립 미용계획도 그리기

퍼피 클립(Puppy Clip)은 푸들 쇼클립 중 생후 3개월 또는 6~12개월 미만인 개들에게 시행되는 미용 기법이다. 퍼피 클립은 성견 미용인 콘티넨탈 클립이나 잉글리시 새들 클립을 하기 위한 준비기간이라고 생각하면 된다.

그림 5-5는 4단계 외관 그리기 그림을 이용하여 퍼피 클립을 위한 윤곽선을 그린 것이다. 그림을 보면서 여러 번 반복하여 동일하게 그리도록 연습한다.

그림 5-5. 퍼피 클립 윤곽선 그리기

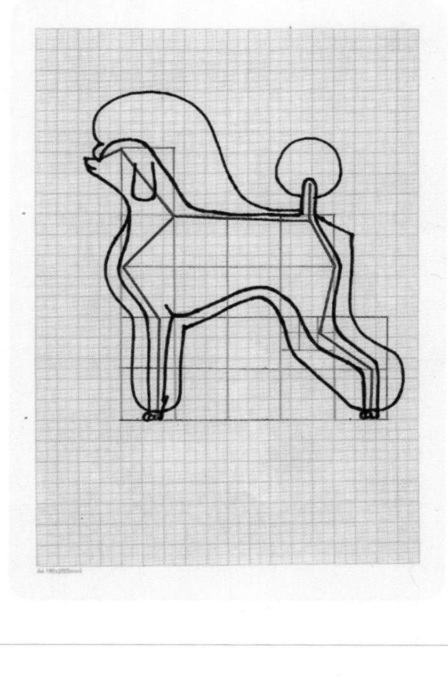

윤곽선을 그렸으면 다음 ① ~ ⑫의 명칭을 해당 위치에 적어 넣으면서 눈과 손으로 익히도록 한다.

① 탑노트 Topknot
② 스웰 Swell
③ 인덴테이션 Indentation
④ 머즐 Muzzle
⑤ 이어프린지 Ear Fringe
⑥ 넥라인 Neck Line
⑦ 에이프런 Apron
⑧ 패드 Pad
⑨ 언더라인 Under Line
⑩ 앵귤레이션 Angulation
⑪ 폼폼 PomPom
⑫ 메인 코트 Main Coat

그림 5-6. 퍼피클립 미용 계획도 I

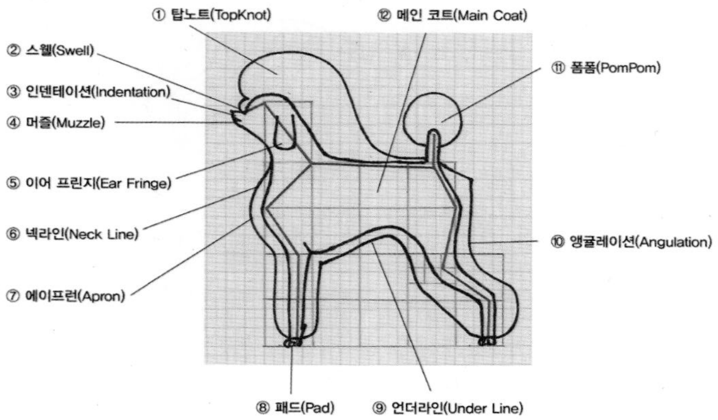

모든 명칭을 해당 위치에 기록하면서 숙지하였으면 마지막으로 아래의 ⓐ ~ ⓔ에 주의할 점을 기록하면서 명심하도록 한다.

ⓐ 견갑골과 상완골의 각도는 90°이다.

ⓑ 좌골의 각도는 30~35°이다.

ⓒ 전완골의 각도는 90°이다.

ⓓ 상완골을 사선으로 그었을 경우 각도는 45°이다.

ⓔ 뒷다리 다리라인의 각도는 30°이다.

그림 5-7. 퍼피클립 미용 계획도 완성

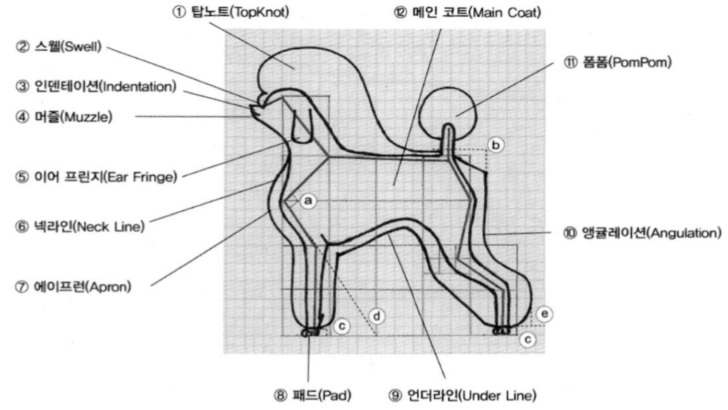

5.3 콘티넨탈 클립 미용 계획도 그리기

콘티넨탈 클립(Continental Clip)은 푸들의 쇼클립 중 생후 1년 이상인 개들에게 시행되는 미용 방법 중 하나이다. 콘티넨탈 클립의 특징 중에는 허리부분의 관절을 보호하기위해 남겨놓은 로젯 Rosette이 있다는 것이다. 대부분 생후 1년이 넘으면 콘티넨탈 클립을 선호한다. 개의 체형에 자신감이 있다면 추천한다.

그림 5-8은 4단계 외관 그리기 그림을 이용하여 콘티넨탈 클립을 위한 윤곽선을 그린 것이다. 그림을 보면서 여러 번 반복하여 동일하게 그리도록 연습한다.

그림 5-8. 콘티넨탈 클립 윤곽선

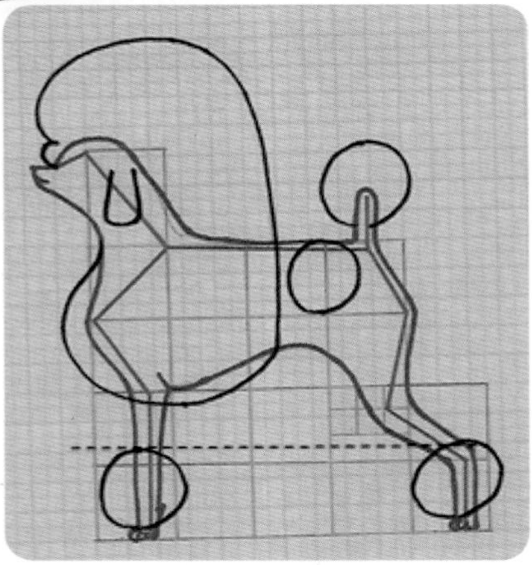

윤곽선을 그렸으면 아래의 ①~⑬의 명칭을 해당 위치에 적어 넣으면서 눈과 손으로 익히도록 한다.

① 탑노트 Topknot
② 스웰 Swell
③ 머즐 Muzzle
④ 이어 프린지 Ear Fringe
⑤ 아담스 애플 Adam's apple
⑥ 에이프런 Apron
⑦ 프론트 브레이슬릿 Front Bracelet
⑧ 메인 코트 Main coat
⑨ 언더라인 Under line
⑩ 리어 브레이슬릿 Rear Bracelet
⑪ 로젯 Rosette
⑫ 폼폼 PomPom
⑬ 러프 코트 Ruff Coat

그림 5-9. 콘티넨탈 클립 미용 계획도 I

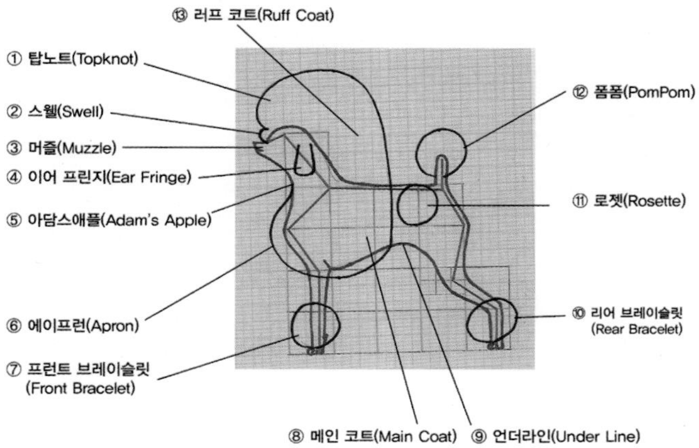

모든 명칭을 해당 위치에 기록하였으면 마지막으로 ⓐ ~ ⓗ에 주의할 점을 기록하면서 명심하도록 한다.

ⓐ 견갑골과 상완골의 각도는 90°이다.

ⓑ 전완골의 지면과의 각도는 90°이다.

ⓒ 상완골을 사선으로 그었을 경우 지면과의 각도는 45°이다.

ⓓ 비절 1cm 위를 지나가는 45°사선으로 라인을 만든다.

ⓔ 라스트 립 0.5~1cm 뒤를 일직선으로 라인을 만든다.

ⓕ 라스트 립 0.5cm 뒤 라인과 로젯의 간격은 1cm 정도로 정한다.

ⓖ 셋온에서 일직선으로 라인을 만든다.

ⓗ ⓓ라인 높은 곳에서 일직선으로 프런트 브레이슬릿 라인을 만든다.

그림 5-10. 콘티넨탈 클립 미용 계획도 완성

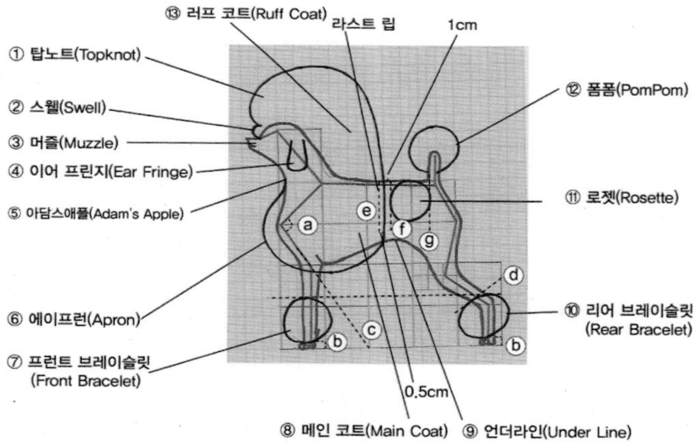

5.4 잉글리시 새들 클립 미용 계획도 그리기

잉글리시 새들 클립(English Saddle Clip)은 푸들의 쇼클립 중 생후 1년 이상인 개들에게 시행되는 미용 방법 중 하나이다. 잉글리시 새들 클립의 특징은 말안장의 모양이라고 하는 새들 부분이다. 푸들의 미용 중 가장 난이도가 높은 미용 기법이라 할 수 있다.

그림 5-11은 4단계 외관 그리기 그림을 이용하여 잉글리시 새들 클립을 위한 윤곽선을 그린 것이다. 그림을 보면서 여러 번 반복하여 동일하게 그리도록 연습한다.

그림 5-11. 잉글리시 새들 클립 윤곽선

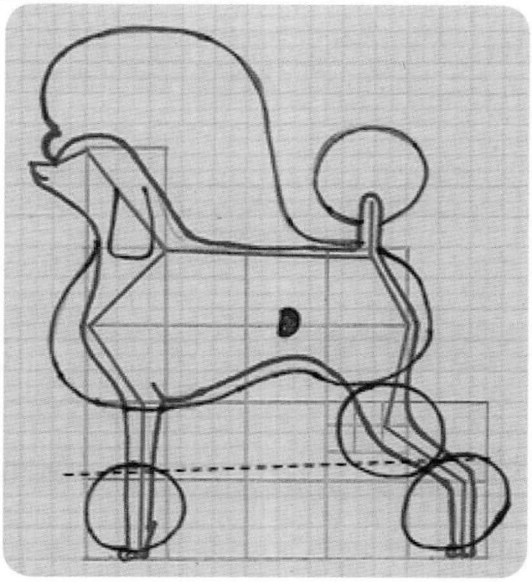

윤곽선을 그렸으면 아래의 ①~⑭의 명칭을 해당 위치에 적어 넣으면서 눈과 손으로 익히도록 한다.

① 탑노트 Topknot
② 스웰 Swell
③ 머즐 Muzzle
④ 이어프린지 Ear Fringe
⑤ 아담스 애플 Adam's Apple
⑥ 에이프런 Apron
⑦ 프런트 브레이슬릿 Front Bracelet
⑧ 언더라인 Under Line
⑨ 어퍼 브레이슬릿 Upper Bracelet
⑩ 리어 브레이슬릿 Rear Bracelet
⑪ 폼폼 PomPom
⑫ 새들 Saddle
⑬ 키드니 패치 Kidney Patch
⑭ 러프 코트 Ruff Coat

그림 5-12. 잉글리시 새들 클립 미용 계획도 I

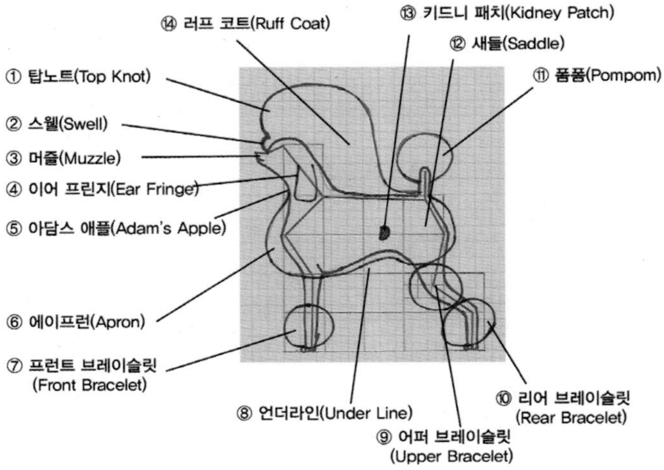

모든 명칭을 해당 위치에 기록하였으면 마지막으로 ⓐ ~ ⓕ에 주의할 점을 기록하면서 명심하도록 한다.

ⓐ 견갑골과 상완골의 각도는 90°이다.

ⓑ 전완골과 지면의 각도는 90°이다.

ⓒ 잉글리시 새들 클립의 경우에는 리어 브레이슬릿 기준선(비절 1.5~2cm 위)과 프런트 브레이슬릿 기준선(칸턴넨탈 클립과 같은 기준선으로 비절 1cm위를 지나는 45°사선을 그려 그중 높은 곳)을 사선으로 그린다.

ⓓ 비절 1.5~2cm 위를 지나는 45°사선을 그려 기준선을 잡아 리어 브레이슬릿을 만든다.

ⓔ 새들과 어퍼 브레이슬릿 각도는 수평에서 각도가 10°~15°가 되게 한다.

ⓕ 새들, 어퍼 브레이슬릿, 리어 브레이슬릿의 비율은 4:3:3이 되게 한다.

그림 5-13. 잉글리시 새들 클립 미용 계획도 완성

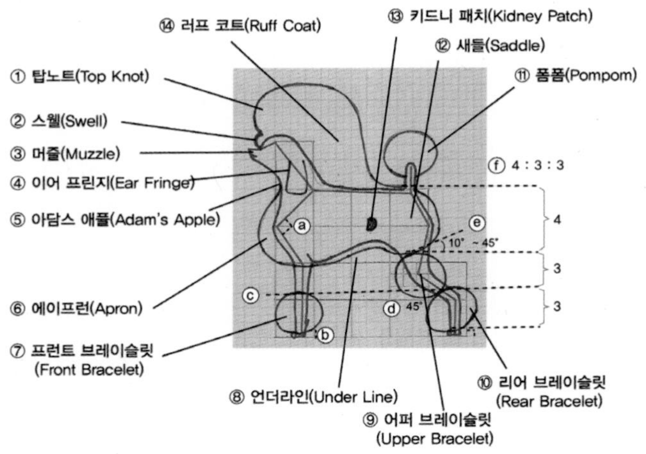

06

반려견 미용사의 건강관리와 자세

06 반려견 미용사의 건강관리와 자세

6.1 개념

반려견을 미용할 때 가장 중요한 것은 반려견 미용사와 반려견의 안전이라는 것을 항상 명심해야 한다. 반려견의 미용은 장시간의 집중력을 요하는 작업으로, 반려견 미용사가 올바른 몸의 자세를 가지지 못하면 쉽게 피로를 느낄 수 있으며, 부상이나 직업병을 가질 수 있게 된다. 또한 반려견 미용사는 1인 작업으로 이루어지기 때문에 미용 대상인 반려견을 안전하게 통제하여 미용 작업이 수월하게 진행될 수 있도록 하여야 한다.

일반적으로 반려견은 사람처럼 미용사의 주문을 잘 따라주기를 기대하기는 어렵다. 낯선 환경에서 낯선 사람으로부터 경험하게 되는 미용은 반려견 미용사의 반려견 통제 능력의 차이에 따라 기쁨의 경험이 될 수도 있고, 매우 고통스러운 기억이 될 수도 있기 때문이다. 미용을 위해 도착한 시점부터 미용 후 고객에게 다시 전달될 때까지 개의 구조 및 심리 상태를 정확히 이해하여 반려견의 육체적 · 정신적인 부담을 최소화하여야 한다.

6.2 직업 건강 및 예방(정혜선 외, 2013)

반려견 미용사는 직업적 특성으로 인하여 다음과 같은 질환에 매우 취약하므로 올바른 자세와 위치를 통해서 건강 장애를 예방하도록 노력해야 한다.

가 순환기계질환(Circulatory system Disease)

(1) 하지정맥류 Varicose Veins(김선영, 2019)

하지정맥류는 정맥 판막의 기능이 떨어져 피가 자꾸 역류할 때 발생한다. 심장으로 올라가지 못한 피가 다리에 계속 고여 다리 뒤쪽에 흐르는 정맥 혈관이 늘어나 지렁이가 기어가듯 튀어나오는 게 특징이다. 다리 통증과 욱신거리는 느낌, 경련을 동반한다. 혈관이 도드라져 보이지 않고 단순히 다리가 무겁거나 부기 또는 부종 증상만 호소하는 사람도 있다. 하지정맥류는 교사나 간호사, 미용사처럼 하루 종일 서서 일하는 사람에게 잘 나타난다. 6~8시간씩 일하는 사이 혈액이 아래로 몰려 정맥 순환에 악영향을 주기 때문이다. 남성에 비해 여성이 하지정맥류에 취약하다. 생리주기에 따른 호르몬의 영향으로 임신부나 출산을 경험한 중년 여성에게 흔하다. 여성호르몬은 근육 세포의 수축 능력을 떨어뜨리고 혈관벽을 이완시켜 하지정맥류를 유발할 수 있다. 여성호르몬 농도가 급증하는 임신기간 중에 하지정맥류가 나타났다가 출산 후 자연스럽게 없어지는 사례도 많다. 혈관벽이 약한 노인이나 가족력이 있는 사람, 갑작스럽게 체중이 늘어 뱃속의 압력이 상승한 사람도 생기기 쉽다. 요즘에는 젊은 층에서도 많이 발병한다. 정맥의 흐름을 방해하는 꽉 끼는 옷이나 하이힐을 자주 착용하는 것이 원인이다.

(2) 하지정맥류 예방법(조대윤, 2010)

하지정맥류는 치료도 중요하지만 예방이 더욱 중요하다. 오래 서있거나 장기간 앉아서 하는 일을 피하고, 여건상 피할 수 없는 경우에는 일정시간 마다 걸어 근육펌프를 가동시켜 하지의 깊은 정맥 압력을 경감시키도록 해야 한다. 압박스타킹 사용을 생활화하면 정맥혈류 속도를 올려 정체되지 않게 하여 부종을 줄일 수 있기에 꼭 착용하도록 한다. 걷는 운동도 권하는데 다리운동 시 혈액 공급이 증가하여 환류되는 정맥혈액량도 증가하므로 마라톤이나 달리기 같은 운동보다는 비교적 혈액의 유입 및 유출이 평형이 되게 만드는 일반적인 보행운동이 추천된다. 일반적으로 하루 1~2시간, 거리상으로는 4~8km 정도의 보행을 권한다. 이런 보행 운동은 심장병 예방에도 도움이 된다. 취침시 베개 등을 이용하여 다리를 심장보다 높게 유지하면 정맥혈 환류를 도와 하지의 부종을 없앨 수 있다. 청바지 같이 신체를 조이는 옷은 좋지 못하다. 전체적으로 피하정맥을 균일하게 압박하여 정맥혈 환류를 돕는 압박스타킹과 달리 몸에 꽉 끼는 옷은 정맥 환류를 막아 정맥류 생성을 촉진할 수 있어 피해야 할 필요가 있다. 다리를 꼬고 앉아있는 경우도 정맥 환류에 장애를 초래하기에 가급적 피하도록 한다. 그 외에도 복압상승 등으로 정맥 환류시 저항이 증가되는 것을 방지하기 위해 적정체중의 유지 및 변비예방 등을 권하고 있다.

나 근골격계질환(Musculoskeletal Disease)(채경주, 2009)

(1) 근골격계질환

근골격계질환은 단순 반복 작업으로 인한 기계적 스트레스가 신체에 누적되어 목 · 어깨 · 팔 · 팔꿈치 · 손목 · 손등의 신경 · 근육 · 건 및 그 주변 조직에 나타나는 질환을 말하며, 여기서 단순 반복 작업이란 오랜 시간 동안 반복되거나 지속되는 동작 또는 자세로 근골격계질환과 관련이 있는 작업형태를 말한다. 이러한 근골격계질환은 산업체와 일상생활에 많은 영향을 미치게 되어, 사업주들에게는 산업재해의 보상의 비용과 작업손실 등으로 인한 간접비용의 증가와 작업자들에게는 심한 통증으로 인한 일상생활의 장해를 가져오게 한다. 유사 업종인 미용업계종사자들은 전문직업인으로서 정신적 · 심리적 부담이 가중되고 과중한 작업증가와 함께 정신적 · 육체적 피로가 누적되고, 반복적인 기구사용과 작업, 팔을 어깨높이의 상태에서 장시간 선 상태로 고정된 시선을 유지하는 불균형적인 자세 · 복잡한 장비와 도구의 사용 등으로 인하여 근골격계 자각증상의 호소율이 높게 나타나고 있다.

(2) 근골격계질환의 종류와 증상

① 근막통증증후군(Myofascial syndrome)

우리 몸의 40%를 차지하고 있는 근육은 장기간의 무리한 활동에 의한 피로, 갑작스런 외력에 의한 염좌 등에 의하여 근골격계 구조물 중 가장 먼저 손상에 노출되는 부위로서, 나쁜 자세의 일상생활 · 운동부족 등에 의한 수술을 요하지 않는 각종 장애의 대부분이 근육의 기능장애나 병적인 변화와 밀접하게 관련되어 있다. 근막통증증후군이란 근육과 근육을 싸고 있는 근막에 유발되는 통증증후군으로 근육이 경직되면서 혈류의 공급을 떨어뜨리고, 노폐물이 배출되지 못하고 축적되어 통증유발점을 형성하는 질환을 말한다.

근막통증 증후군의 원인은 근육에 급성 또는 만성적 스트레스 손상으로 발생될 수 있으며, 직업 또는 가사 일에 의한 만성적 스트레스가 근육의 피로 · 근경련 · 근긴장 등을 유발시켜 나타날 수 있다. 또한 부적절한 생활습관 자세로 인하여 근육에 만성적 스트레스가 가해져 발생할 수도 있다. 영양결핍과 내분비 이상도 근막통증증후군과 흔히 관련된 것으로 비타민 부족 · 갑상선호르몬과 에스트로겐의 부족 등을 들 수 있으며, 관절통 · 만성적 감염 · 우울증 · 불안감 · 불면증 등도 간접적으로 관련되어 있다. 가장 대표적인 증상으로는 긴장을 수반한 근육의 통증이 있으며 피로감을 동반하는 경우가 많다. 이러한 통증은 압통(48%), 무딘 감각(37%), 욱신욱신 쑤시는 감각(26%), 화상통(26%), 날카로운 통증(18%), 무거운 감각(14%), 저리거나 시린 감각(27%), 뻣뻣함(20%), 부종(12%), 이통(42%) 등의 통증을 호소할 수 있으며, 피곤함 · 이명 · 청력감퇴 · 불면증 · 메스꺼움 · 어지럼증 · 변비 · 우울증 · 불안증 등 자율신경 반응의 부조화가 생기고 근약화와 함께 관절운동의 제한이 나타난다. 또한 통증은 과도한 긴장, 감정적 스트레스 등에 의하여 악화되며, 열 치료 · 이완 · 가벼운 운동 등에 의하여 완화될 수 있다. 목근육의 과도한 긴장은 뒷골 쪽으로 전기가 오는 것처럼 뻗치는 통증 또는 조이는 통증이 나타나는 두통이 발생하며, 눈이 빠질 것 같은 통증과 통증으로 인하여 목을 돌릴 수 없는 관절운동의 제한이 나타난다. 이러한 어깨 근육의 긴장은 미용사와 같이 주로 장시간 팔을 고정된 자세로 사용하는 직업에서 많이 나타나는 증상으로 어깨를 짓누르는 듯한 통증을 호소하며, 근육의 통증으로 인해 손에 힘을 줄 수 없고 등골 중앙이 빼근해지는 증상이 나타난다. 허리 및 엉덩이 근육의 긴장은 자세 변화시 옆구리가 결리는 증상이 나타나며 요추 디스크와 비슷하게 다리로 뻗치는 증상이 있고, 엉덩이에 욱신거리는 통증이 나타난다.

근막통증증후군에 대한 약물요법으로서는 소염진통제 및 근육이완제를 복용하게 하며, 주사요법으로는 침을 맞거나 생리적 식염수, 국소마취제나 때로는 스테로이드의 혼합용액 등을 통증을 일으키는 부위에 주입한다. 또한 전기적 자극요법으로 마사지를 하거나 초음파를 이용한 물리치료 · 냉각요법 · 열 치료 등으로 통증을 완화시켜주고 금주와 금연, 비타민의 복용도 치료에 도움이 된다. 근막통증증후군을 예방하기 위해서는 장시간의 정적인 자세를 피하고, 규칙적으로 휴식시간을 가지는 것이 중요하며, 반복적인 작업자세를 줄이고, 올바른 자세를 취하도록 하며, 스트레칭과 얼음마사지를 활용하는 것이 좋다.

② 회전근개증후군(Rotator cuff syndrome)

회전근개와 관련된 어깨의 통증은 40세 이후의 남녀에게서 흔하게 나타나는 것으로 어깨를 움직이는 새롭고 반복적인 작업을 시작할 때 많이 나타난다. 부리어깨인대가 극상근과 극하근의 건부분을 지나가는데 이때 인대의 접촉성 압력이 회전근개의 허혈성 병변을 일으키고 건염과 견봉하에 점액낭 염을 일으킬 수 있으며, 만성적인 상황에서는 건의 퇴행성 파열이 있다. 염증부위의 충돌은 정상적으로 어깨를 올리는 동안 외전의 중간범위에서 생기게 된다. 회전근개증후군은 어깨를 과도하게 반복적으로 사용하거나 무거운 물건을 어깨로 운반하거나 당길 때 다른 어깨 근육의 손상으로 인하여 나타날 수 있으며, 어깨 위의 높이에서 작업을 할 때 발생한다. 주로 증상은 앞쪽 어깨의 통증은 서서히 또는 급작스럽게 나타나는데 팔에는 힘이 없고 팔을 올릴 때 통증을 호소한다. 특히 오전보다는 오후시간 때 통증을 심하게 호소하며 상완의 대결절의 압통을 호소하기도 한다. 팔을 30°~40° 외전하면서 앞쪽 어깨에 통증을 호소하지만, 120° 이상 외전시키면 통증은 없어진다. 회전근개에 심각한 손상이 있다면 회전근개의 손상으로 인하여 스스로 팔을 들어 올릴 수 없다.

진단은 내회전과 외회전시 X-ray상에 대결절의 경화성 변화가 나타나며, 회전근개에 손상이 있다면 상완두는 관절강보다 올라가있게 된다. 회전근개증후군에 대한 치료는 휴식시 편안할 때에는 삼각건(슬링 Sling)과 붕대로 어깨를 고정하고 진통제나 비스테로이드성 항소염제를 사용하여 통증을 완화시킨다. 이러한 휴식과 고정으로 통증이 완화되지 않으면 아스피린을 복용하도록 한다. 또한 주사요법을 통하여 통증을 완화시키며 회전근개에 손상이 있을 때에는 관절조영술을 실시하여 통증을 완화시키고 손상된 회전근개를 회복시킨다. 회전근개증후군의 예방을 위해서는 통증을 일으키는 동작을 최소화하고, 어깨 위나 머리위치의 작업 활동을 피하도록 하며 자주 스트레칭을 해준다.

③ 수근관증후군(Carpal Tunnel Syndrome)

수근관증후군은 정중신경이 수근관을 통하여 9개의 굴곡건으로 분포되기 때문에 생기는 정중신경의 외상성 신경병증 혹은 압박성 신경장애로서 나이, 성별에 관계 없이 누구에게나 나타날 수 있는 질환이다. 주로 미용사와 같이 지속적으로 빠른 손동작을 하거나 엄지와 검지로 집는 동작이 많은 컴퓨터 작업자 · 음악가 · 계산원 · 조립제조업 · 타이핑 작업자 등의 직업에서 많이 발생한다. 수근관증후군은 별다른 손상이 없는데도 환자는 정중신경이 분포하고 있는 엄지 · 검지 · 중지의 손바닥 쪽을 따라 저리거나 찌릿거리는 감각, 타는 듯한 감각이상을 서서히 느끼게 된다. 또한 물건을 쥐기가 어려워 자주 떨어뜨리게 되며, 심한 경우 통증이나 감각이상으로 인해 밤에 잠에서 깨어 손을 주무르고 손목이나 손가락을 흔들게 된다.

수근관증후군을 치료하지 않을 경우 증상은 점차적으로 악화되어 정중신경의 영구적인 손상을 초래하여 결과적으로 지속적인 피부감각 결손과 엄지 운동의 약화를 초래하게 된다. 진단은 전기진단 실험실에서 실시하는 신경전달 연구로 확진된다. 때때로 경추 추간판 질환에 의한 경수 6번 방사통과 증상이 유사할 수도 있지만 이것은 신경학적인 검사로 구별하여야 한다. 수근관증후군의 치료로는 국소적 염증을 최소화하기 위하여 항소염제를 복용하고 손목보조기를 착용하도록 한다. 또한 수근관에 코르터존 Cortisone을 주입하는 것이 도움이 되며, 만약 효과가 없을 시에는 외과적 수술을 시행한다. 또한 규칙적으로 휴식시간을 갖도록 하여 손과 손목의 피로를 예방하고 손과 손목을 스트레칭한다.

④ 드퀘르뱅 건초염(Dequervain's Syndrome)

손목의 엄지 쪽 장무지 외전근과 단무지 신전근의 건이 자극되거나 부어서 생기는 질환으로 물건을 집거나 쥐는 동작이 많거나 손목을 돌리거나 비트는 동작을 과도하게 반복적으로 하게 될 때 염증이 발생한다. 손목의 엄지 손가락 부분에 통증이 나타나는데 이러한 통증은 서서히 혹은 갑자기 나타날 수 있다. 심한 경우 전완부로 통증이 올라가기도 하며, 이 경우에는 엄지손가락 쪽 손목에 부종이 나타나고 손목과 엄지손가락을 움직이기가 힘들게 된다. 특별한 검사소견이나 X-ray소견은 없으며, 때때로 주상골의 오래된 불유합이 비슷한 증상을 보일 수 있으므로 이와 구별할 수 있어야 한다. 드퀘르뱅 건초염의 치료는 국소적인 주사요법과 손목 보조기의 착용으로 통증을 완화시키며 호전이 없을 경우에는 외과적 수술을 시행한다. 수술과 더불어 움켜쥐는 동작을 제한하도록 교육한다.

⑤ 방아쇠 수지(Trigger Finger)

엄지나 그 외 손가락 내부 조직의 염증으로 인해 발생되며 손가락 협착성 건초염이라고도 한다. 인대가 염증으로 부어오를 뿐만 아니라 건이 잘 움직일 수 있도록 하는 힘줄을 싸고 있는 인대막도 부어오르기 때문에 손가락이 잘 펴지지 않는 것이다. 여러 손가락에 나타나는 경우에는 류머티스 관절염을 의심하여야 한다. 건과 건초를 움직일 때 통증이 일어나는 경우가 많으며, 45세 이상의 성인에게서 많이 발병하며 주로 남성보다는 여성에게서 많이 발병한다. 장시간 손에 쥐는 작업을 하는 사람들과 장시간 손으로 힘든 작업을 하는 사람들에게서 많이 나타나는 것으로 손바닥에 반복적으로 마찰이 가해지면서 나타날 가능성도 있다. 증상초기에는 손가락이나 엄지의 기저부에 불편감과 통증을 호소하며 가끔 통증부위에 부종이 관찰되는 경우도 있다. 건에 염증이 점차적으로 진행되면 통증을 호소하고 심한 경우에는 손가락이 구부러진 상태에서 잘 펴지 못한다. 하지만 걸려있던 건이 갑자기 풀리면 손가락이 마치 권총의 방아쇠처럼 튕기게 된다. 이와 같은 현상들이 반복되면서 건에 더욱 자극을 가하여 손가락의 건의 걸림과 부종을 조장하게 된다.

방아쇠 수지는 특징적인 임상소견 및 간단한 진찰만으로 진단이 가능하다. 진찰 도중 손가락이나 주먹을 구부리거나 펴 보일 때 염증이 있는 손가락만 펴지질 않고 구부러진 상태로 있지만 때때로 갑자기 튀어 오르는 듯 손가락이 펴지기도 한다. 또한 염증 증상을 보이는 손가락 관절에 압통이나 부종이 관찰되기도 한다. 필요한 경우 다른 질환과의 감별진단을 위하여 혈액검사를 실시하기도 한다. 만일 증상이 심하지 않은 경우에는 손가락을 움직이지 않고 쉬게 하거나 아스피린이나 비스테로이드성 소염진통제를 적용하기도 한다. 그러나 부종이나 통증이 완화되지 않은 경우에는 손바닥의 손가락 관절부위에 국소주사를 주입하는 경피적 주사요법을 시행한다. 일단 치료 후 건의 염증이 줄어들게 되면 손가락의 운동을 실시한다. 또한 요령있게 물건을 잡거나 들어 올리는 방법을 교육하도록 한다. 방아쇠수지의 발생을 예방하기 위하여서는 규칙적으로 휴식을 취해 피로를 예방하도록 한다.

⑥ 결절종(Ganglion)

활액막의 낭포로 손목의 등쪽에서 많이 발견되는데, 손목 관절의 과다한 사용으로 인해 나타나는 질환이다. 손과 손목에 결절이 자라나게 되며 결절이 발생한 관절에 약화가 나타난다. 통증이 없을 수도 있지만 통증으로 인해 활동에 제약을 받을 수도 있으며 무거운 물건을 들 때에도 통증이 유발된다. 결절이 작은 경우에는 손가락의 압력에 의하여 제거가 가능한 경우도 있지만 대게의 경우에는 바늘을 이용하여 액체를 뽑아내며, 드물게 외과적 절개술을 시행하기도 한다. 수술 후 손과 손목에 적당한 마사지를 해주고 운동성을 회복하기 위하여 수근관절 운동을 시행한다. 결절종의 예방을 위하여서는 무리한 관절의 사용을 금하도록 하며, 규칙적인 스트레칭을 하도록 한다.

⑦ 요통(Backpain)

요통이 발생하는 가장 큰 원인은 기둥으로서의 척추가 물리적 안정을 상실했기 때문이며, 주로 허리를 비틀거나 구부리는 자세로 인해 발생한다. 추간판 탈출로 인한 신경압박 및 허리 부위에 염좌가 발생하여 통증 및 감각마비가 온다. 요통을 방지하기 위해서는 무엇보다 일상생활에서 올바른 자세를 유지하는 것이 중요한데 푹신한 의자보다는 딱딱한 의자를 사용하고 의자에 앉을 때 엉덩이를 깊숙이 넣고 허리를 똑바로 편 상태에서 등받이가 허리를 받쳐주도록 한다. 또한 서있는 자세에서는 고개를 숙이거나 뒤로 너무 젖히면 허리에 압력이 가해지므로 가볍게 전방을 응시하는 자세가 좋다.

(3) 근골격계질환의 예방

① 작업환경의 조절

근골격계질환의 위험요인에 대한 접근방법으로 작업환경을 조절하는 방법을 사용한다. 예를 들어, 작업장의 가구와 장비, 재료 등의 선택 및 재배치와 조명의 선택 및 배치, 작업장의 공간을 인간공학적으로 만들어주는 것이다. 특히, 미용실의 테이블 높이는 미용사들의 어깨와 허리에서 발생하는 근골격계질환과 높은 상관관계가 있으므로 세심하게 고려되어야 한다. 또한 작업공간은 작업자 주변에 충분한 공간이 있어서 움직임에 방해를 받지 않아야 하고 작업 자세를 바꾸는데 불편함이 없어야 한다. 작업장의 바닥은 미용사들이 장시간 서있어야 하는 것을 고려하여 콘크리트나 금속 등의 재질은 피하고, 미끄럽지 않은 나무, 코르크 또는 고무재질로 덮어진 바닥이 바람직하다.

② 작업자세 및 작업방법의 조절

근골격계질환을 예방하는 가장 좋은 방법은 작업자세시 올바른 자세를 유지하고 바람직한 작업 방법을 유지하는 하는 것이다. 하루의 대부분을 서서 일해야 하는 미용사들은 발을 올릴 수 있는 발 받침대를 사용하여 다리를 교대로 올려놓도록 한다. 그리고 가능하다면 의자에 앉아 작업하는 것이 가장 바람직하다. 허리는 구부리지 말고 편 상태에서 작업을 하도록 한다. 또한 손이나 팔을 어깨높이 이상으로 올려서 작업하는 것을 삼간다. 앉아서 작업을 할 때에는 작업 대상을 바로 보고 앉아서 작업을 하도록 하며, 팔을 올려야 하는 경우에는 팔꿈치 각도는 70°~90°를 유지하도록 한다. 손목은 똑바로 한 상태에서 팔과 동일선상에서 유지한다. 이때 시야의 각도는 눈의 수평라인에서 10°~30°아래로 향하며 작업하도록 한다. 등받이가 없는 의자의 경우 다리를 꼬고 앉아 허리를 펼 수 있도록 한다.

③ 신발의 선택

발은 신발이 허용하는 범위 내에서 최대한 편안함을 느끼도록 한다. 따라서 발의 모양을 변형시키지 않는 신발을 착용하며, 발꿈치 부분을 제대로 강하게 받쳐주는 신발을 선택한다. 신발의 뒷부분이 너무 넓거나 너무 부드러우면 발이 미끄러지고 그로 인해 안정성을 확보할 수 없고 발을 아프게 한다. 또한 발볼이 너무 좁거나 밑창이 얇으면 통증과 피로를 쉽게 느낄 수 있으므로 납작한 신발은 피하고, 발 모양에 맞는 곡선을 가지고 있는 것을 선택하도록 한다. 작업하기 전에 미리 신어보아 활동이 편한 신발을 선택하도록 한다.

④ 관리적 해결 방안

근골격계질환의 예방을 위해서는 유해요인 노출시간을 단축하고, 2시간 이상의 연속작업이 이루어지지 않도록 하고, 1회의 장시간 휴식을 취하기보다는 가능한 한 조금씩 자주 휴식을 취하는 것이 중요하다. 근육의 피로를 예방하고 일상생활에 대한 지구력 증진을 위한 에너지 보존방법과 작업의 단순화 방법을 이용하여 하루의 일과표를 작성하여 일과 휴식을 균형 있게 배분하도록 하게 하며, 힘든 일과 쉬운 일을 번갈아 수행하도록 한다. 작업 시 작업의 효율성을 위해 첫째, 그 일이 꼭 필요한 일인가 둘째, 일을 단순하게 만들 수 있는가 셋째, 어떤 순서로 할 것인가 넷째, 휴식은 얼마나 자주 할 것인가 다섯째, 어떤 자세가 좋은가를 고려한다.

⑤ 스트레칭

작업시 한 자세를 오랫동안 유지하지 말고 30~40분마다 스트레칭을 하도록 한다. 근골격계질환 대부분이 누적외상성 질환이므로, 주로 발생하는 목 · 어깨 · 팔꿈치 · 손목 · 허리 등의 관절부위를 중심으로 근육과 혈관 · 신경 등의 피로를 미리 풀어줌으로써 예방할 수 있다. 스트레칭은 반동을 주지말고 천천히 움직여 몸의 긴장을 풀고 적당한 자극과 편안한 호흡을 유지하면서 간단한 동작부터 정확한 자세로 매일 실시하도록 한다.

6.3 미용 준비

가 미용실 준비

미용실은 반려견과 반려견 미용사가 안전하고 효율적으로 작업할 수 있는 공간이다. 미용실은 밝고 바닥이 미끄럽지 않아야 하며 공간은 너무 넓지도 좁지도 않게 동선확보가 잘 되어있어야 한다. 반려견의 도주방지를 위해 문은 이중문으로 되어있어야 하며 클리퍼, 드라이 등 전자제품을 많이 사용하므로 누전에도 주의하여야 한다. 미용도구나 베이싱 공간에 용품 등을 쓰기 편리하게 진열하고 클리퍼 등은 떨어트려 깨지는 일이 없도록 주의한다.

나 미용사 준비

1. 반려견 미용사는 미용하기 편리하게 머리카락이 시야를 가리지 않도록 정리한다.
2. 손톱은 트리밍이나 베이싱할 때 반려견에게 상처를 낼 수 있고 방해가 될 수 있으므로 짧게 깎는다.
3. 귀걸이, 팔찌, 반지 등 액세서리는 반려견이 당기게 되면 털이 엉키거나 사고의 원인이 될 수 있으므로 착용하지 않도록 한다.
4. 복장은 전용 가운, 앞치마, 신발을 준비하여야 한다. 반려견은 후각이 예민하므로 향수를 뿌리는 것은 바람직하지 않다.
5. 몸은 테이블에 밀착시키고 다리는 편한 자세로 벌린다. 테이블의 높낮이는 자신의 키에 알맞게 조절한다.

그림 6-1. 미용 전 준비운동

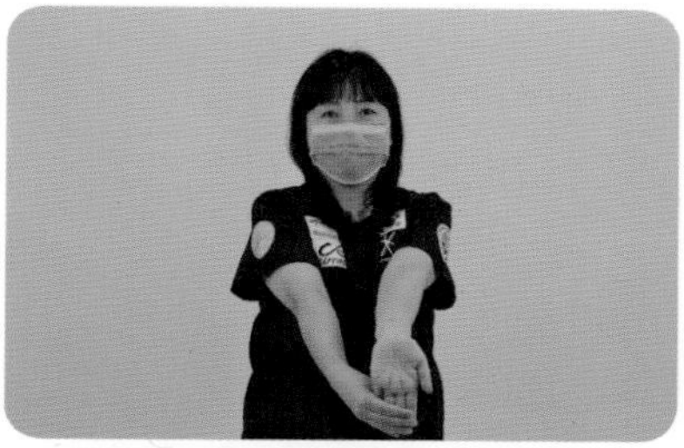

① 왼팔을 손바닥이 하늘을 향하도록 앞으로 뻗은 다음 오른손으로 왼손가락 부분을 잡아 몸쪽으로 잡아당긴다. 10까지 숫자를 세도록 한다.

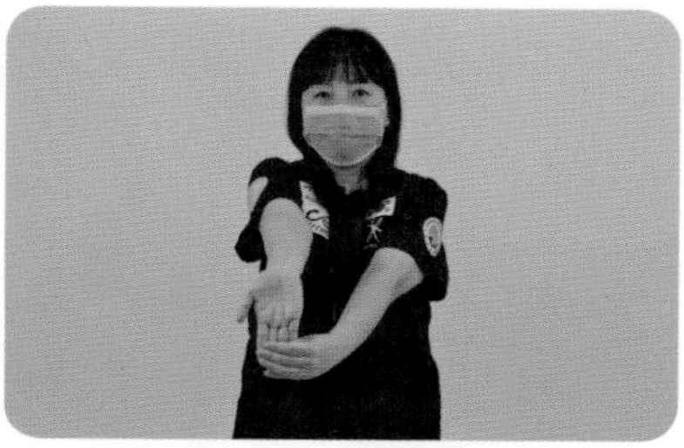

② 오른팔을 손바닥이 하늘을 향하도록 앞으로 뻗은 다음 왼손으로 오른손가락 부분을 잡아 몸쪽으로 잡아당긴다. 10까지 숫자를 세도록 한다.

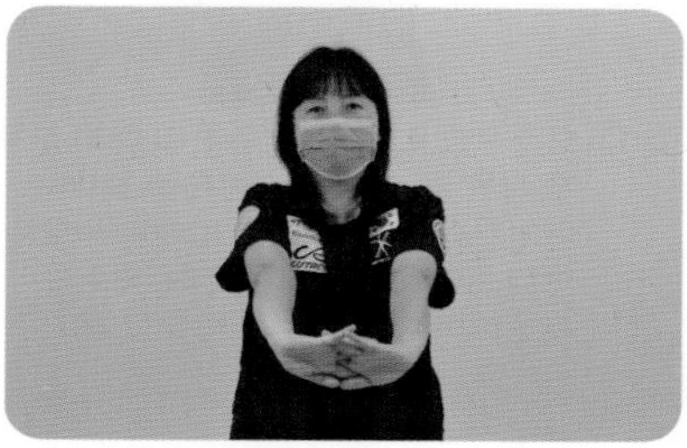

③ 왼손가락과 오른손가락을 깍지를 끼어 앞으로 뻗은 후 위로 올려 귀 부분에 닿도록 한다.

④ 팔을 올린 상태에서 좌우로 스트레칭한다. 10회 반복하여 수행한다. 몸이 앞으로 숙여지지 않도록 주의한다.

다 미용 중 자세

1. 반려견은 미용도중 순간적으로 미용테이블에서 뛰어내릴 수 있으므로 암설치를 하여 반려견이 떨어지는 걸 방지하도록 한다.

2. 암설치를 하였더라도 미용하지 않는 한손은 반드시 반려견을 잡고 있어야 한다. 미용시 불필요한 움직임은 사고의 원인이 될 수 있다.

3. 콤을 제외한 다른 도구는 미용테이블에 올려두지 않는다. 가위 같은 경우 반려견이 움직이는 경우 베일 수도 있고 떨어트려 가윗날이 손상될 수도 있다.

④ 클리핑시 반려견을 미용사 몸에 밀착하여 미용한다. 반려견과 미용사의 간격이 많을수록 반려견의 움직임도 크고 미용사가 허리를 구부려 힘들게 미용하게 되기 때문이다.

그림 6-2. 미용 후 마무리 운동

① 양손을 깍지를 낀 후 엄지 손가락을 사용하여 턱을 최대한 윗쪽으로 밀어준다. 10회 정도를 반복한다.

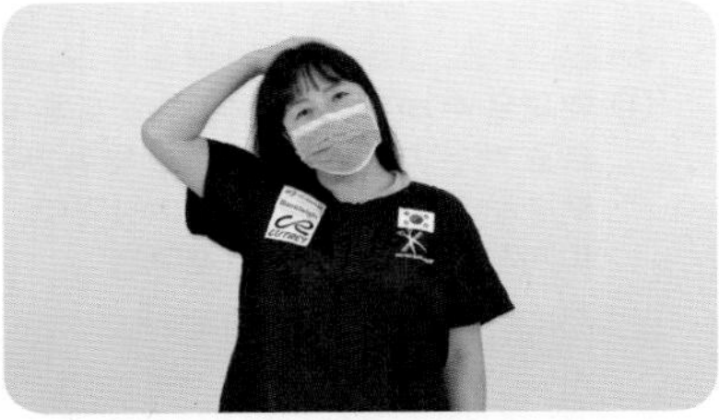

② 오른손으로 왼쪽 귀 위쪽의 머리 부분을 잡은 후 오른쪽을 천천히 최대한 당겨준다. 마음속으로 10까지 세도록 한다. 5회 반복하도록 한다. 왼손을 사용하여 상기 운동을 반복한다.

③ 오른손을 뻗어 왼손앞으로 넣은 후 오른손을 하늘을 향하게 하여 앞에서 보았을 때 십자가 모양이 되도록 한 후 왼손을 몸쪽으로 천천히 최대한 당긴다. 마음속으로 10까지 세도록 한다.

④ 팔을 바꾸어 ③번과 동일한 동작을 반복한다.

6.4 미용견의 준비

가 케이지에서 반려견 꺼내기

반려견 미용을 위해 케이지에서 반려견을 꺼낼 때는 그림 6-3의 순서로 한다.

그림 6-3. 케이지에서 반려견 꺼내기

① 케이지 앞에 자세를 낮추고 문을 연다.

② 손등을 위로 향하게 한뒤 개의 시선보다 낮게 바닥쪽으로 이름을 부르며 넣어 쓰다듬는다.

③ 개의 앞다리를 잡고 천천히 꺼낸다.

④ 개가 미용사의 몸에 밀착되게 안는다.

나 케이지에 반려견 넣기

반려견 미용이 끝나고 케이지에 반려견을 넣을 때에는 그림 6-4의 순서로 한다.

그림 6-4. 케이지에 반려견 넣기

① 개를 미용사의 몸에 밀착시켜 머리부터 넣는다.

② 앞다리가 착지되면 개를 가볍게 안쪽으로 밀어넣는다.

다 미용시 주의사항

1. 날카로운 도구(가위, 슬리커 브러시 등)를 반려견이 밟아 외상을 입을 수 있으니 미용테이블에 올려놓지 않는다.

2. 미용테이블에서 반려견이 떨어져 뇌진탕이나 폐출혈, 다리골절 등의 부상을 방지하기 위하여 암 설치를 한다.

3. 임신견이나 노령견의 경우 미용을 받을 때 많은 체력을 요하므로 가능한 빠른 시간 내에 베이싱 한다.

4. 드라이 중 눈 주위를 슬리커 브러시로 하게 되면 눈에 상처를 줄 수 있으므로 콤이나 눈꼽빗을 사용한다.

6.5 미용사의 자세

가 브러싱할 때

반려견 미용시 각 부위를 브러싱 또는 코밍할 때에는 그림 6-5의 순서를 따른다.

그림 6-5. 브러싱할 때

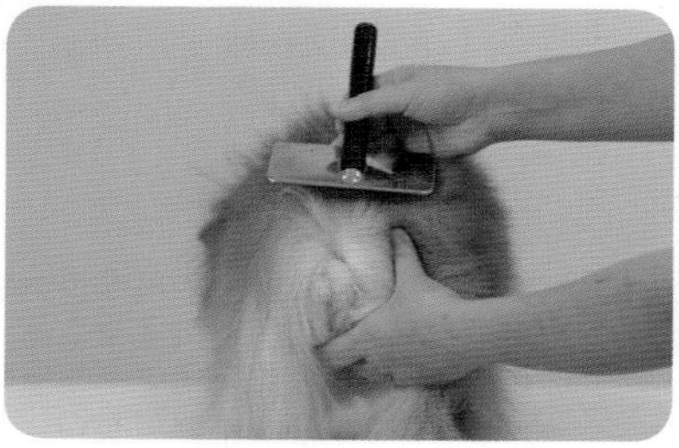

① 뒷다리를 브러싱 또는 코밍할 때에는 한손으로 엉덩이를 받쳐 세운 후 빗질한다.

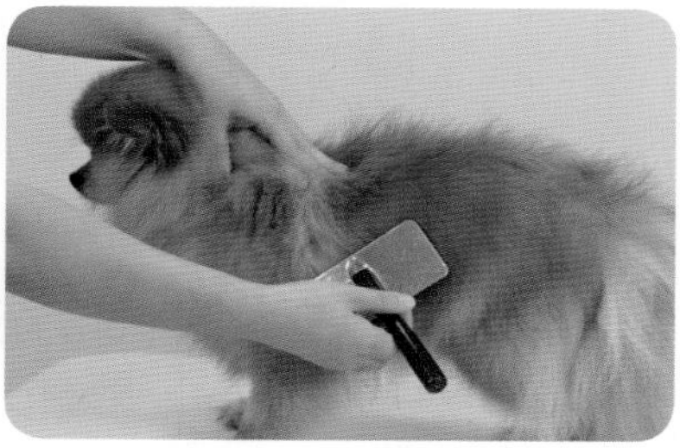

② 몸이나 앞다리를 브러싱할 경우 한 손으로 견갑 부분을 눌러 고정시킨다.

③ 배와 겨드랑이를 브러싱할 경우 앞다리 관절을 한손으로 눌러 움직이지 않게 한다.

나 기본 클리핑할 때(오른손잡이 기준)

반려견 미용시 기본 클리핑 작업을 할 때에는 그림 6-6의 내용을 따른다.

그림 6-6. 기본 클리핑할 때

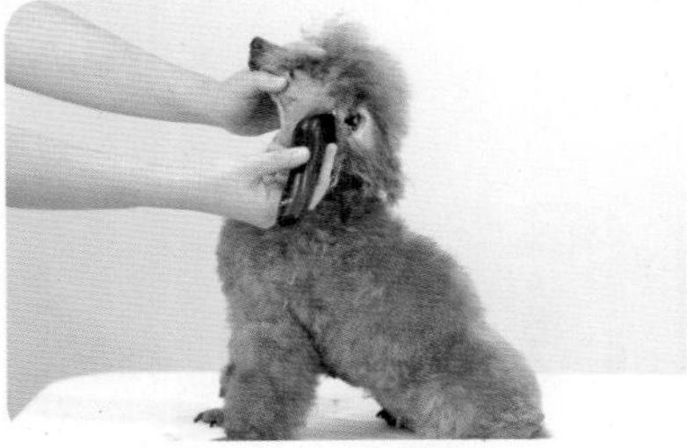

① 개의 얼굴을 클리핑할 때 왼손으로 개의 오른쪽 목덜미나 주둥이를 잡고 오른손으로 클리핑 한다.

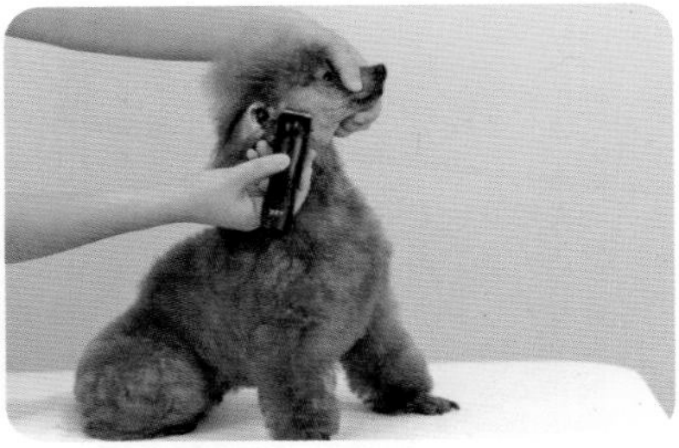

② 개의 오른쪽 얼굴을 클리핑할 때에는 미용사와 개가 같은 방향을 보도록 서서 왼손으로 왼쪽 목덜미나 주둥이를 잡고 오른손으로 클리핑 한다.

③ 배는 앞다리 양쪽을 왼손으로 들어 올려 클리핑 한다.

④ 항문 클리핑시 왼손으로 꼬리를 살짝 들어 올린 후 오른손으로 클리핑 한다.

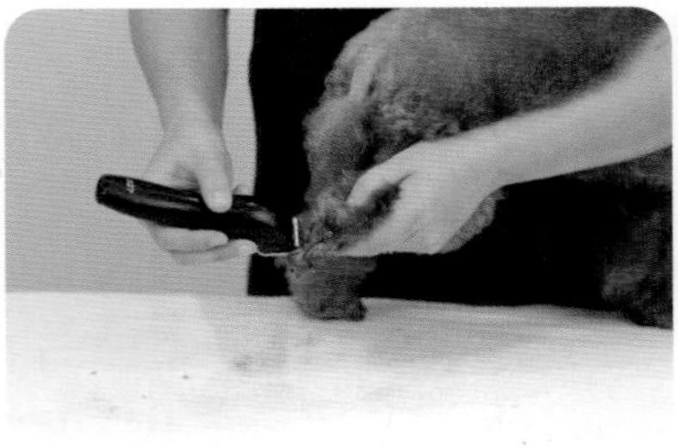

⑤ 오른쪽 뒷다리와 앞다리의 패드는 개의 머리를 왼쪽으로 두고 몸통은 미용사 쪽으로 당겨 왼손으로 패드를 들어 올린 후 클리핑 한다.

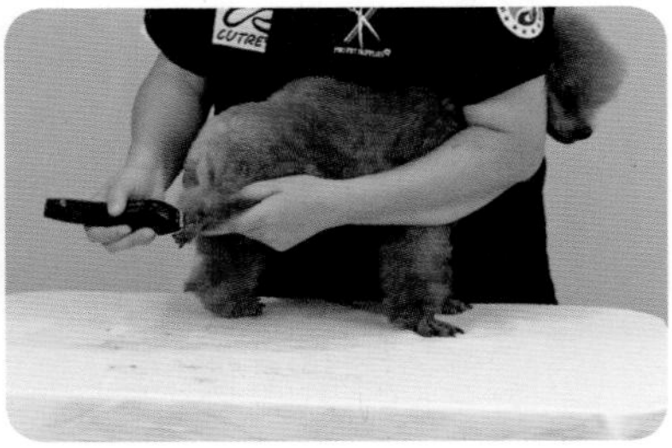

⑥ 산만하거나 움직임이 심한 개는 왼쪽 팔꿈치로 개의 머리나 몸통을 미용사 쪽으로 당겨 안으면서 클리핑 한다.

그림 6-6. 기본 클리핑할 때(계속)

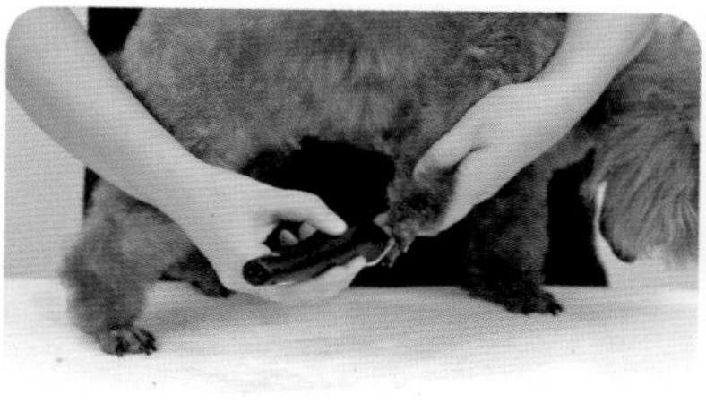

⑦ 오른쪽 앞다리 패드는 왼손으로 개의 겨드랑이를 감싸 안고 클리핑 한다.

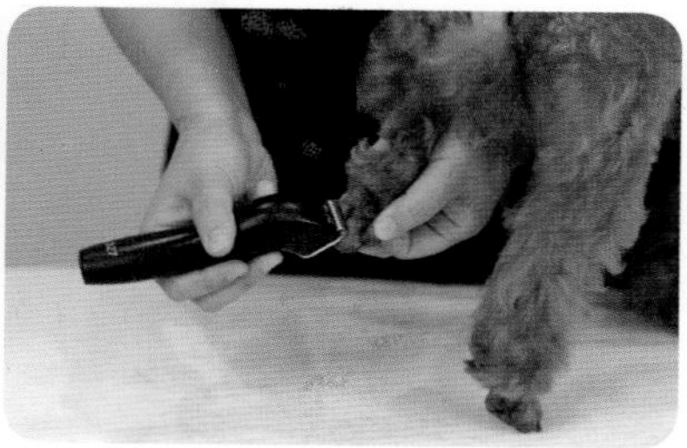

⑧ 왼쪽 뒷다리 패드는 턱업 부위를 감싸 안고 클리핑 한다.

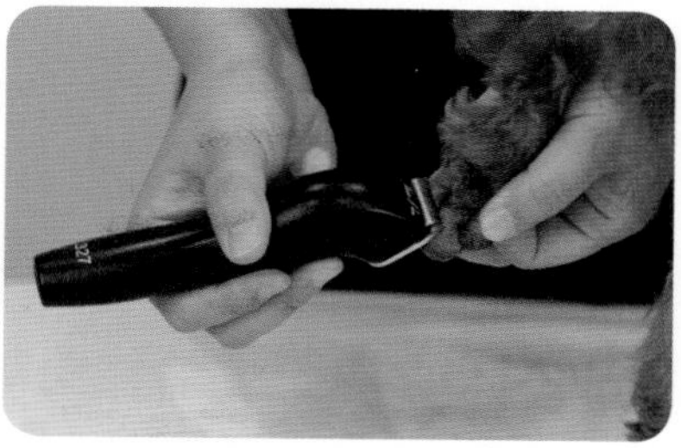

⑨ 왼손으로 양 옆에있는 패드를 눌러 최대한 평편하게 만든 후 클리핑 한다.

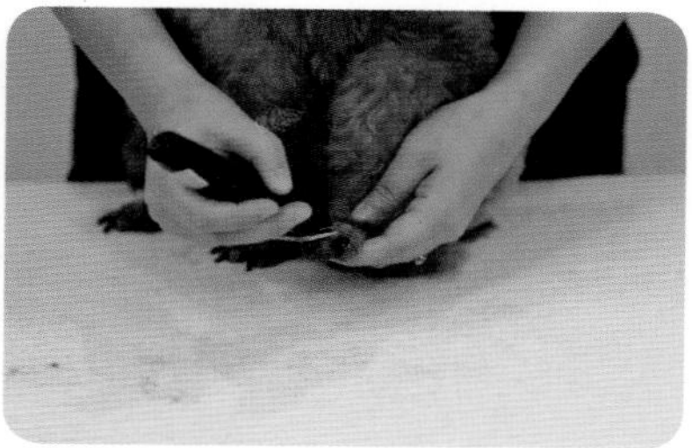

⑩ 왼쪽 뒷다리의 발등은 개의 머리를 오른쪽으로 향하게 하고 턱업이나 겨드랑이를 감싸 안듯이 클리핑 한다.

⑪ 산만하거나 움직임이 심한 개의 앞다리 발등은 왼손으로 개를 안고 앞다리를 들어 클리핑 한다.

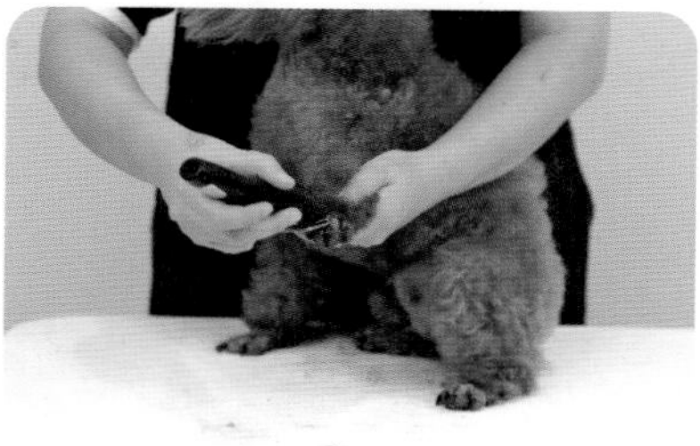

⑫ 왼쪽 앞다리와 뒷다리 발등은 왼손으로 다리를 들어 올려 클리핑 한다.

그림 6-6. 기본 클리핑할 때(계속)

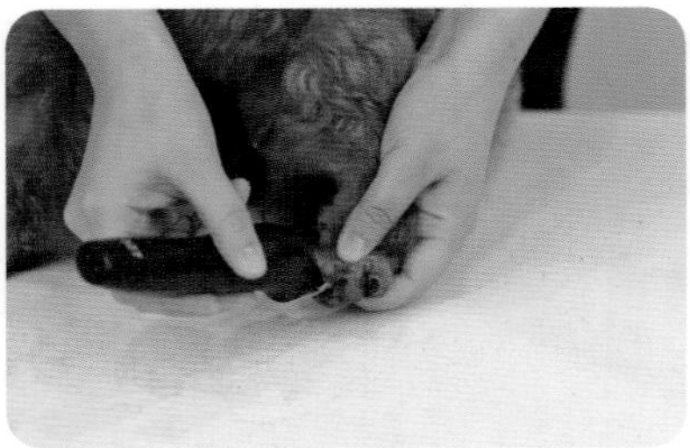

⑬ 발가락 사이는 왼손 엄지와 검지로 발등을 살짝 눌러 평편하게 만든 후 클리핑 한다.

다 시저링 할 때

반려견 미용시 시저링 작업을 할 때에는 그림 6-7의 내용을 따른다.

그림 6-7. 시저링 할 때

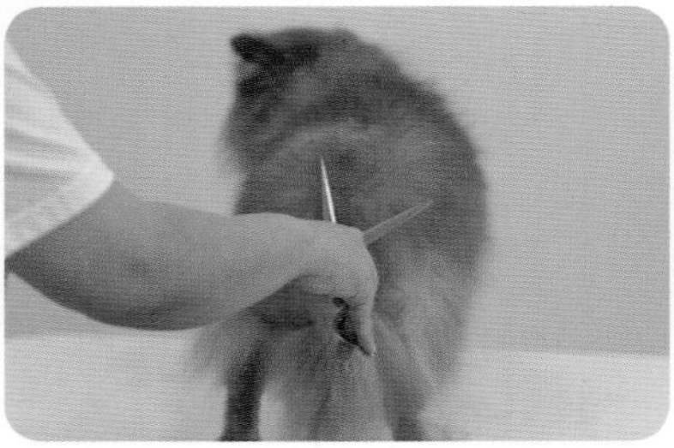

① 꼬리를 손가락 사이에 끼고 엉덩이 부분을 받쳐 개가 주저앉는 것을 방지한다.

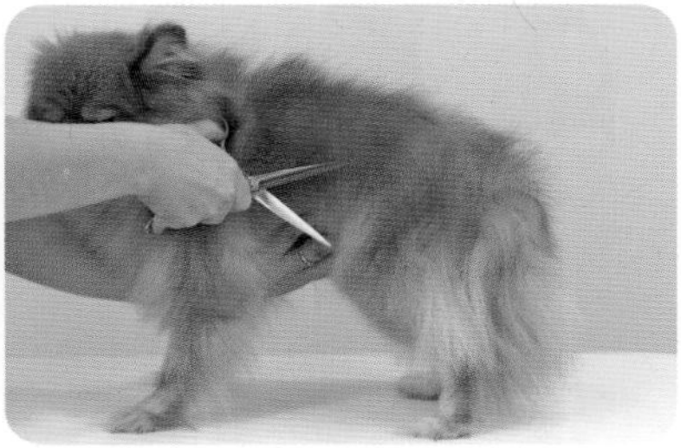

② 오른쪽 몸통을 시저링 할 때 왼손으로 배부위를 잡아 고정한다.

그림 6-7. 시저링 할 때(계속)

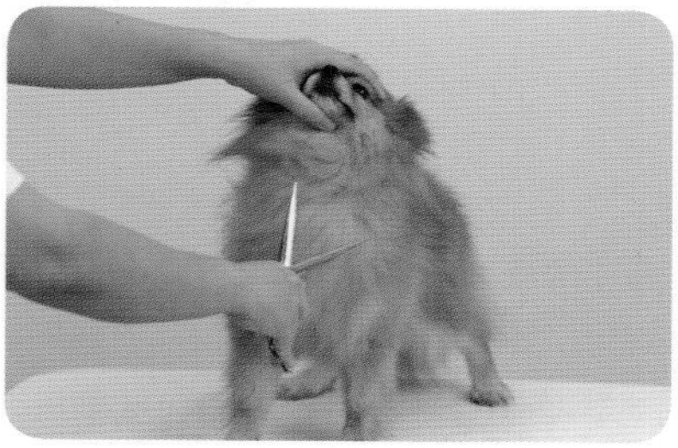

③ 앞가슴을 시저링할 때는 왼손으로 개의 머즐을 잡아 고정한다.

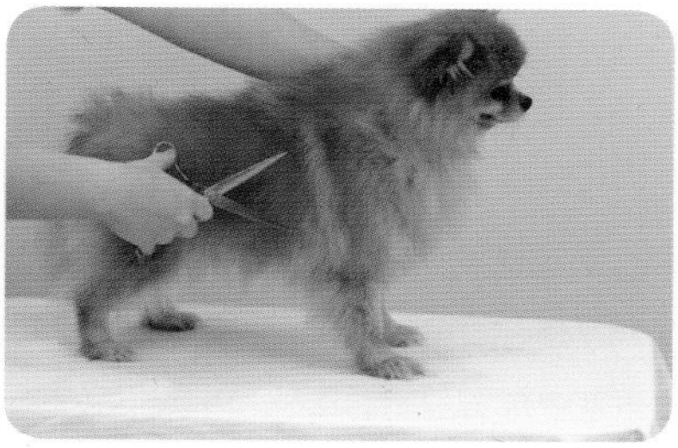

④ 왼쪽 몸통을 시저링할 때는 왼손으로 개의 목부위를 잡아 고정한다.

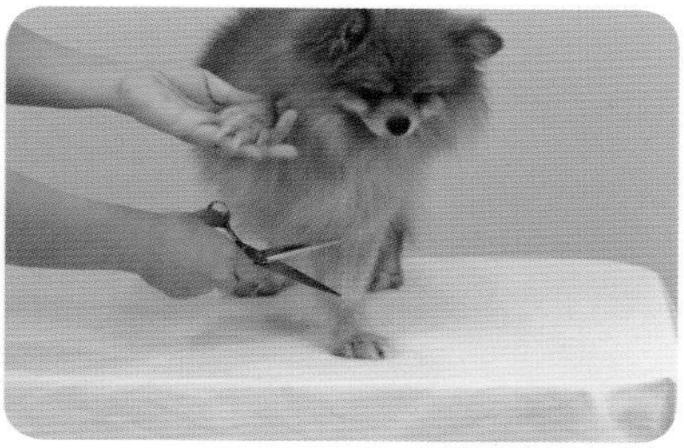

⑤ 산만하거나 움직임이 심한 개는 반대쪽 다리를 들어 고정한다.

참고문헌

강동묵, 이종태, 강민숙, 박성희, 엄상화, 김성준, 정귀원, 손혜숙, 박봉진(1999). 미용업종사자들의 피부호흡기 및 근골격계 자각증상에 관한 유병률. 대한산업의학회지,11(3), 385-392.

김선영(2019). 교사 · 간호사 · 미용사에게 하지정맥류 잘 나타나는 이유. 중앙일보 헬스미디어.

정혜선, 이종은, 최은희, 김경진, 이진선, 이현주, 박정윤(2013). 이미용 종사원 직업건강 가이드라인. 안전보건공단, 기타 자료집, 1-49.

조대윤(2010). 하지정맥류의 치료. Journal of the Korean Medical Association, 53(11), 1006-1014.

채경주(2009). 피부미용사의 근골격계 손상과 예방에 관한 문헌연구. 대한피부미용학회지, 7(4), 73-85.

07

위그

07 위그

7.1 위그의 이해

위그(Wig)는 개 모형과 모형에 입힐 수 있는 외피(털)로 이루어져 있으며 브러싱 · 코밍 · 시저링 · 클리핑 · 염색 등을 연습할 수 있는 도구이다. 위그는 다음과 같은 경우에 활용할 수 있다.

1. 개에 대해 두려움이 있거나 개를 처음 접했을 때
2. 얼굴 · 배 · 항문 등 예민한 부위의 클리핑 연습이나 빠른 가위테크닉을 배우고자 할 때
3. 개가 움직여서 염색 연습에 어려움이 있을 때

7.2 위그의 사용

가 견체 모형에 외피(털) 입히기

그림 7-1. 외피 입히기

① 견체모형을 준비한다.

② 견체모형에 맞는 외피(털)을 준비한다.

③ 외피(털)를 슬리커브러시로 브러싱 한다.

④ 외피를 견체모형의 머리부터 넣어준다.

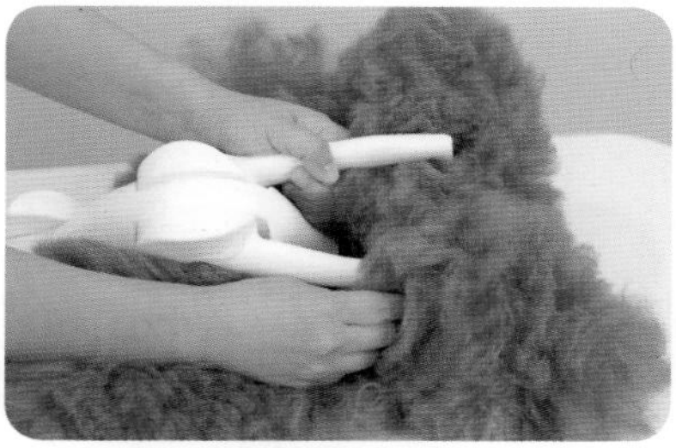

⑤ 앞다리를 앞으로 뻗어 다리를 넣어 준다.

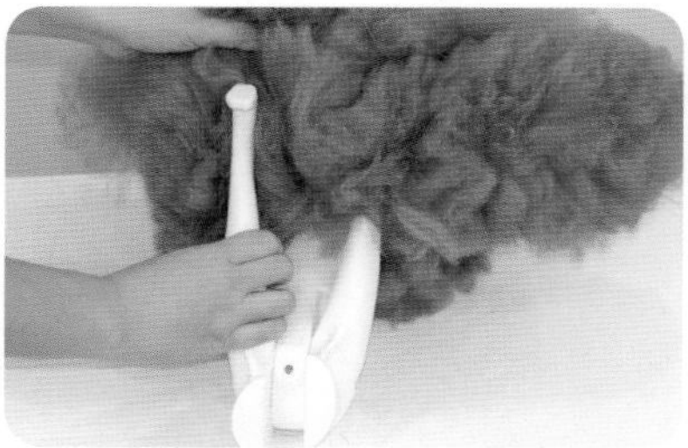

⑥ 뒷다리를 등위로 올려 넣어준다.

그림 7-1. 외피 입히기 (계속)

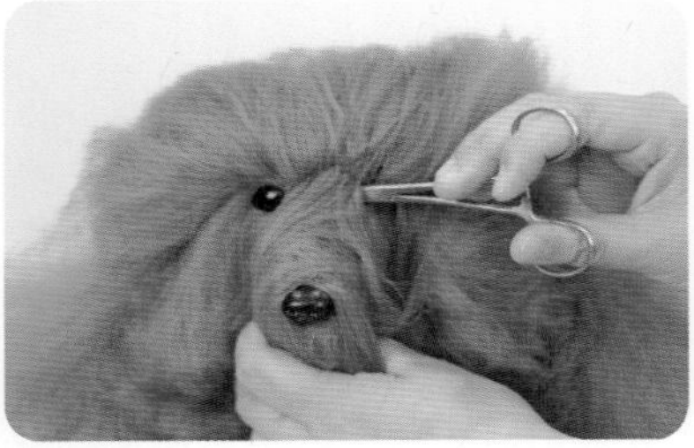

⑦ 송곳이나 겸자로 눈 부위에 구멍을 만든 후 눈과 코를 박아준다.

⑧ 꼬리 부위의 구멍을 확인한 후 송곳이나 겸자로 구멍을 만들어 박아준다.

⑨ 꼬리에 외피(털)를 브러싱 한 후 씌워 준다.

나 견체 모형에 외피 입히기 완성 모습

그림 7-2. 외피 입히기 완성 모습

① 완성 앞모습

② 완성 옆모습

그림 7-2. 외피 입히기 완성 모습 (계속)

③ 완성 뒷모습

나 사각 만들기

푸들 Poodle의 램 클립 Lamb Clip, 비숑 프리제 Bichon Frise, 피머레이니언 Pomeranian 등의 둥글둥글한 모양의 몸이나 몰티즈 Maltese, 시추 Shih Tzu, 요르크셔르 테리어르 Yorkshire Terrier 등의 동그란 얼굴을 만들기 위해서 사각 모양부터 만들어본다. 처음부터 원형을 만들고자 한다면 양쪽 비율을 맞추기 힘들고 원하는 모양을 만들기도 어렵다. 먼저 사각 모양을 만들고 모서리를 없애면서 원형을 만드는 것이 쉽고 편리하다. 전체를 사각으로 만들기 어려우면 계단처럼 만들어도 되고 네모를 만들어도 되니 각을 지게 한다는 느낌으로 시저링을 해본다. 본 서에서는 위그 사용의 기초로 사각 만들기까지만 설명하고 그 이상은 상급 도서를 참고하기 바란다.

그림 7-3. 사각 만들기 완성 모습

① 사각완성 앞모습

② 사각완성 옆모습

그림 7-3. 사각 만들기 완성 모습 (계속)

③ 사각완성 뒷모습

사각 모양이 어느 정도 만들어지기 시작하고 모양 만들기에 자신이 생기면 그림 7-4처럼 끝부분을 둥글게 만들어 모양내기를 연습하도록 한다.

그림 7-4. 원형 만들기 완성 모습

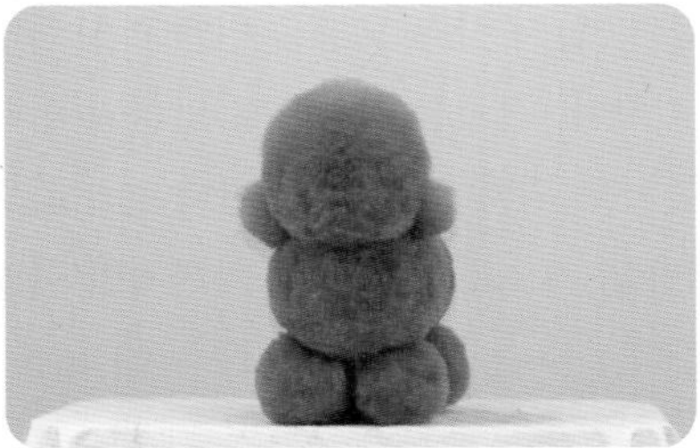

① 원형완성 앞모습

② 원형완성 옆모습

③ 원형완성 뒷모습

다 얼굴 만들기

사각 위그에 대한 연습이 충분하고 자신이 생겼으면 얼굴 만들기에 도전해보도록 한다. 얼굴은 각 견종의 특징을 잘 보여줄 수 있는 매우 중요한 부분으로 수많은 연습이 필요하다. 얼굴은 구조상 가위를 사용하여 미용을 해야 하는데 실견을 사용하는 경우 계속해서 움직이는 반려견 때문에 부상의 위험이 매우 높다. 따라서 먼저 위그를 사용하여 가위 연습, 각도 및 라인 만들기를 충분히 연습하도록 한다. 연습을 충분히 하고 손에 익는다면 이후 실견을 미용할 때에 반려견에 대한 부상의 위험도 줄이고 훌륭한 얼굴 모양을 만드는데 매우 도움이 된다는 점을 명심하도록 한다.

그림 7-5. 위그를 사용한 얼굴 만들기

① 머리 모형과 외피를 준비한다.

② 외피를 모형에 씌운다.

③ 외피를 핀브로시로 브러싱 한다.

④ 겸자로 눈위치를 파악하여 표시한다.

그림 7-5. 위그를 사용한 얼굴 만들기 (계속)

⑤ 눈과 코를 박아준다.

⑥ 콤으로 브러싱 후 스톱부분을 일자로 시저링 한다.

⑦ 스톱을 사각으로 만들어준다.

⑧ 사각의 각을 다듬어 타원형을 만들어 준다.

⑨ 반대쪽도 타원형을 만들어준다.

⑩ 크라운과 귀가 원형이 되도록 만들어 준다.

⑪ 얼굴 완성

08

기본 클리핑과 시저링

08 기본 클리핑과 시저링

반려견의 몸 전체에 있는 털을 모두 클리퍼로 깎는 작업을 클리핑(Clipping)이라고 하고 가위를 이용하여 털을 다듬어주는 것을 시저링(Scissoring)이라고 한다.

8.1 클리핑

가 클리핑의 이해

(1) 클리퍼의 명칭 및 해부도

그림 8-1. 클리퍼의 명칭

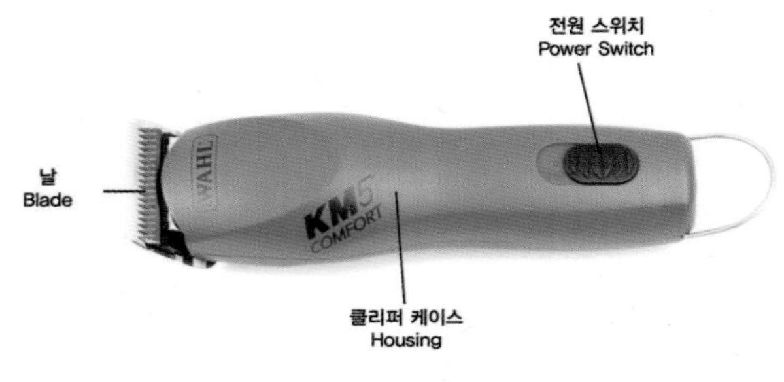

그림 8-2. 클리퍼 해부도

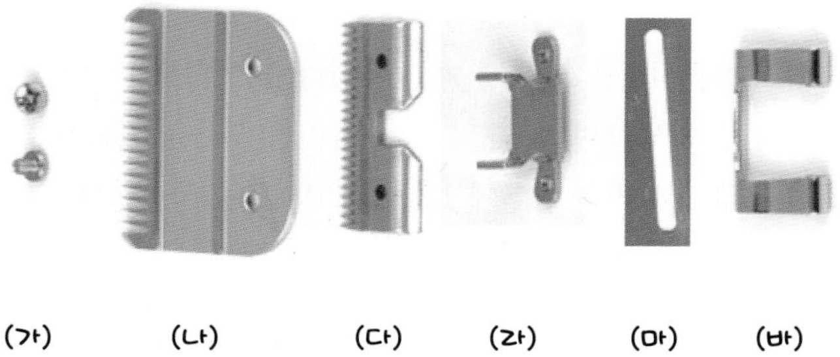

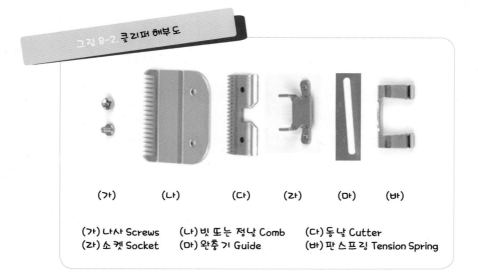

(가) 나사 Screws (나) 빗 또는 정날 Comb (다) 동날 Cutter
(라) 소켓 Socket (마) 완충기 Guide (바) 판 스프링 Tension Spring

(2) 클리퍼의 선택

클리핑을 할 때에는 클리퍼로 털을 깎아 내는 부위가 넓고 많으므로 전문가용 클리퍼를 사용한다. 소형 클리퍼를 사용하면 클리퍼 날의 폭이 좁고 얇아서 클리핑 작업시간이 길어지고 반려견의 피부에 자극을 줄 수 있다.

(3) 클리퍼 날의 선택

클리핑을 할 때에는 클리퍼 날의 사이즈(mm)에 따라 털을 정방향으로 깎느냐 역방향으로 깎느냐에 따라 남아있는 털 길이가 달라진다.

㉮ 역방향으로 클리핑할 때 클리퍼 날의 사용 방법

클리퍼 날에 표기된 숫자는 역방향으로 클리핑할 경우에 남는 털 길이이다. 정방향으로 클리핑을 한 클리퍼 날로 역방향 클리핑을 하면 털 길이가 더 짧기 때문에 관리가 더 편하지만 미용주기가 더 길어지고 피모에 손상을 줄 우려가 있다.

㉯ 정방향으로 클리핑할 때 클리퍼 날의 사용 방법

클리퍼 날에 표기된 숫자는 역방향으로 클리핑할 경우에 남는 털 길이이므로 정방향으로 클리핑할 때에는 2배의 털 길이가 남는다. 같은 길이의 클리퍼 날을 사용해 정방향으로 클리핑을 하면 털 길이가 더 길기 때문에 미용 주기가 더 길어지고 피모에 손상을 줄 우려가 적다.

㉰ 1mm 클리퍼 날의 사용 방법

정교한 클리핑을 해야 할 때 사용한다. 역방향으로 클리핑할 경우 1mm 정도의 털이 남으며, 3mm로 전체 클리핑 시 3mm 클리퍼 날로 역방향으로 털을 깎기 어려운 경우에 1mm 클리퍼 날을 정방향으로 이용한다. 겨드랑이의 털이 너무 많이 엉켜 있거나 귀 안쪽 부위는 3mm 클리퍼 날이 위험할 수 있으므로 1mm 클리퍼 날을 사용한다.

나 클리핑시 주의사항

클리핑시 피부에 접촉되는 클리퍼의 각도가 바르지 않으면 피부 트러블 또는 과열로 인한 피부화상을 유발할 수 있으며 반려견이 그루밍을 싫어하게 되는 원인이 될 수 있다. 1년 미만의 어린 강아지인 경우 트리밍이 익숙하지 않기 때문에 클리퍼를 자주 몸체에 대어 진동과 소리에 적응할 수 있도록 훈련시킨다. 배를 클리핑할 때에는 턱업(Tuck up)부분의 살이 말려 올라가 있으므로 주의하여야 한다. 항문 클리핑시 꼬리를 너무 세게 잡아 올리거나 클리퍼를 가까이 대면 상처가 날 수 있으므로 주의한다.

다 클리핑의 절차

클리퍼 열에 의한 화상을 방지하기 위해 가장 민감한 부위인 얼굴 → 배 → 항문 → 패드 → 발등 순으로 한다.

그림 8-3. 클리핑의 절차와 방법

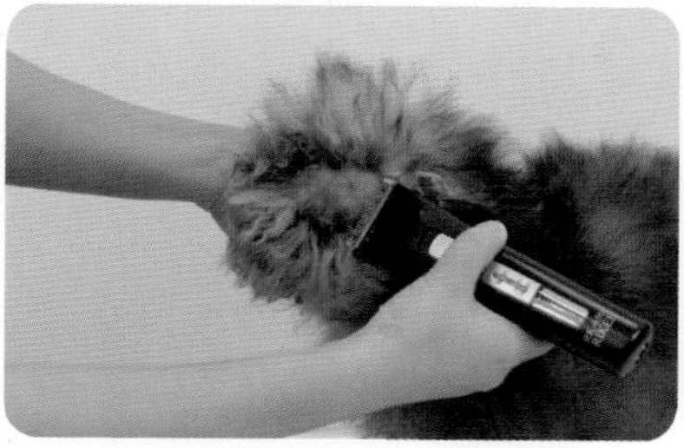

① 주둥이 클리핑은 귀를 젖혀서 귓바퀴 윗선과 눈꼬리까지 일직선으로 이미지너리 라인 Imaginary Line을 만들어 클리핑 한다.
※ 볼 부위의 살은 최대한 당겨 평편하게 만든 후 클리핑 한다..

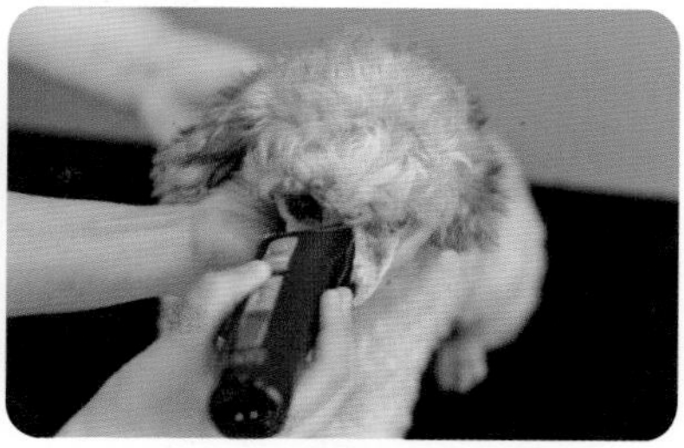

② 한 손으로 주둥이를 잡고 눈과 눈 사이 인덴테이션을 역V자로 클리핑 한다.

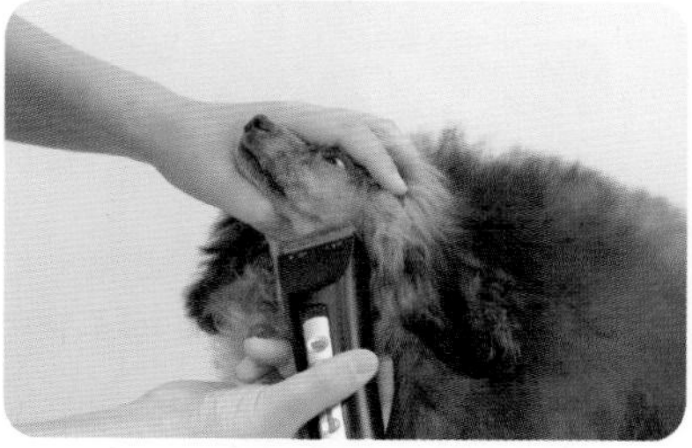

③ 인덴테이션을 만든 후 주둥이 부분 전체를 클리핑 한다.

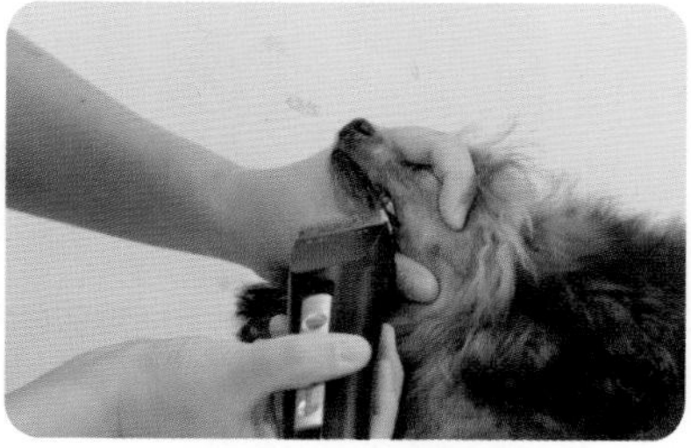

④ 한 손으로 입술 라인을 최대한 당겨 안으로 말려들어간 털까지 클리핑 한다.

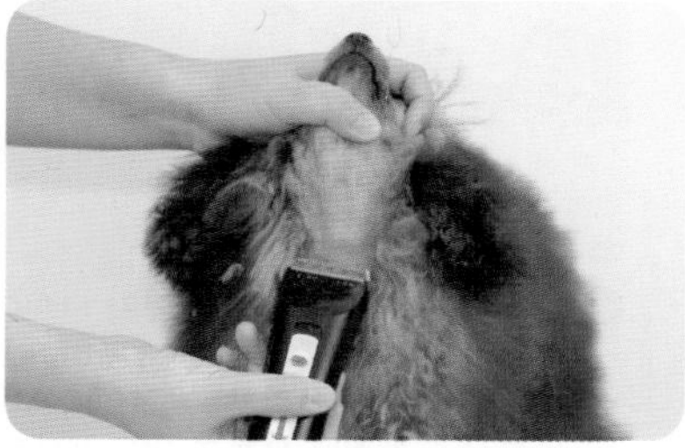

⑤ 넥라인은 양쪽 귓바퀴 밑부분부터 아담스 애플 1~2cm 밑부분까지 U자형으로 클리핑 한다.

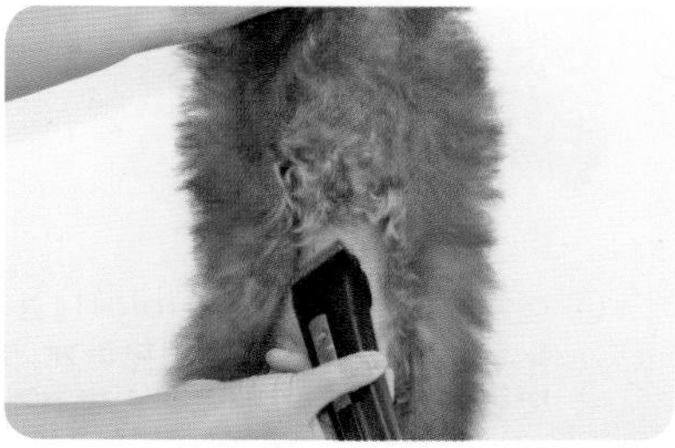

⑥ 왼손으로 반려견의 앞다리를 들어 세운 후 암컷은 역U자, 수컷은 역V자 형으로 클리핑 한다.

그림 8-3. 클리핑의 절차와 방법 (계속)

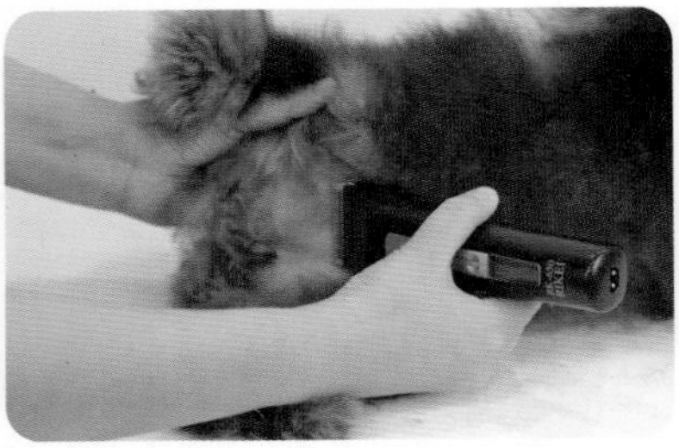

⑦ 손에 꼬리를 끼워 뒷다리를 들어 올린 후 대퇴골 안쪽 부위를 클리핑 한다.

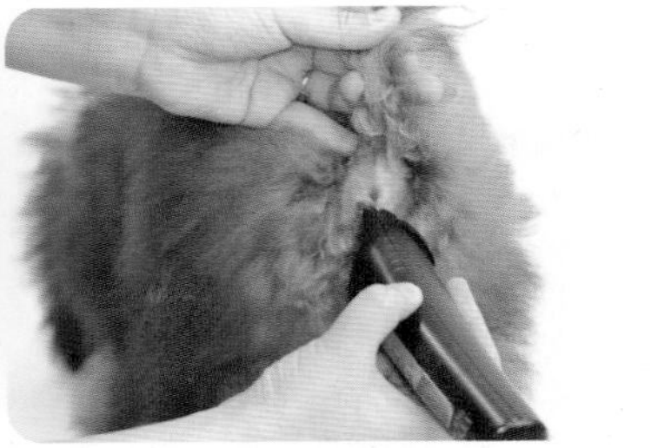

⑧ 꼬리를 12시 방향으로 살짝 들어 역방향으로 클리핑 한다.

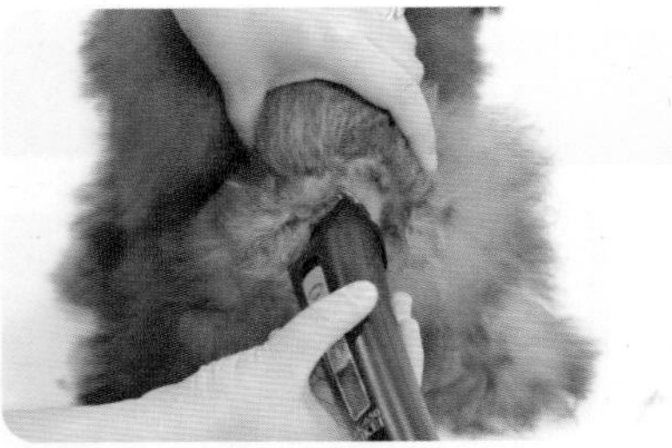

⑨ 꼬리를 들어 세운 부위까지 항문주위의 털을 상하좌우 역V형으로 클리핑 한다.

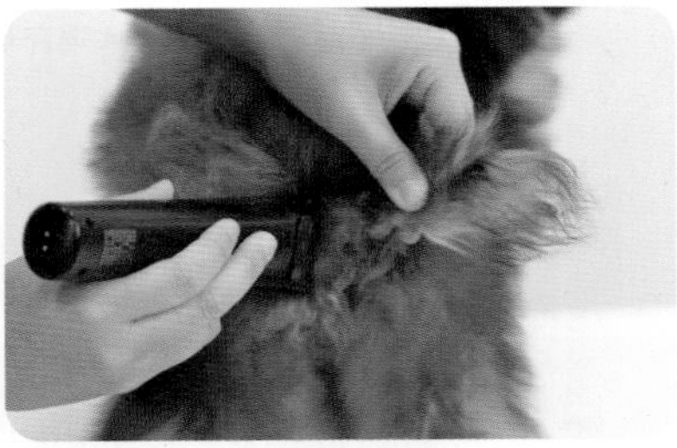

⑩ ⑧, ⑨번이 다이아몬드 모양으로 이어지도록 연결해준다.

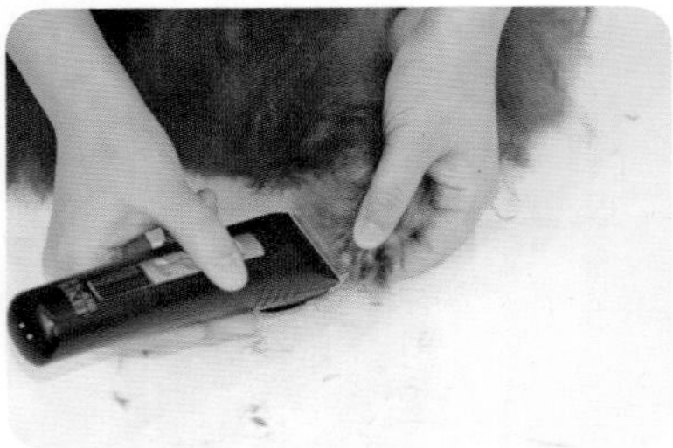

⑪ 엄지와 검지를 발가락 사이에 넣고 누른 후 발가락 사이를 평편하게 만들어 클리핑 한다. 발등은 반려견의 머리를 오른쪽으로 돌리고 왼쪽 뒷다리부터 시계방향으로 클리핑 한다.

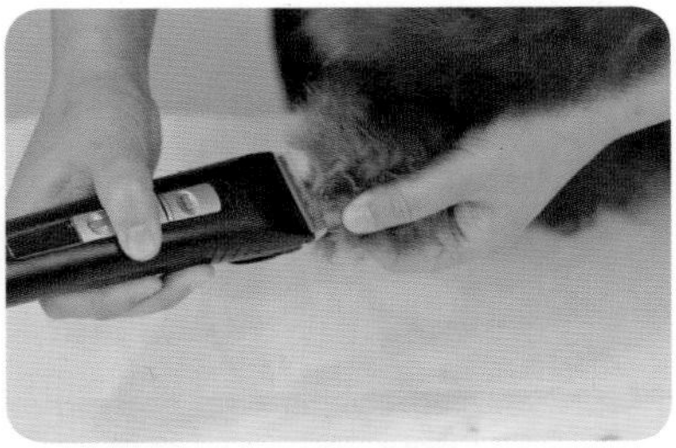

⑫ 패드는 엄지와 검지를 발가락 사이에 넣고 누른 후 패드 사이를 평편하게 만들어 클리핑 한다. 반려견의 머리를 왼쪽으로 돌리고 오른쪽 앞다리부터 시계방향으로 클리핑 한다.

8.2 시저링

반려견 미용사라면 제일 중요하게 생각하는 것은 분명 시저링일 것이다. 시저링은 그 목적에 따라 다양한 기술적 시저링이 있다. 첫째, 견종에 맞는 미용으로 예를 들어 비숑 프리제 Bichon Frise, 푸들 Poodle, 피머레이니언 Pomeranian 등의 개에서 볼 수 있는 부풀린 것처럼 보이도록 솜사탕처럼 미용을 연출하거나, 테리어처럼 거칠고 강한 모습을 보일 수 있는 미용을 연출하는 기술적 시저링. 둘째, 부분적 아트미용으로 예를 들어 스포팅의 다리 방울, 별, 하트, 날개 같은 기술적 시저링. 셋째, 체형에 맞는 미용으로 예를 들어 덩치가 작아 보이게 하거나 커 보이게 하거나 다리길이를 길어 보이게 하거나 짧아 보이게 하거나 하는 것처럼 단점을 보완하고 장점을 부각시킬 수 있는 기술적 시저링. 이러한 기술적 시저링은 개의 미용을 더욱 돋보이게 할 수 있다.

가 가위

(1) 가위의 명칭

가위의 각 명칭을 알고 가위를 잡는 방법부터 시작하여 기본 시저링을 해보도록 한다.

그림 8-4. 가위의 명칭

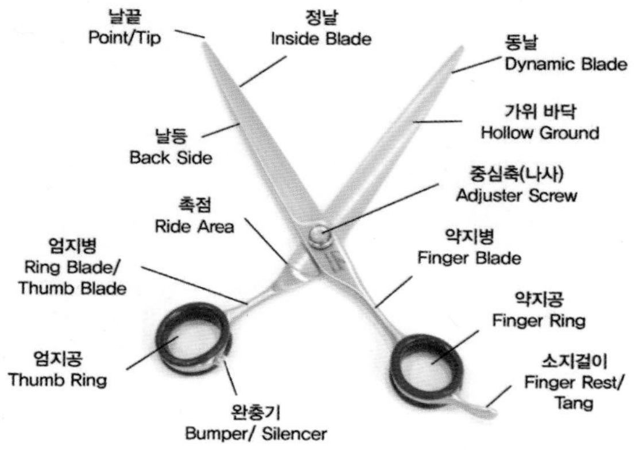

(2) 가위 사용방법

시저링을 하기 위해 가위를 바르게 잡는 방법은 그림 8-5를 참조한다.

그림 8-5. 가위 사용 방법

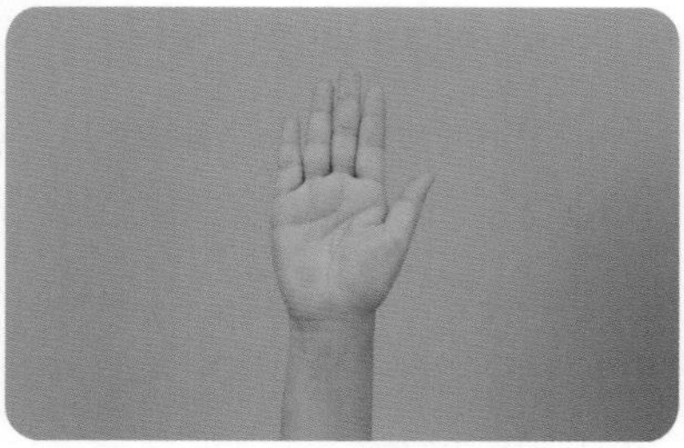

① 악수하듯 팔을 편 상태에서 손바닥을 편다.

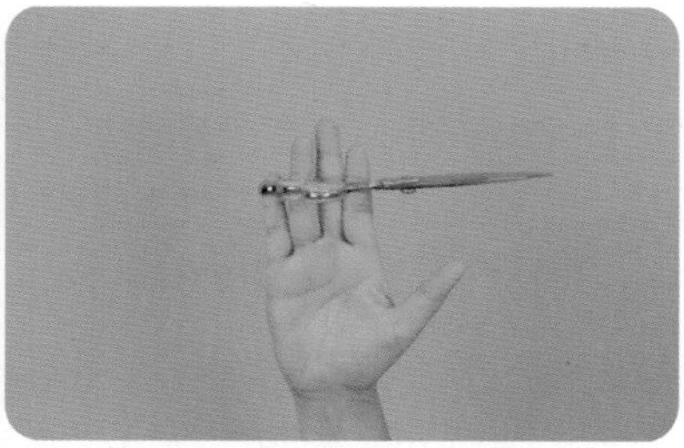

② 약지공을 약지 두 번째 마디에 끼워 넣는다.

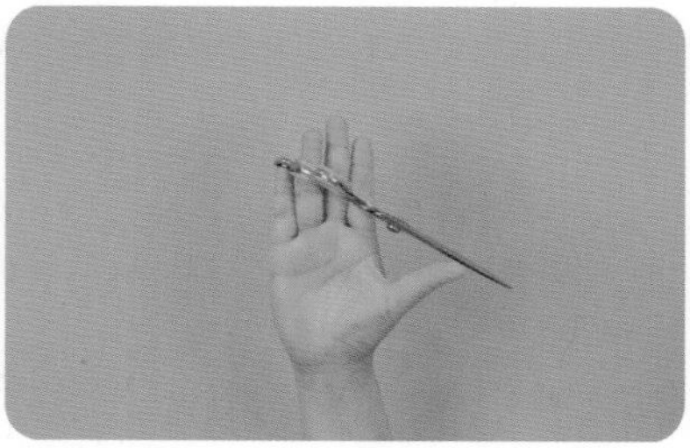

③ 중심축을 검지 두 번째 또는 세 번째 마디에 걸친다.

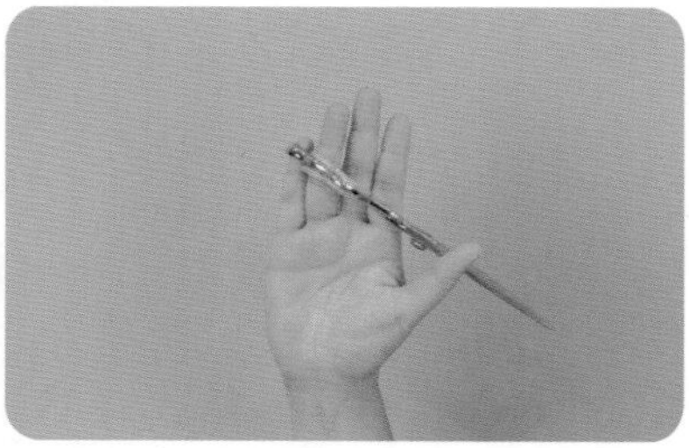

④ 소지(새끼손가락)걸이가 새끼손가락 위에 올려져 있게 한다.

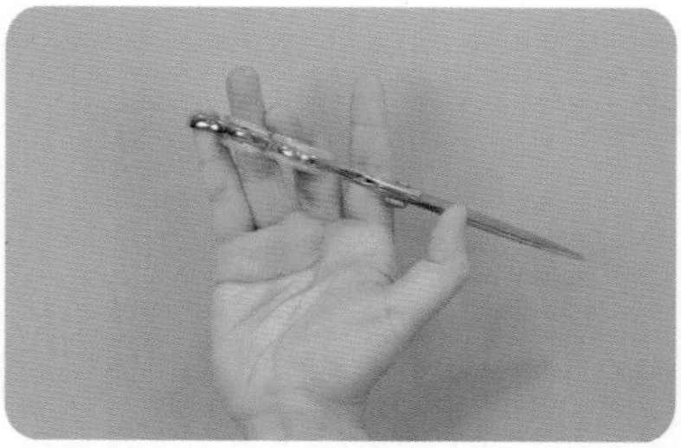

⑤ 중지는 가위가 흔들리지 않도록 약지 옆에 나란히 당기듯 밀착한다.

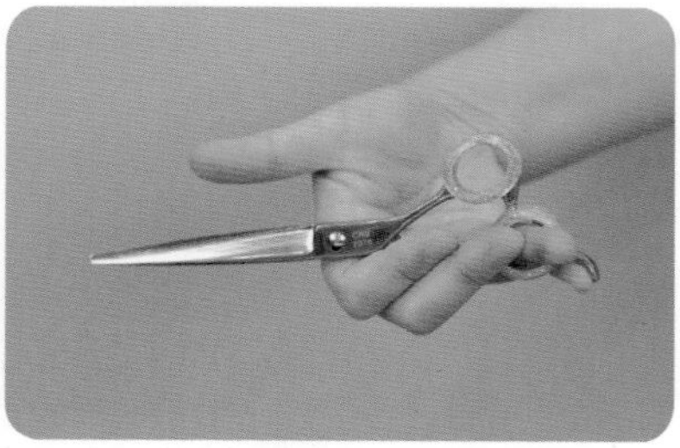

⑥ 검지는 가위가 내려가지 않도록 안으로 당겨 고정시킨다.

그림 8-5. 가위 사용 방법 (계속)

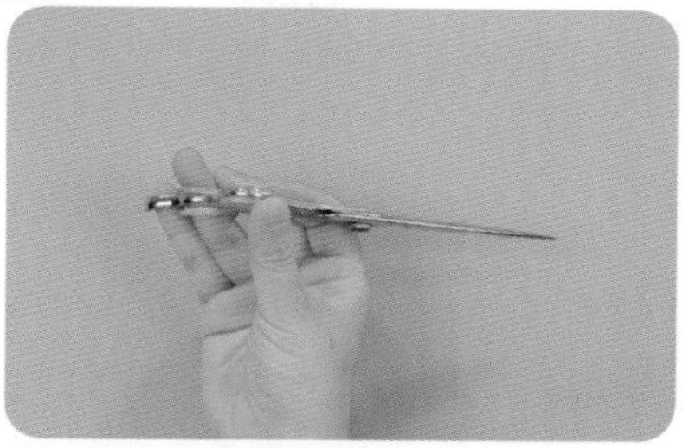

⑦ 엄지공에 엄지손가락 끝을 가볍게 걸친다.

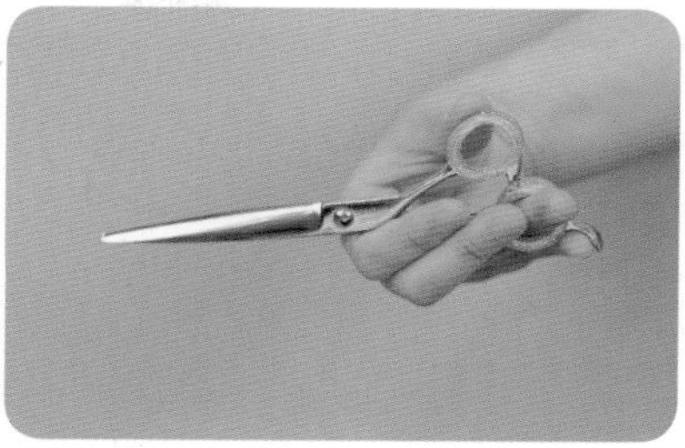

⑧ 정면모습

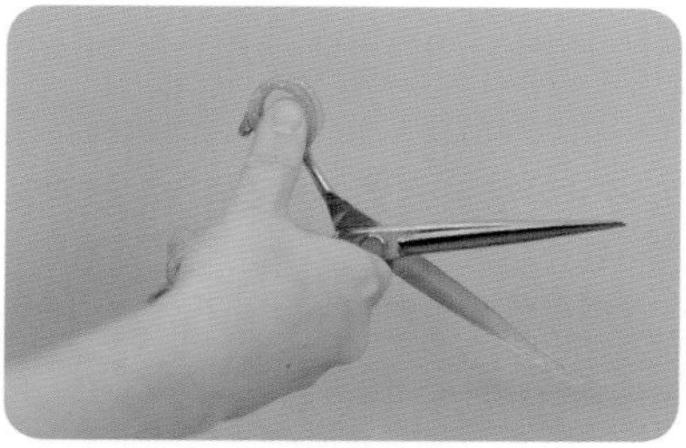

⑨ 정날이 가능한 움직이지 않도록 엄지공을 움직여 천천히 벌린다.

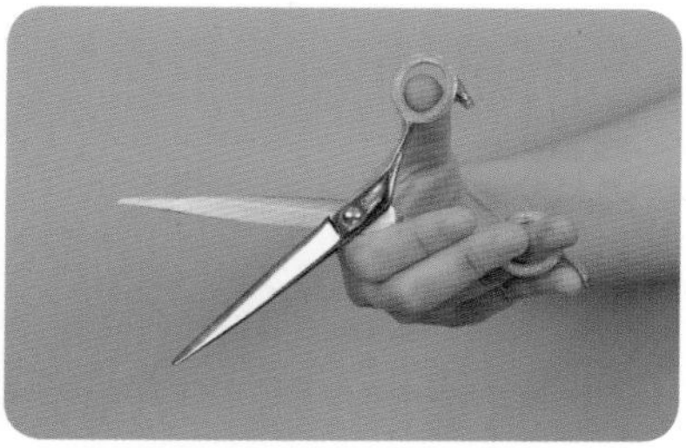

⑩ 정면모습

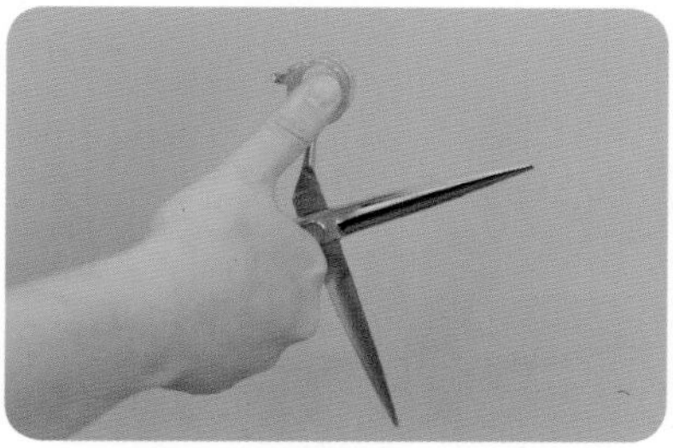

⑪ 정날은 가능한 움직이지 않도록 동날만 천천히 최대한 넓게 벌린다.

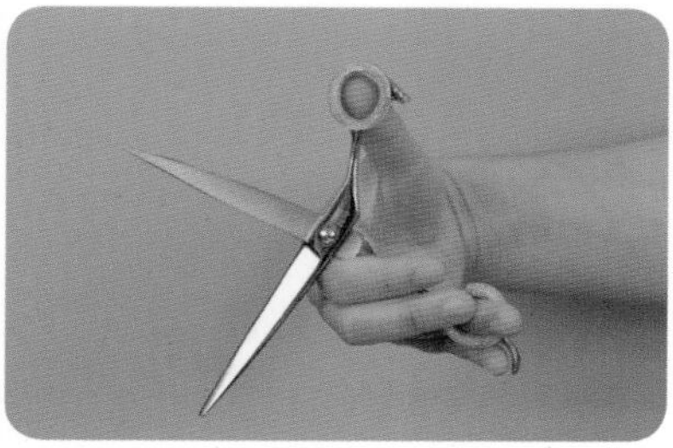

⑫ 정면모습

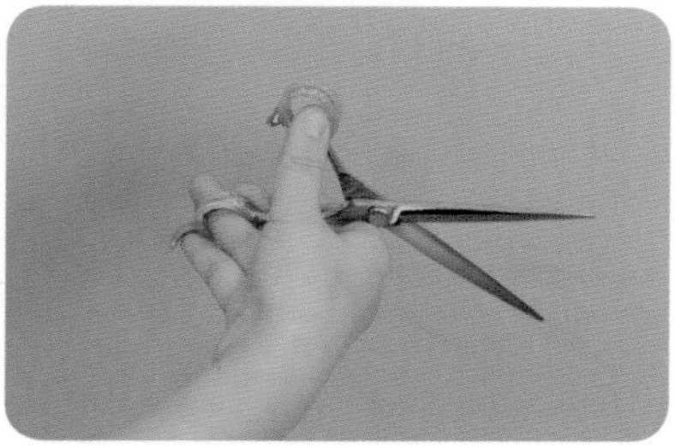

⑬ 정날은 움직이지 않고 동날만 천천히 닫는다.

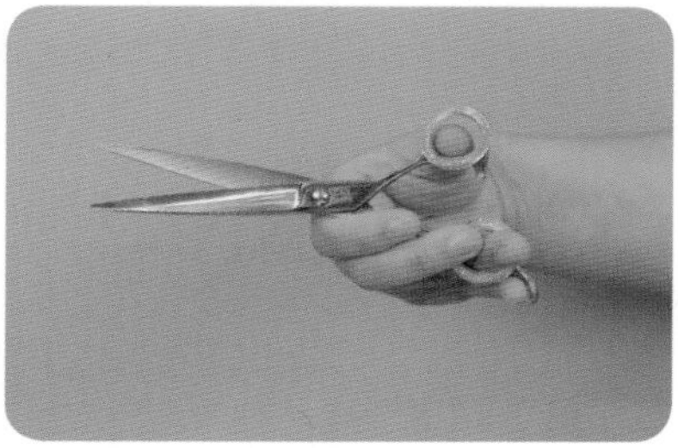

⑭ 정면모습

(3) 가위 보관방법

시저링 후에는 가위 날을 유지하기 위해 가위에 낀 털을 제거하고 가위의 중심축에 오일을 뿌리는 등의 관리가 필요하다.

그림 8-6. 가위 보관방법

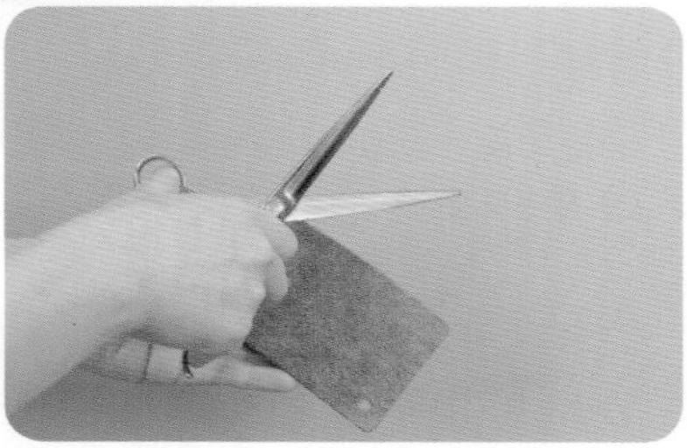

① 청소전 모습

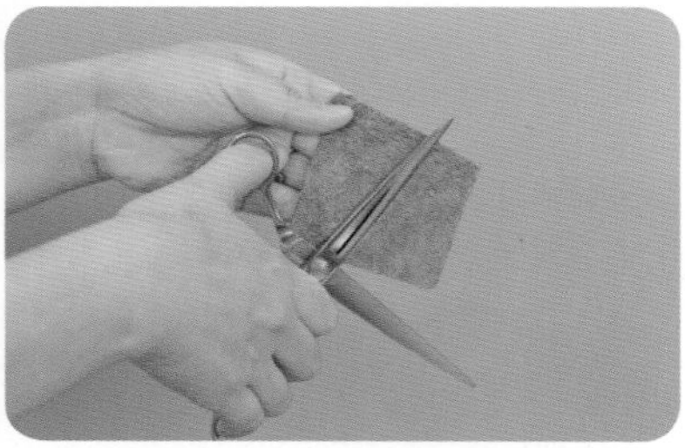

② 가위의 바닥을 가죽으로 감싸 날의 앞부분 방향으로 털을 닦아준다.

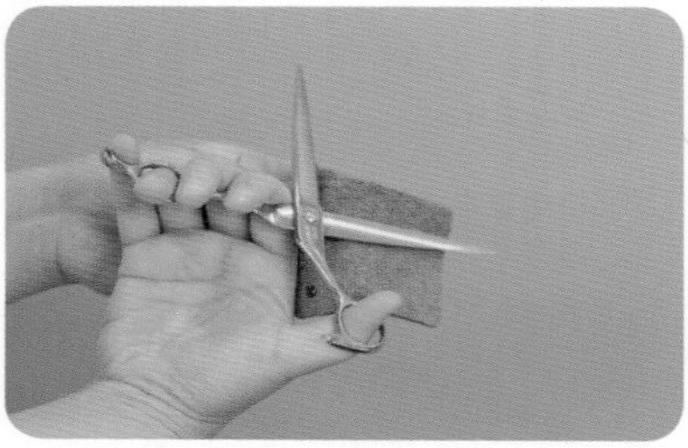

③ 반대쪽 날도 ②번과 같은 방법으로 닦아준다.

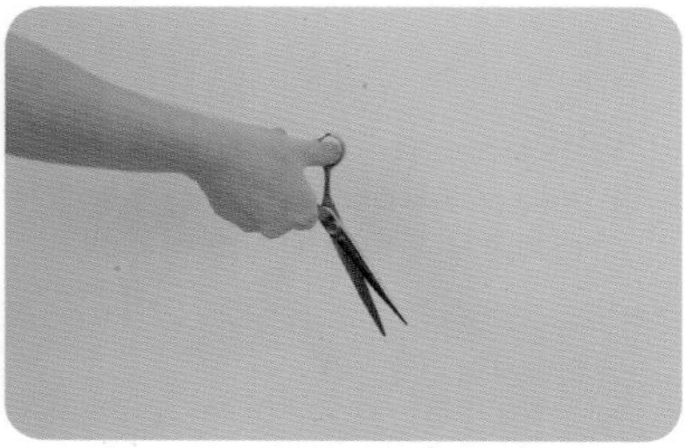

④ 가위의 날이 바닥으로 향하게 세운다.

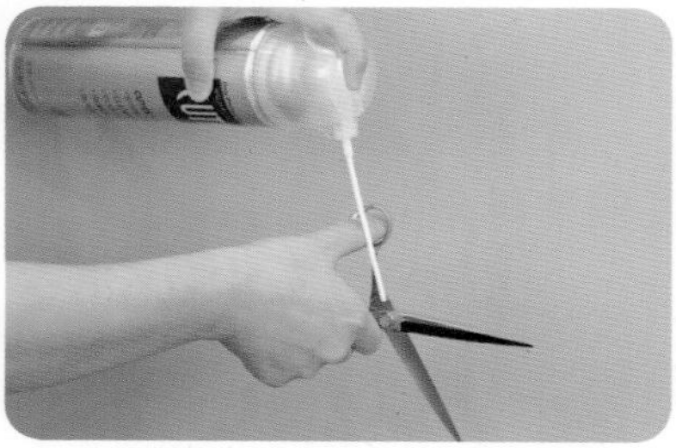

⑤ 가위의 중심축 부위에 클리너를 뿌려 날 사이에 낀 털이 빠지게 한다.

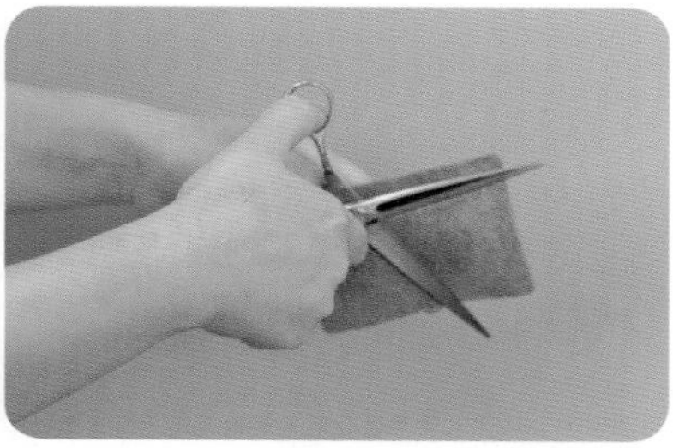

⑥ 빠진 털을 닦아내고 클리너가 마르게 한다.

그림 8-6. 가위 보관방법 (계속)

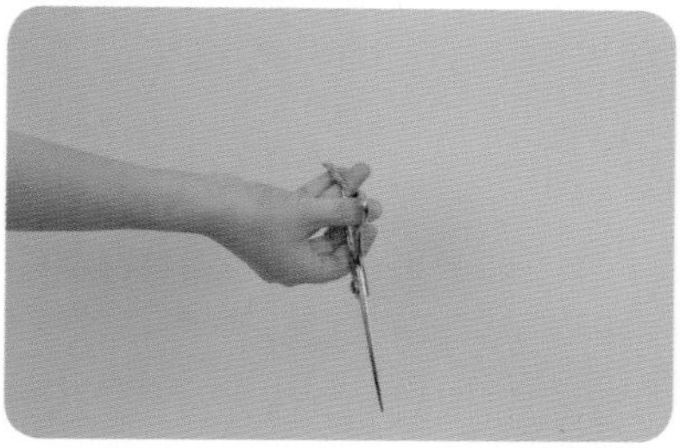

⑦ 가위의 날이 바닥으로 향하게 세운다.

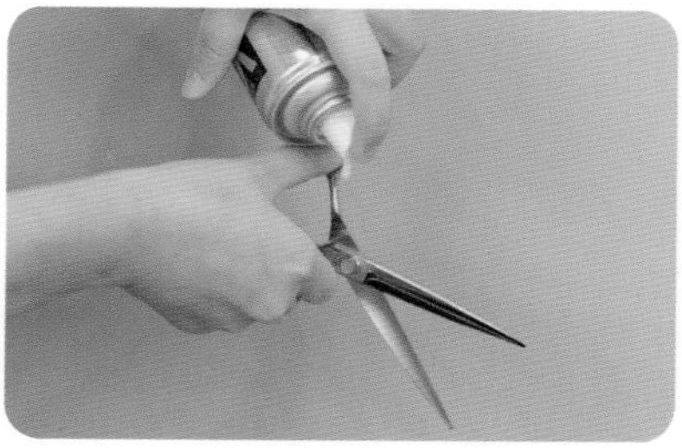

⑧ 가위의 중심축에 오일을 뿌려 준다.

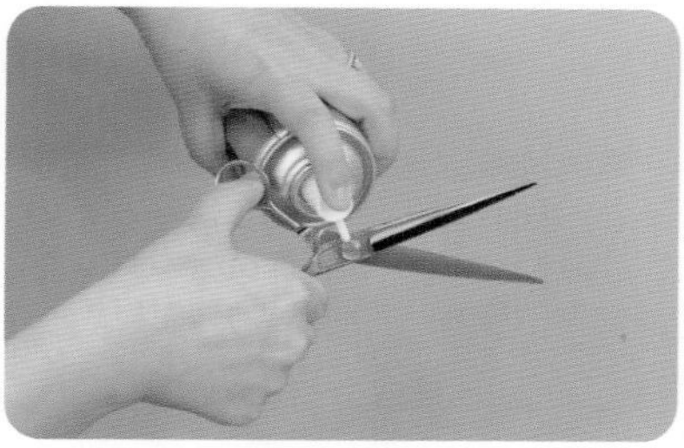

⑨ 가위 볼트에도 오일을 뿌려준다.

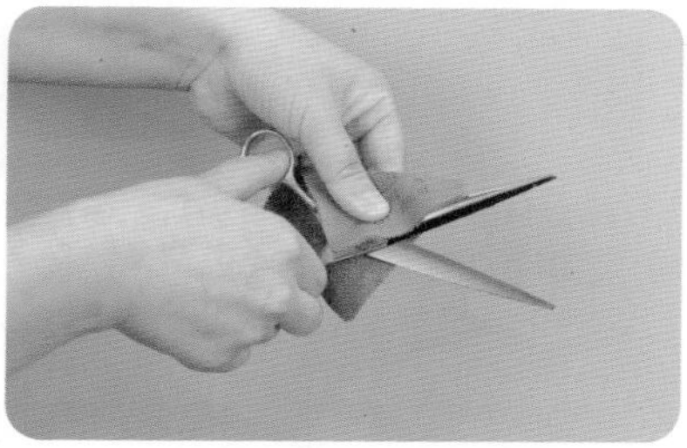

⑩ 오일이 흐르게 하고 닦아준다.

나 기본 시저링

가위 사용방법을 숙지하였다면 페트병을 활용하여 위그를 고정시킨 후 기본 시저링을 연습해본다.

그림 8-7. 기본 시저링 방법

① 사각위그를 슬리커브러시로 빗질한 후 콤으로 털을 세운다.
※ 페트병에 묶어 사용하면 편리하다.

② 몸에서 반대방향(안에서 밖으로)으로 벌리고 닫기를 반복하며 시저링 한다.
※ 가위는 최대한 넓게 벌린다.

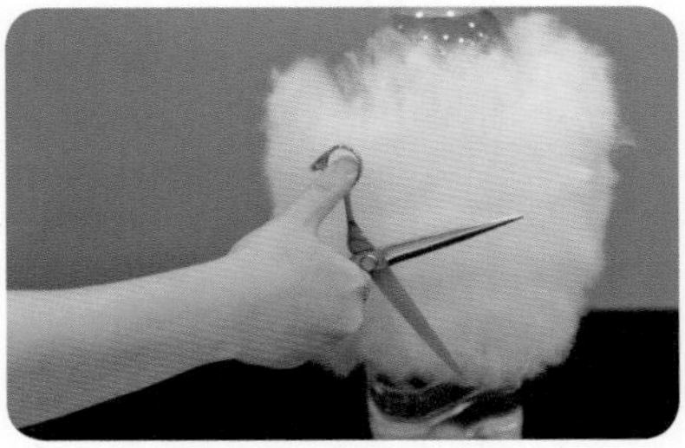

③ 정날이 흔들리지 않도록 유의한다.
※중심축(나사)부분이 검지 두 번째에서 세 번째 사이를 벗어나지 않도록 유의한다.

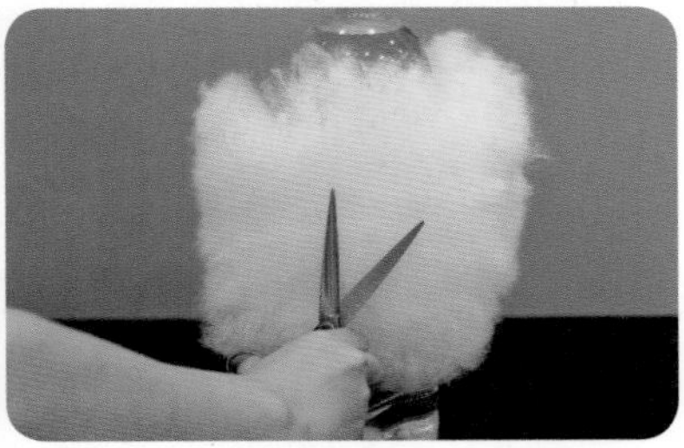

④ 정날의 이동 간격은 좁게, 가위 벌리고 닫기는 점점 빠르게 한다.
※ 가위가 손가락에서 고정이 됐을 때 벌리고 닫기의 속도를 낸다.

그림 8-7. 기본 시저링 방법 (계속)

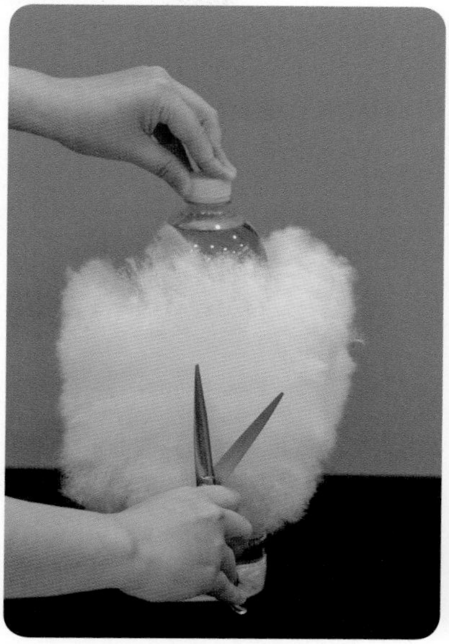

⑤ 위그의 털을 콤으로 빗질 후 시저링 한다.
※ 한손은 페트병을 잡고 한다.

⑥ 페트병을 세우고 위에서 아랫방향으로 시저링 한다.
※ 최대한 엄지는 힘을 빼고 한다.

09

대표 견종별 미용

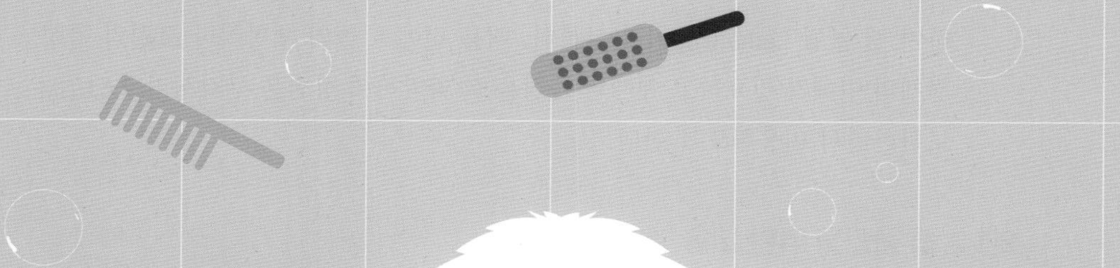

09 대표 견종별 미용

9.1 푸들(램 클립)

9.1.1 램 클립의 이해

푸들 견종의 여러 미용스타일 중 하나이며 새끼양 Lamb과 모습이 비슷하다고 하여 램 클립 Lamb Clip이라 부른다. 미용 전에 푸들의 체형이나 모질의 특성, 견체의 이해가 필요하고 개체의 특징을 잘 파악하여 장점은 부각시키고 단점은 보완하면서 미용하도록 한다.

9.1.2 램 클립을 위한 미용 계획도

그림 9-1을 보면서 푸들 견종의 특성을 살려 윤곽선을 그린다. 자세한 내용은 5장 미용 계획도 그리기를 참조하기 바란다.

그림 9-1. 푸들 윤곽선 그리기

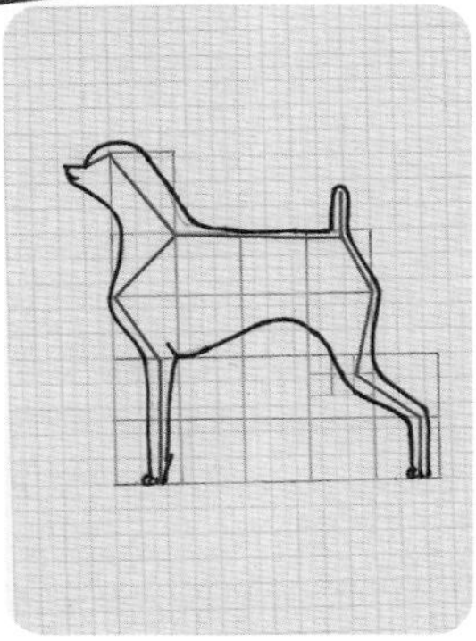

윤곽선을 그렸으면 그림 9-2처럼 미용을 위한 가상의 털을 그려준다.

그림 9-2. 램클립 미용 계획도 1

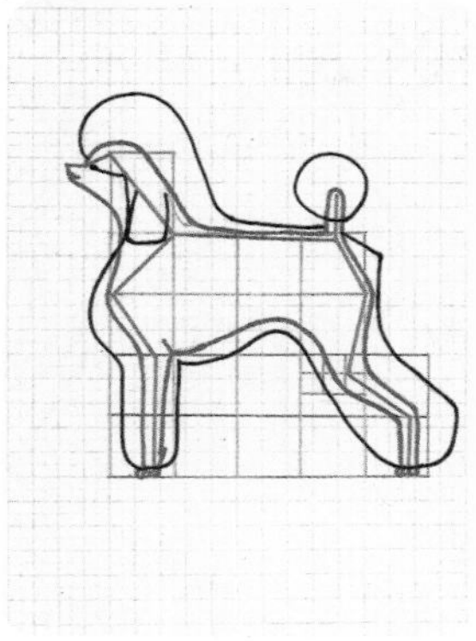

마지막으로 그림 9-3처럼 주의할 점을 표시하여 기록하면서 기억하도록 한다.

1. 견갑골과 상완골의 각도는 90°이다.
2. 전완골의 각도는 90°이다. 좌골의 각도는 30°~35°이다.
3. 측면에서 보았을 때 머즐과 크라운의 각도는 45°이다.
4. 넥라인이 등선과 만나는 지점은 견갑에서 3cm 뒤이다.
5. 힙라인의 각도는 30°이다.
6. 후구의 각도는 90°이다.
7. 후구 각도 90°와 비절까지의 각도는 60°이다.
8. 뒷다리 풋라인의 각도는 30°이다.

그림 9-3. 랩 클립 미용 계획도 2

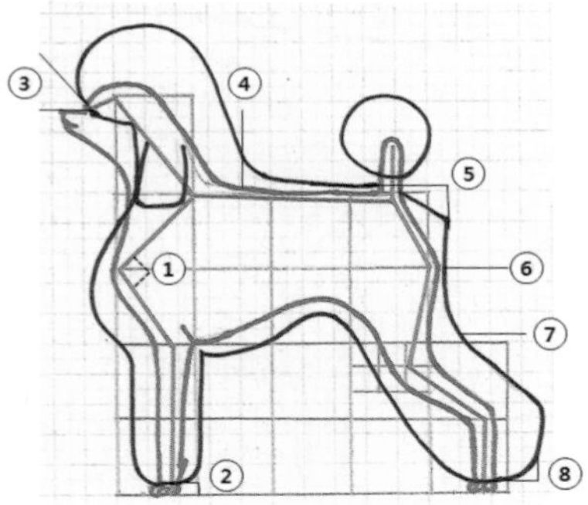

9.1.3 램 클립의 순서

기본 클리핑(8.1 참조)에 기초적인 클리핑 순서가 나와 있으니 참고하기 바란다. 전체적인 클리핑의 순서는 얼굴 → 배 → 항문(꼬리) → 패드 → 발등 순으로 기본 클리핑과 동일하다.

그림 9-4. 미용 전 모습

실견

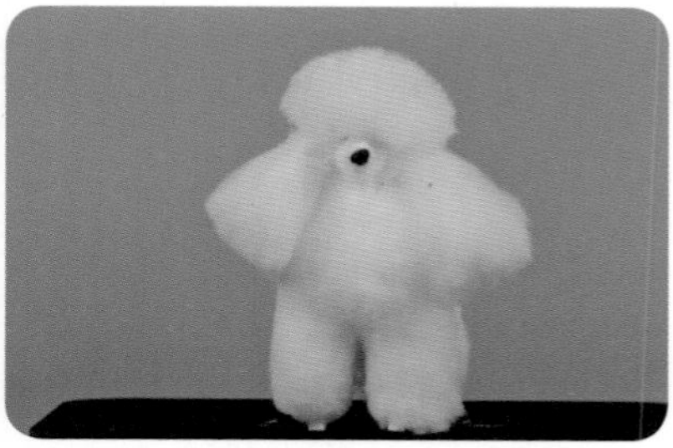

위그

① 미용 전 앞모습

그림 9-4. 미용 전 모습 (계속)

실견

위그

② 미용 전 옆모습

그림 9-5. 램클립 미용 순서

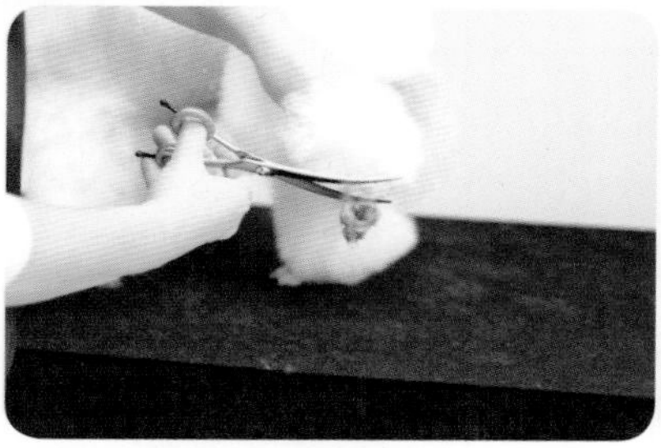

실견

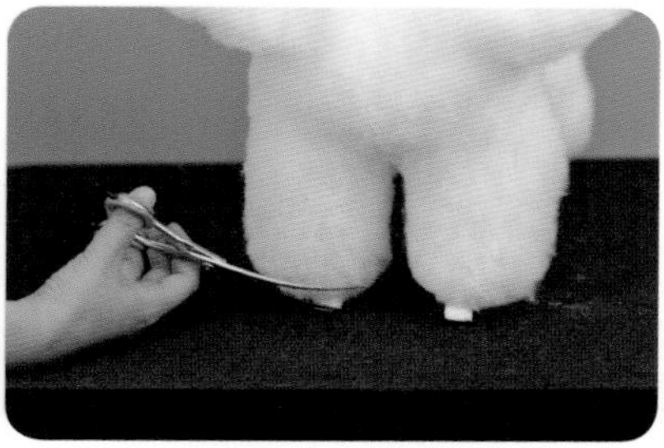

위그

① 패드 클리핑한 곳을 기준으로 풋라인 아래로 내려오는 털을 가지런히 정리한다.
※ 풋라인의 각도는 30°로 잡아준다.

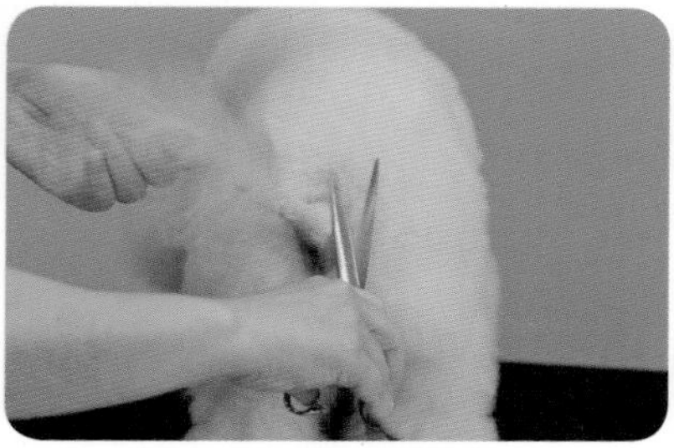

실견

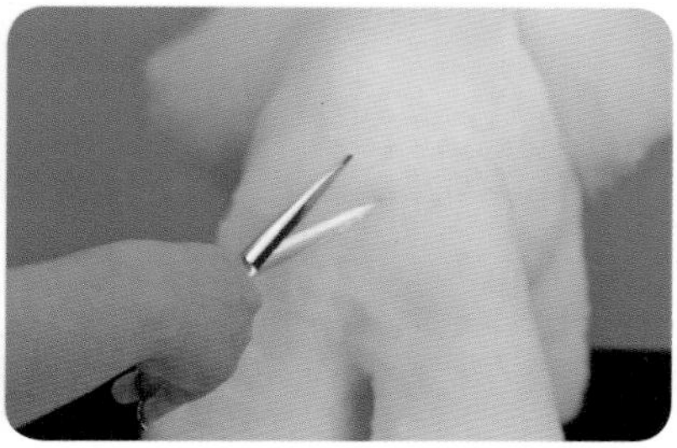

위그

② 꼬리를 들어 세운부위 역V형으로 클리핑한곳을 라인이 잘 보이도록 시저링 한다.
※ 꼬리 클리핑의 길이는 백라인 높이와 동일선으로 한다.

그림 9-5. 램클립 미용 순서 (계속)

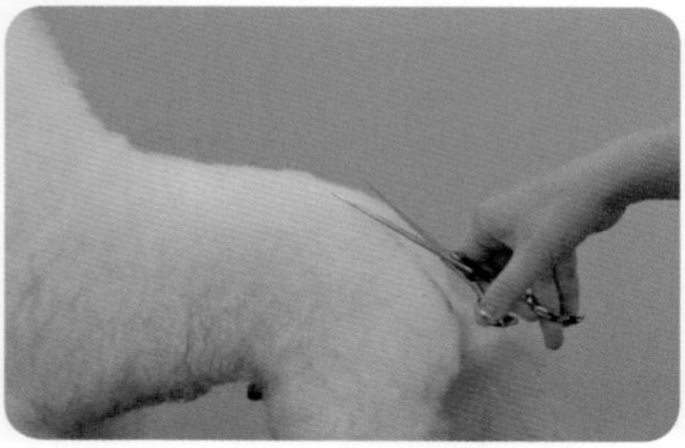

실견

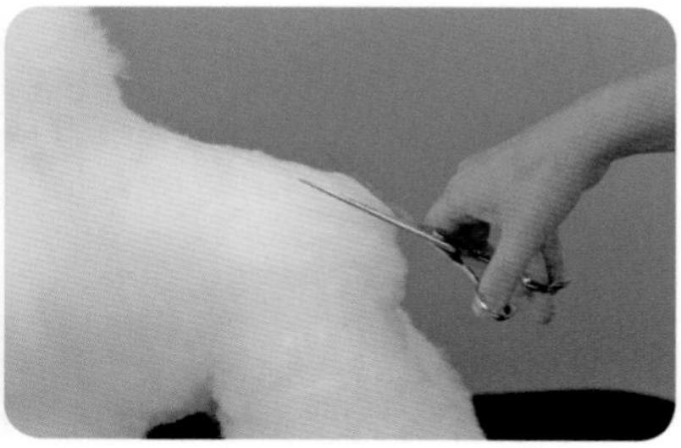

위그

③ 힙라인의 각도는 30°이며 척추와 좌골 각도를 생각하며 시저링 한다.
※ 각도의 기준은 턱 업 부위와 비슷한 위치이다.

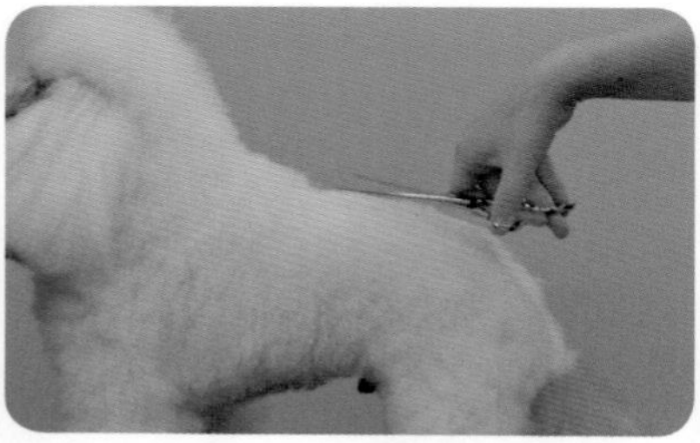

실견

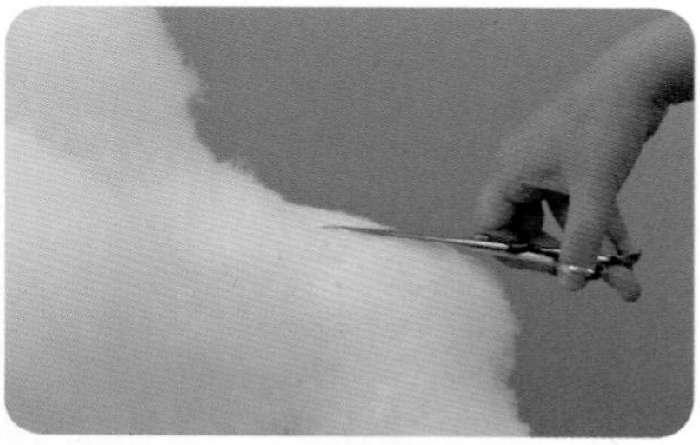

위그

④ 백라인(등선)은 견갑 3cm 뒤에서 힙 라인선까지이며 수평을 이룬다.
※ 반려견마다 등선의 위치는 약간 차이가 있을 수 있다.

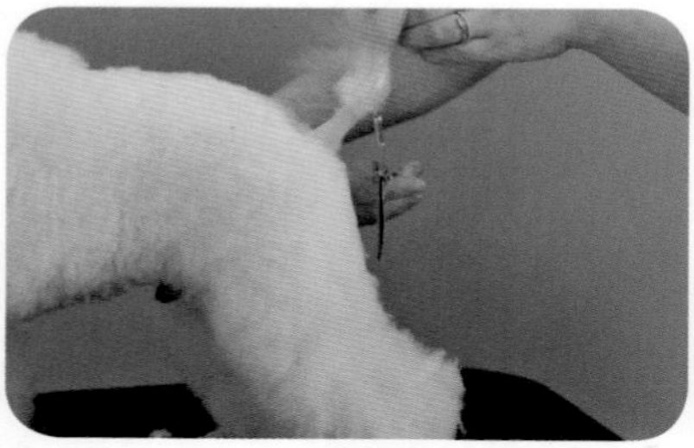

실견

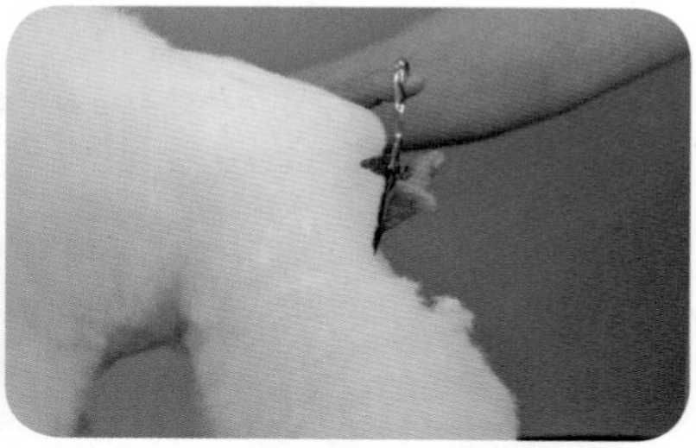

위그

⑤ 후구를 90°로 시저링 한다.
※ 각도의 위치는 무릎 관절 사선으로 45°위치 부분까지이거나 생식기 위치까지이다.

그림 9-5. 램클립 미용 순서(계속)

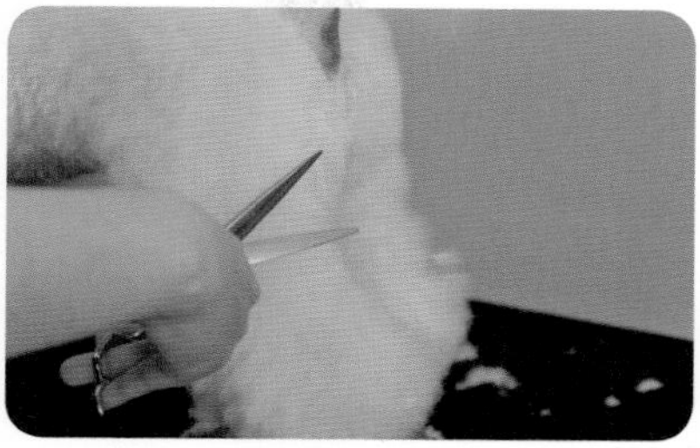

실견

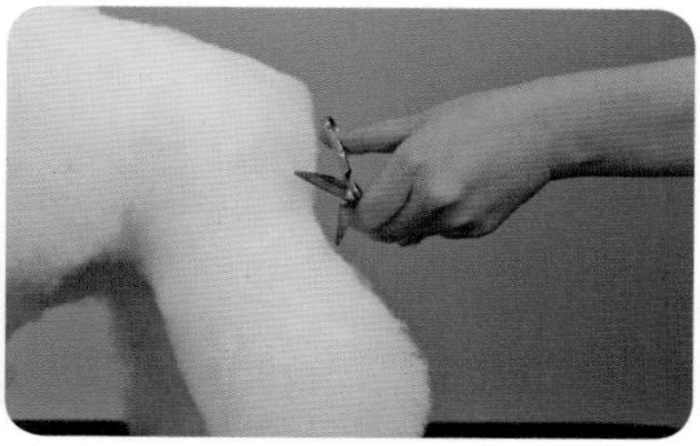

위그

⑥ 후구의 각도를 만든 부분부터 비절 위까지 60°를 생각하면서 시저링 한다.
※ 힙 라인과 후구와 비절까지의 각도는 자연스럽게 이어질 수 있도록 한다.

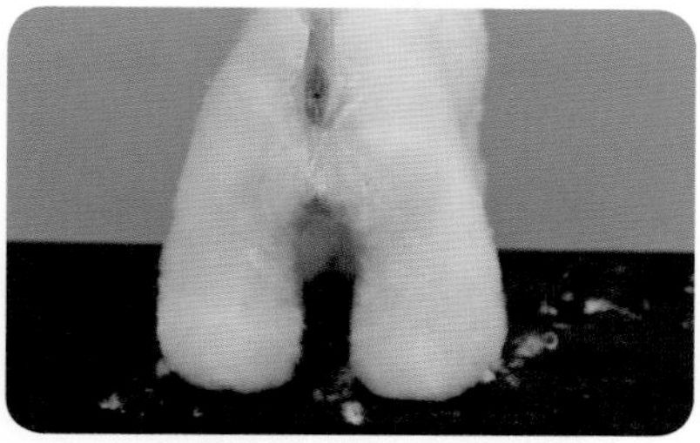

실견

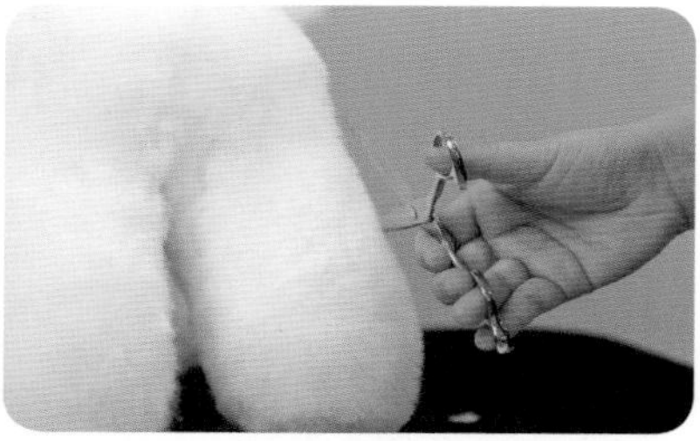

위그

⑦ 뒷다리 안쪽과 바깥쪽을 시저링 한다.
※ 뒷다리 뒷모습은 A라인 느낌으로 허리라인처럼 15° 기울어져 있는 모습이다. 다리의 굵기는 체형을 고려하여 정한다.

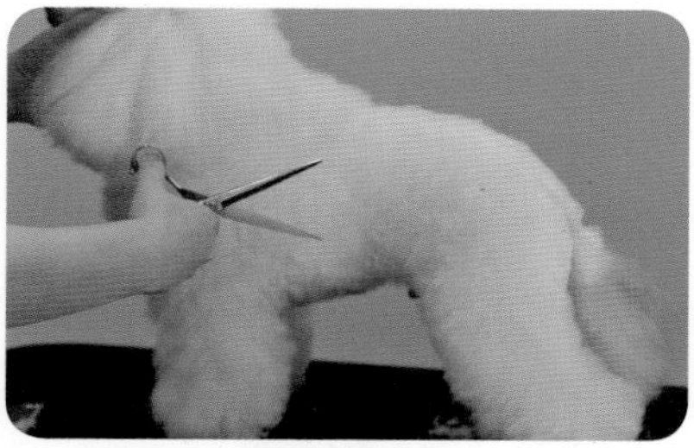

실견

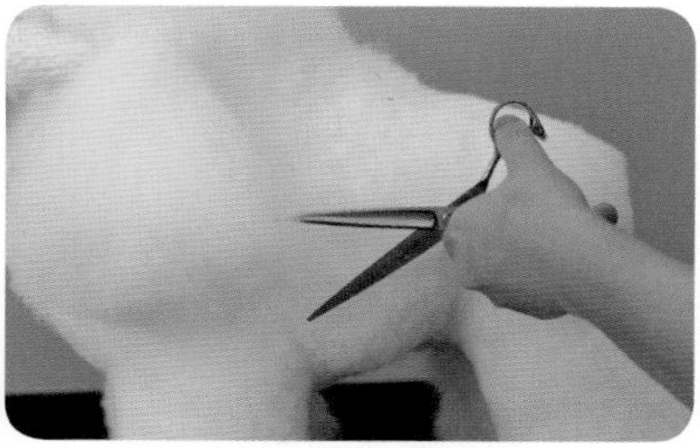

위그

⑧ 전구의 측면과 후구의 측면을 연결하여 시저링 한다.
※ 3등분(흉골단~팔꿈치, 팔꿈치~턱 업, 턱 업~좌골)으로 나누어 시저링 한다. 이때 허리 라인을 15°로 잡아준다.

그림 9-5. 램클립 미용 순서(계속)

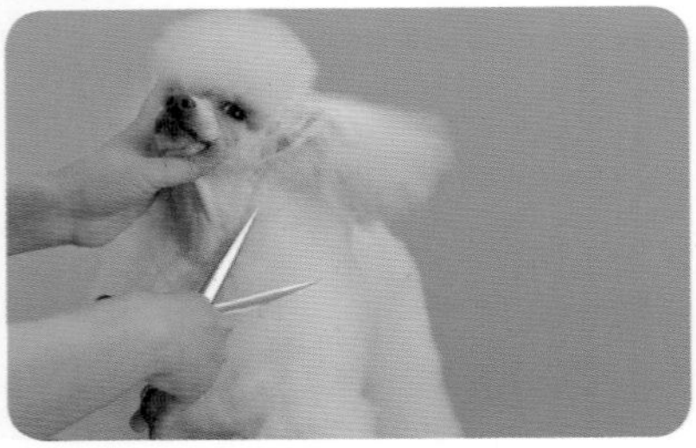

실견

위그

⑨ 넥 라인 클리핑한 곳부터 견갑골과 상완골의 골격 각도를 고려해 45°로 에이프런을 시저링 한다.
※ 흉골단을 중심으로 위 45°, 아래 45°로 시저링 한다.

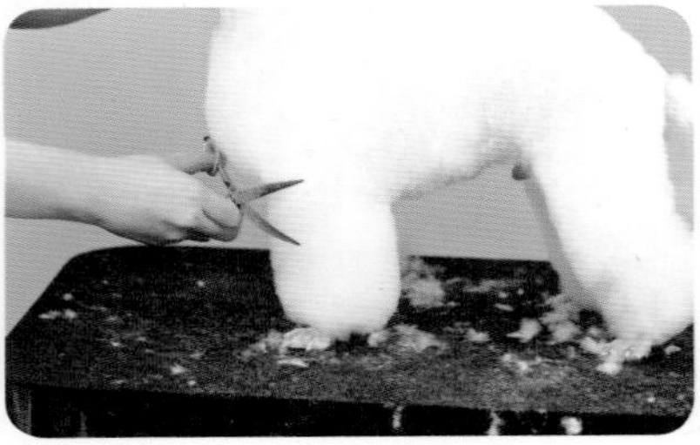

실견

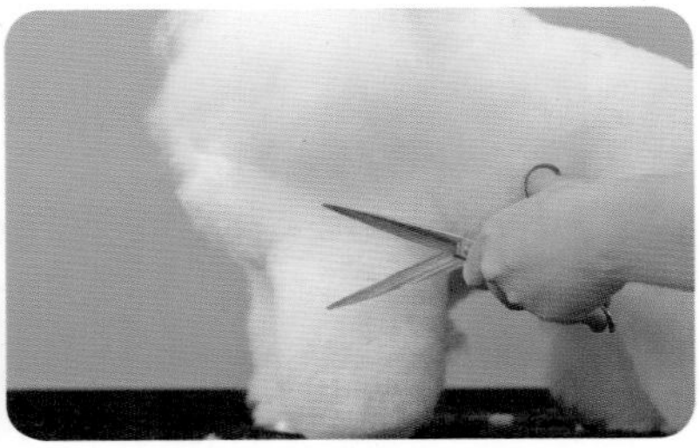

위그

⑩ 앞다리는 원통기둥 모양으로 앞 · 뒤 · 좌 · 우를 생각하여 수직으로 시저링 한다.
※ 반려견의 다리길이를 고려해 팔꿈치 위치를 상하조정하고 뒷다리의 두께와 어울리게 한다.

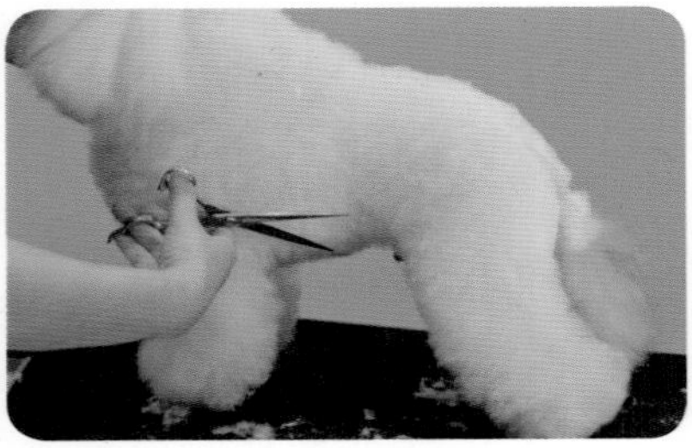

실견

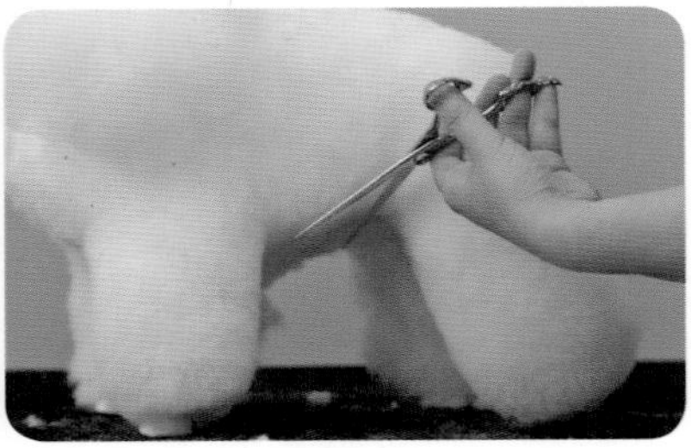

위그

⑪ 턱 업의 위치를 정하고 팔꿈치에서 턱 업까지 곡선을 이루듯 시저링 한다.
※ 턱 업의 위치는 부유늑골 1~2cm 뒤로 설정하고 개의 다리길이에 따라 상하 조정하여야 한다.

그림 9-5. 램클립 미용 순서(계속)

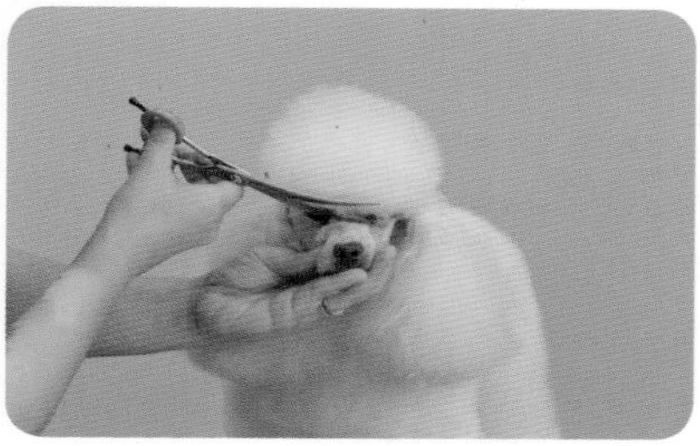

실견

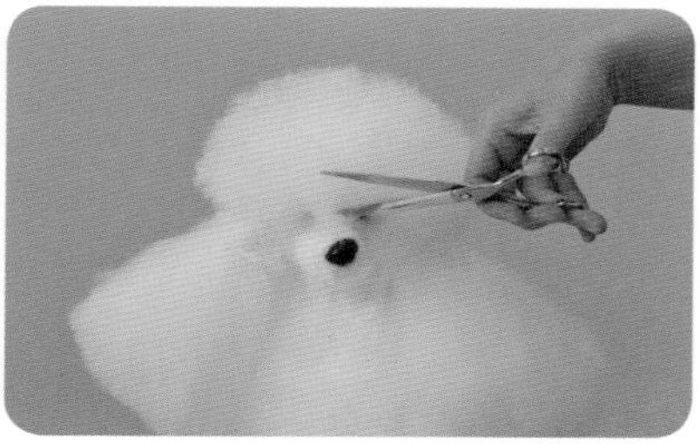

위그

⑫ 얼굴(인덴테이션) 시저링은 앞머리를 내리고 액단부분에 가위를 45°로 기울여 자른다.
※ 양쪽 양옆부분도 같은 45°로 기울여 자른다.

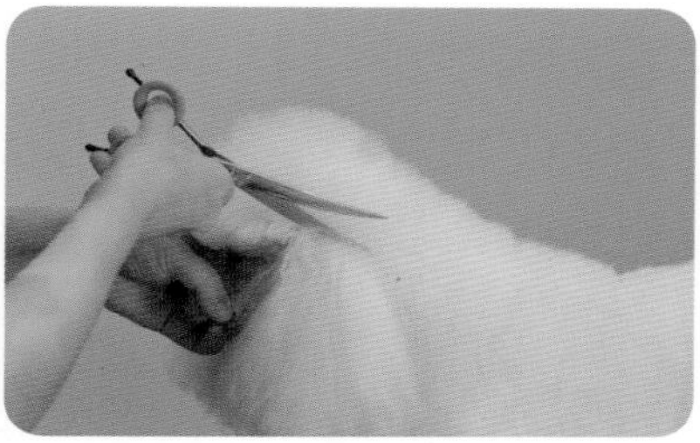

실견

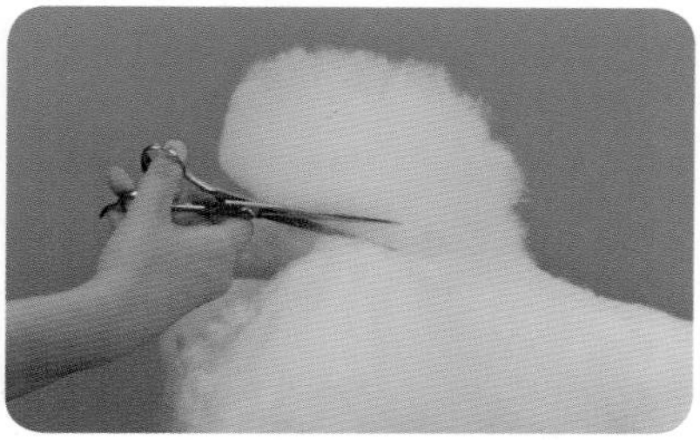

위그

⑬ 귀 라인을 손으로 귀끝을 확인해보고 곡선을 이루듯이 45°로 기울여 시저링 한다.
※ 반려견의 털 길이에 따라 귀 라인의 길이는 조절할 수 있다.

실견

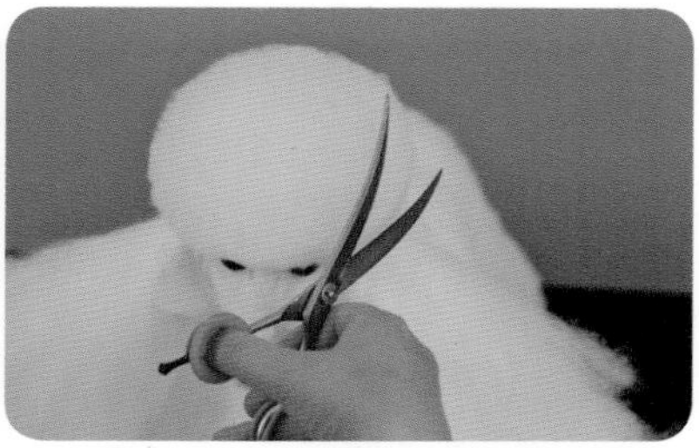

위그

⑭ 크라운은 콘아이스크림 모양으로 볼륨감있게 시저링 한다.
※ 전체적인 반려견의 크기와 털의 길이에 따라 크라운의 크기도 바뀐다.

그림 9-5. 램클립 미용 순서 (계속)

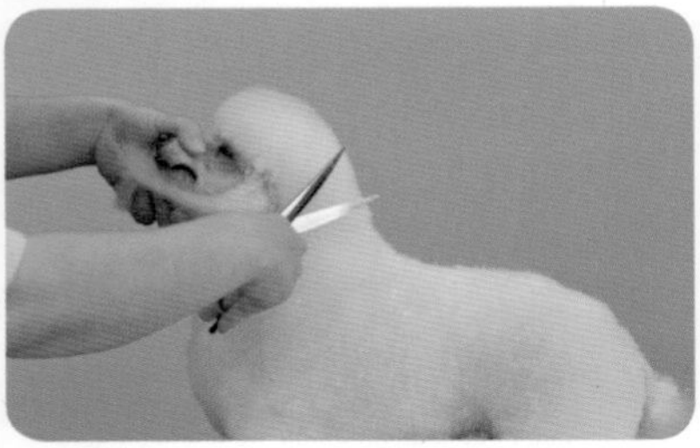
실견

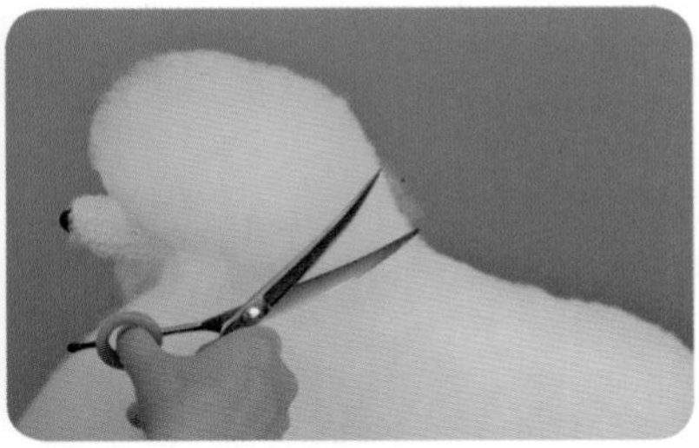
위그

⑮ 탑 라인을 만들 때는 크라운과 백라인을 자연스럽게 연결하여 시저링 한다.
※ 견갑 3cm 뒤까지 연결한다.

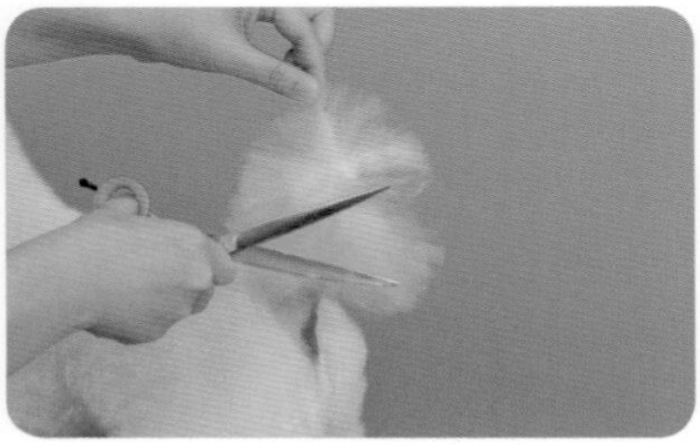
실견

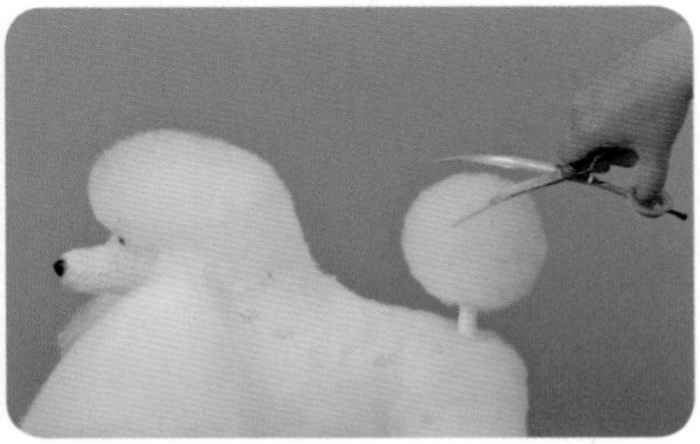
위그

⑯ 폼폼의 위치는 개의 눈높이와 맞추어 시저링 한다.
※ 폼폼의 크기는 밸런스를 생각하여 결정하고 동그란 모양이나 또는 타원형으로 만들어준다.

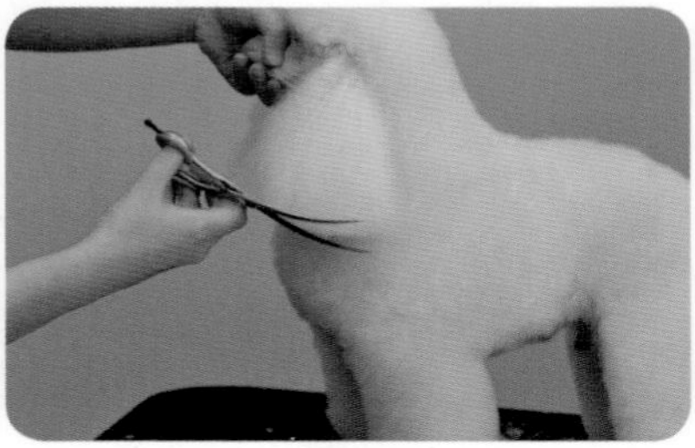
실견

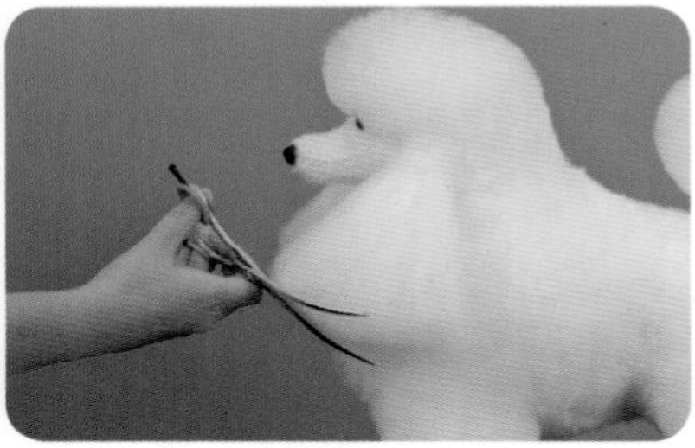
위그

⑰ 이어프린지는 전체적인 밸런스를 고려해 크기를 정하고 끝부분을 반타원형으로 시저링 한다.
※ 길이는 흉골단 아래로 내려가지 않게 한다.

그림 9-6. 미용후 앞모습

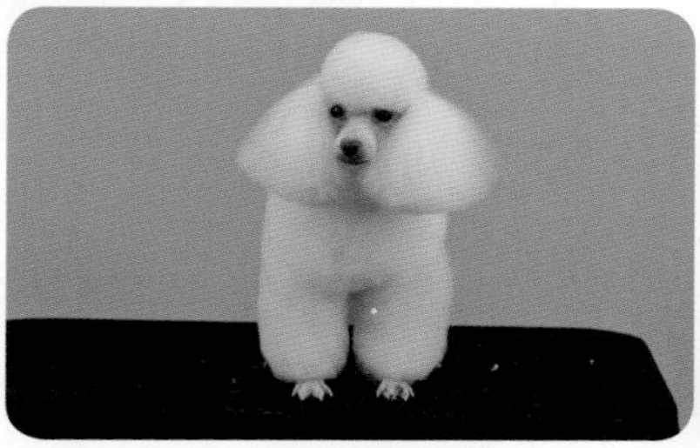

실견

위그

그림 9-7. 미용후 옆모습

실견

위그

그림 9-8. 미용 후 뒷모습

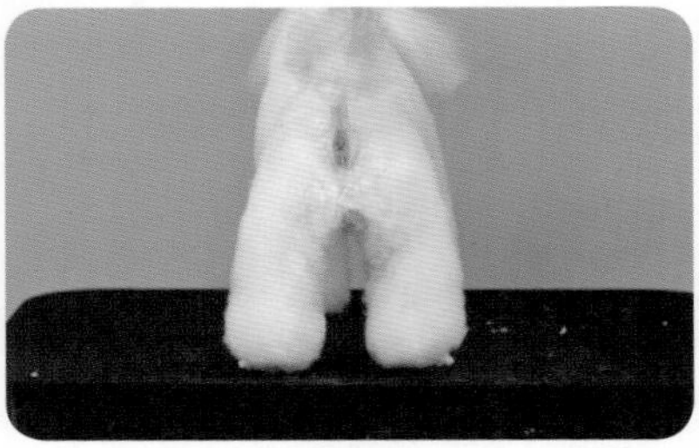
실견

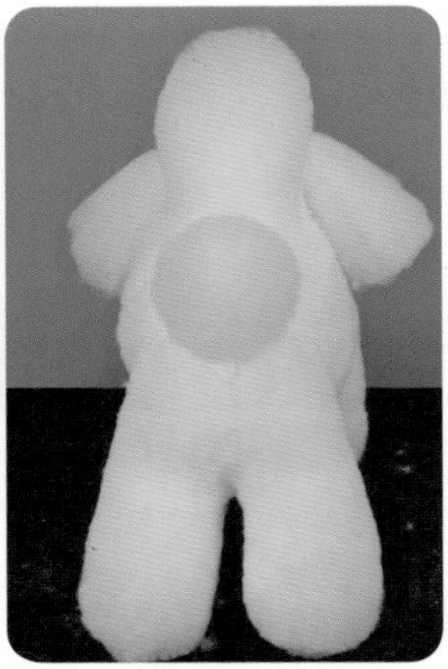
위그

9.2 비숑 프리제(스포팅 컷)

9.2.1 비숑 프리제 스포팅 컷 이해

비숑 프리제 견종의 여러 미용스타일 중 하나이며 큰 머리인 헬멧 모양이 특징이고 각이 없이 둥글둥글한 몸과 얼굴표현이 중요하다. 다리털만 남기는 스포팅 컷이 가장 많고 얼굴은 푸들의 브로콜리 컷(머리가 브로콜리처럼 생겼다고 해서 붙여진 이름), 캔디 컷(캔디 머리처럼 되어 있어서 붙여진 이름) 등을 응용해서 할 수 있다. 헬멧 모양은 귀의 위치가 정상적인 위치에 있는 개에게 어울리며, 귀의 위치가 정상보다 올라가 있거나 내려가 있는 개, 귀가 직립하지 않은 개에게는 일명 귀마개를 하고 있는 것 같다고 해서 붙여진 귀마개 컷을 추천한다. 미용 전에 비숑 프리제의 체형이나 모질의 특성, 견체의 이해가 필요하고 개체의 특징을 잘 파악하여 장점은 부각시키고 단점은 보완하면서 미용한다.

9.2.2 비숑 프리제 미용 계획도

그림 9-9를 보면서 비숑 프리제 견종 특성을 살려 윤곽선을 그린다.

그림 9-9. 비숑프리제 윤곽선 그리기

윤곽선을 그렸으면 그림 9-10처럼 미용을 위한 가상의 털을 그려준다.

그림 9-10. 비숑 프리제 미용 계획도 I

마지막으로 그림 9-11처럼 주의할 점을 표시하여 기록한 후 기억하도록 한다.

1. 액단과 크라운 각도는 45°이다.
2. 앞다리 시작점은 앞과 뒤가 같아야 한다.
3. 앞다리 풋라인의 각도는 10°이다.
4. 뒷다리 풋라인의 각도는 30°이다.
5. 무릎 관절에서 45°또는 생식기까지 각도를 5°~10°기울여 만든다.
6. 힙라인의 각도는 30°이다.
7. 목선과 뒷다리는 임의로 사선을 그었을 때 연결되어야 한다.
8. 목선과 등선이 만나는 지점은 견갑 3cm 뒤이다.

그림 9-11. 비숑 프리제 미용 계획도 2

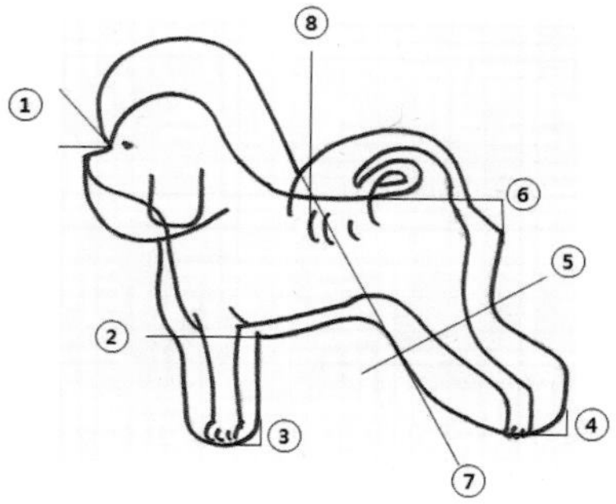

9.2.3 비숑 프리제 스포팅 컷의 순서

클리핑의 순서는 배 → 항문 → 패드 순으로 기본 클리핑과 동일하다.

가 클리핑하기

그림 9-12. 미용 전 모습

① 미용전 앞모습

② 미용전 옆모습

그림 9-13. 스포팅 컷 클리핑 하기

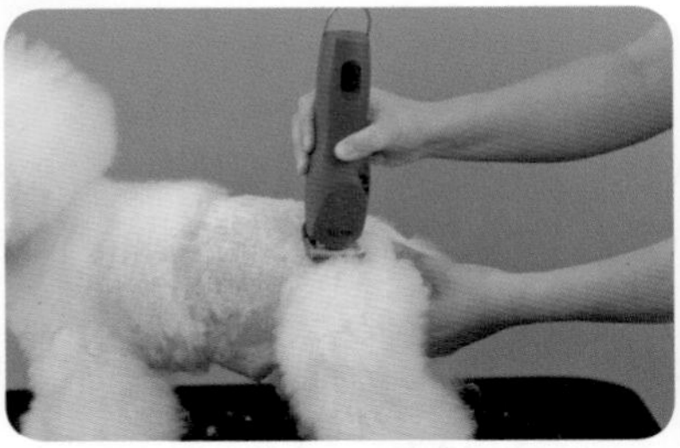

① 좌골에서 턱 업까지 반타원형의 모양으로 가날을 사용하여 역방향 또는 정방향으로 클리핑 한다.
※ 클리퍼를 살짝 띄워 블랜딩이 되게 클리핑 한다.

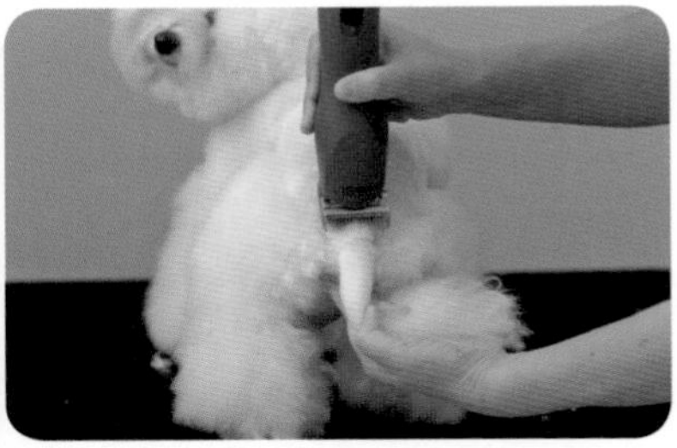

② 꼬리 뿌리부분에서 2cm 뒷부분까지 클리핑 한다.
※ 꼬리 안쪽은 더 짧게 클리핑 해도 된다.

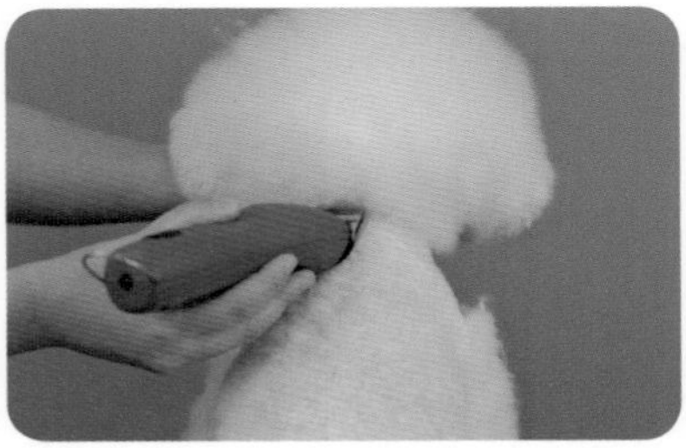

③ 등부분에서 귓볼아래 라인 1cm 아래까지 클리핑 한다.
※ 헬멧을 만들기 위해 여유분의 털을 남기도록 한다.

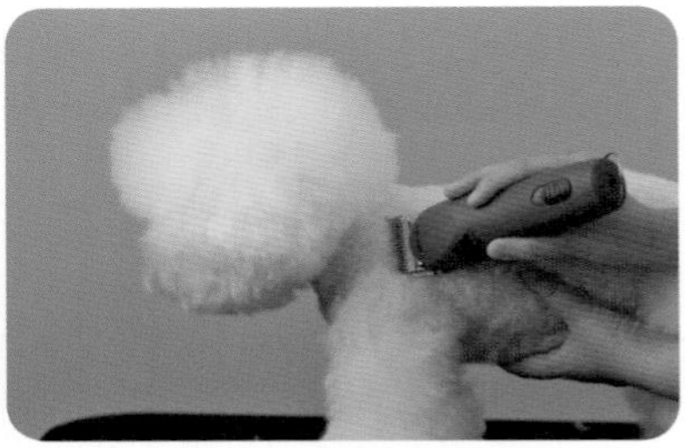

④ 상완골 ½ 지점을 중심으로 원형으로 앞다리 털을 남긴다.
※ 뒷다리 라인과 높이가 같도록 한다.

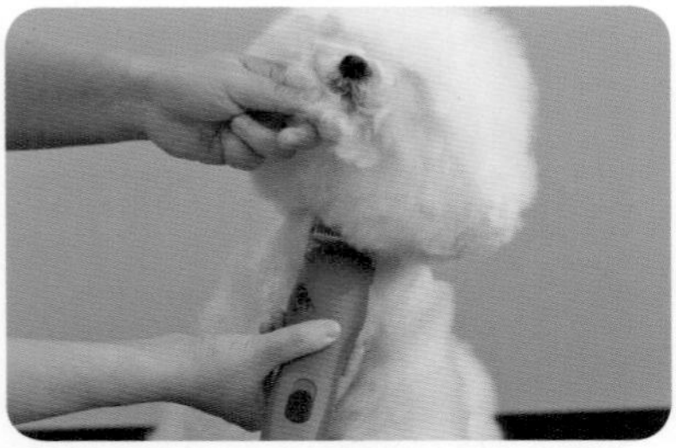

⑤ ③번의 라인과 같도록 얼굴의 라인을 만든다.
※ 턱라인은 아담스 애플까지 만든다.

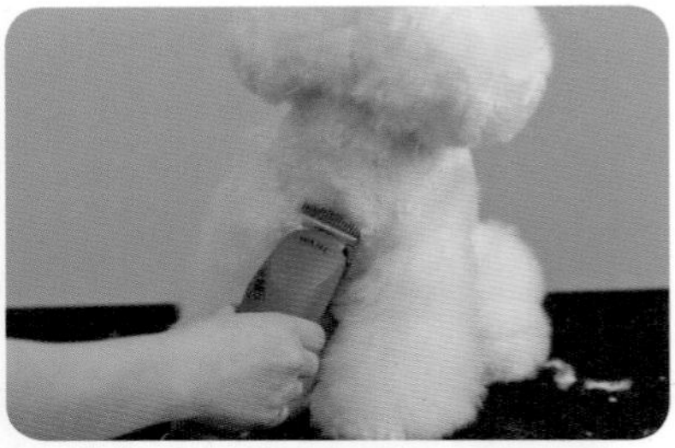

⑥ 에이프런과 목주위를 모두 클리핑 한다.
※ 앞다리 사이와 배도 같이 클리핑 한다.

나 시저링 하기

그림 9-14. 스포팅 컷 시저링 하기

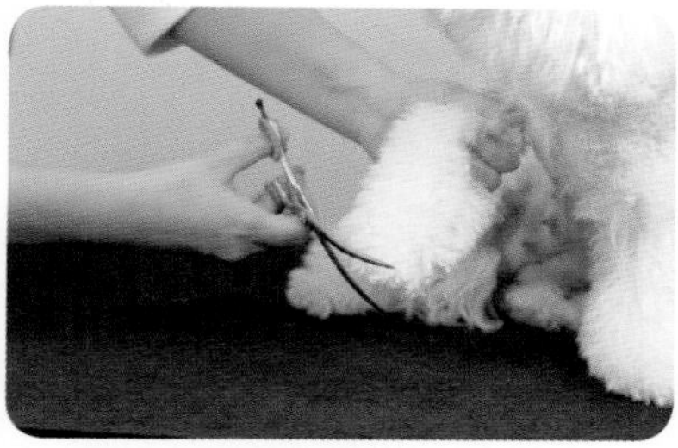

① 앞발가락 2개를 중심으로 둥글게 시저링 한다.
※ 패드보다 내려오는 털이 없도록 잘라준다.

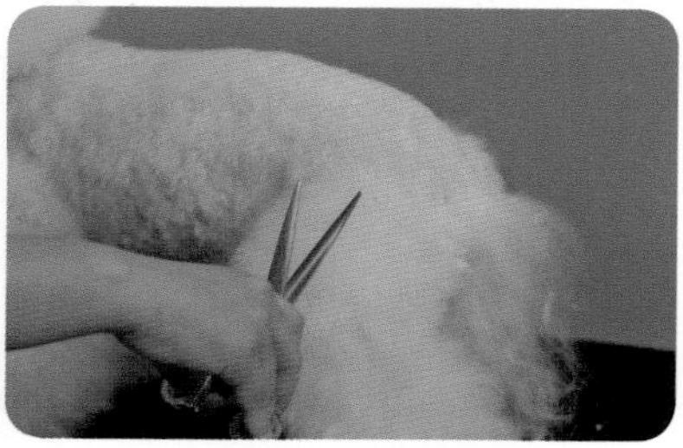

② 뒷다리 클리핑 라인을 블랜딩 한다.
※ 몸통을 클리핑하였으므로 다리털 길이를 조절한다.

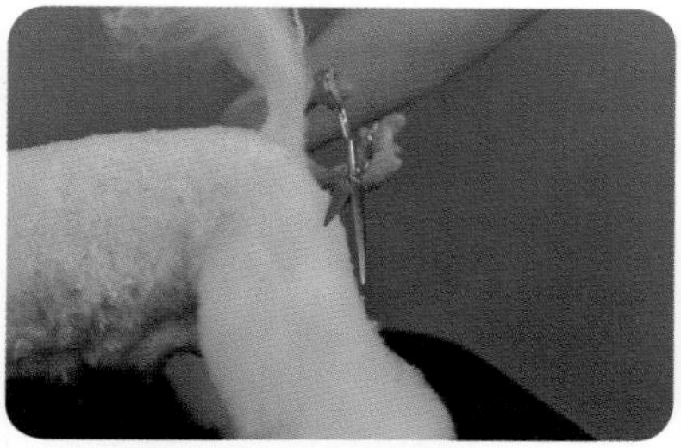

③ 후구를 90°로 시저링 한다.
※ 각도의 위치는 무릎 관절에서 사선으로 45°위치이거나 생식기 위치까지이다.

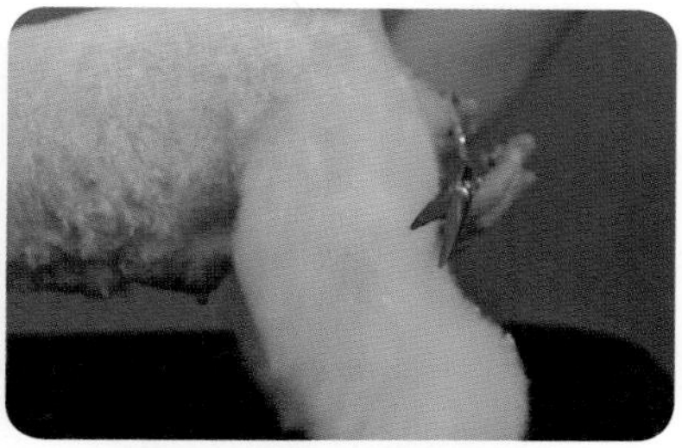

④ 후구의 각도를 만든 부분부터 비절 위까지 60°를 생각하면서 시저링 한다.
※ 후구와 비절까지의 각도는 자연스럽게 이어질 수 있도록 한다.

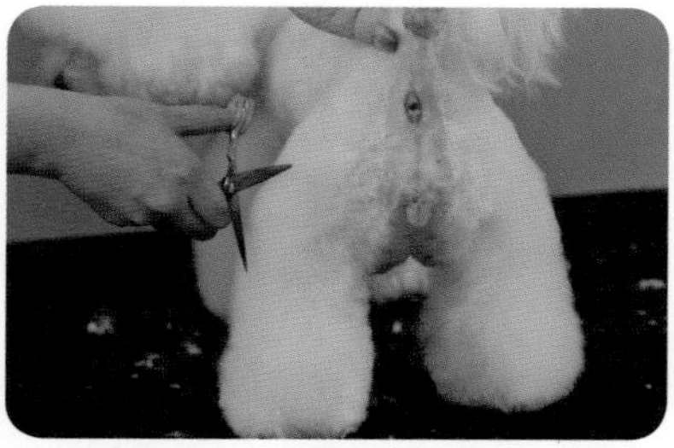

⑤ 뒷다리 안쪽과 바깥쪽을 시저링 한다.
※ 안쪽과 바깥쪽 모두 일자로 정리하여 시저링 한다.

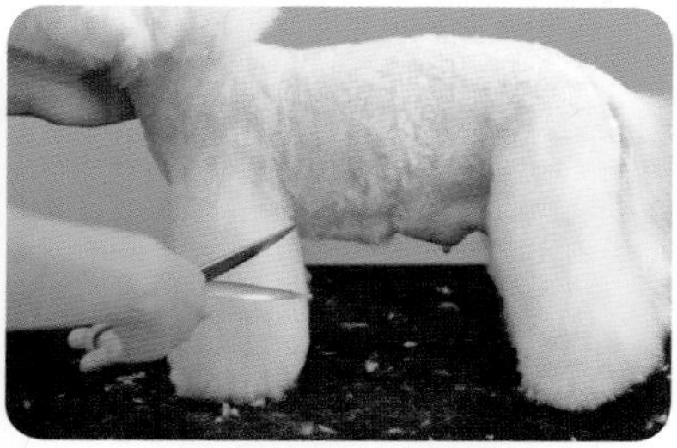

⑥ 앞다리는 원통기둥 모양으로 수직으로 시저링 한다.
※ 개의 다리길이를 고려해 팔꿈치 위치를 상하조정하고 뒷다리의 두께와 맞게 한다.

다 얼굴 시저링 하기

그림 9-15. 스포팅 컷 얼굴 시저링 하기

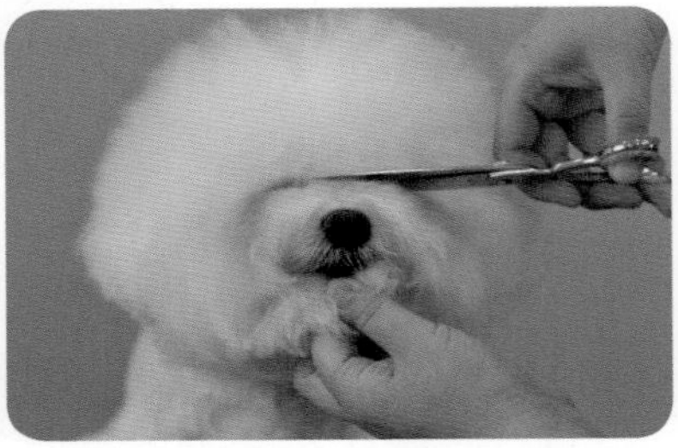

① 콧등의 털을 ⅓위로 콤으로 올린후 스톱을 중심으로 일자로 자른다.
※ 콧등의 털을 모두 올려 시저링하면 콧등 앞부분의 털을 제거할 우려가 있으므로 주의한다.

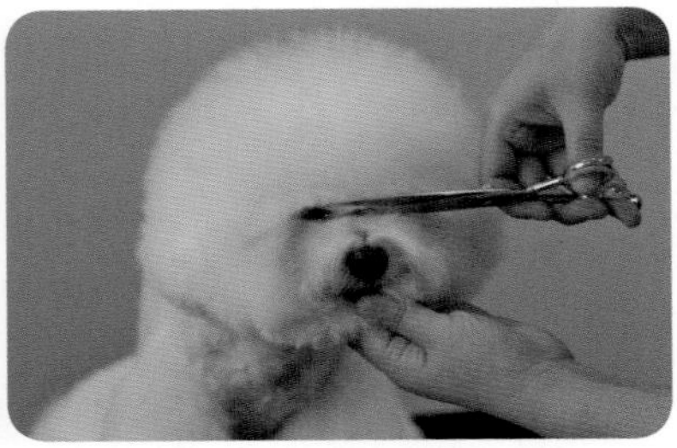

② 눈과눈사이의털을 코밍한후 45°각도로 시저링 한다.
※ 눈의 크기만큼만 시저링 한다.

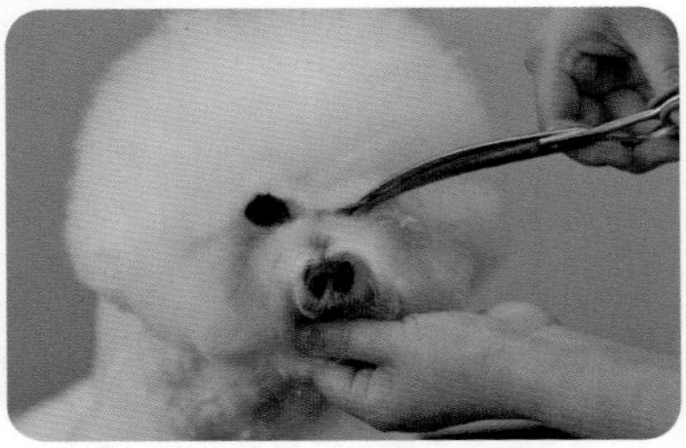

③ 눈두덩이(눈의 뼈)만큼 코밍하여 갈매기 모양으로 굴곡을 만들어 시저링 한다.
※ 눈동자-액단-눈동자를 3등분하여 눈동자는 들어가는 곡선 액단은 나와있는 곡선으로 시저링 한다.

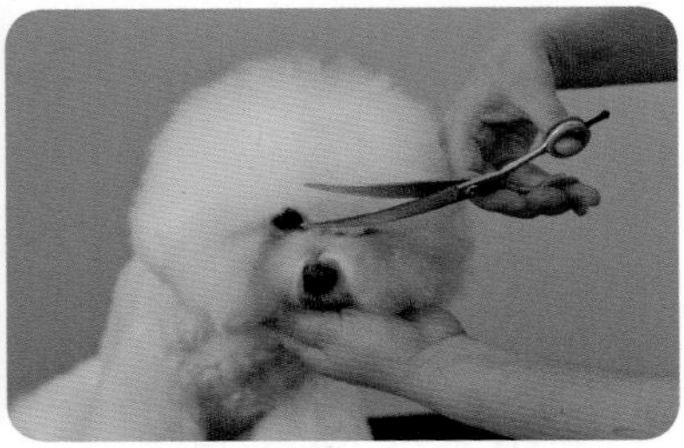

④ 크라운부분을 (귀선까지) 모두 내려 코밍한 후 ②, ③번 이어지도록 둥글게 시저링 한다.
※ 눈끝도 45°각도로 같이 둥글게 만들어 준다.

⑤ 귀의 위치를 확인하고 끝을 들어 반타원형으로 시저링 한다.
※ 귀의 위치에 따라 귀장식털을 짧게 또는 길게 남긴다.

⑥ 귀장식털 끝과 턱선까지 연결되도록 반타원형으로 라인을 만든다.
※ 정면에서 보았을 때귀 안쪽이 보이도록 옆으로 들고 라인을 만든다.

그림 9-15. 스포팅 컷 얼굴 시저링 하기(계속)

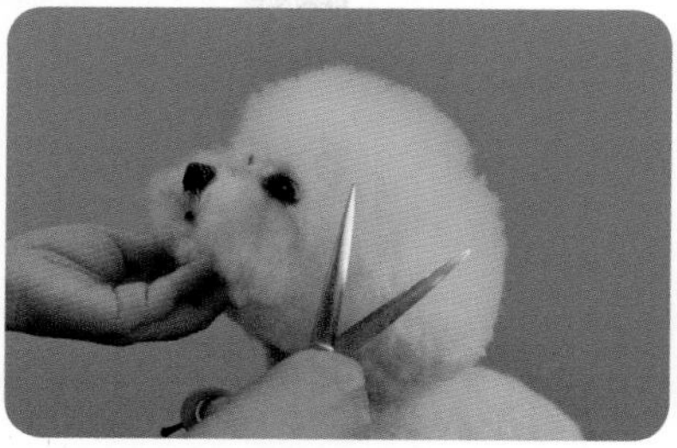

⑦ 귀장식털과 얼굴 측면을 같이 코밍하여 크라운과 연결 되도록 시저링 한다.
※ 최대한 귀가 보이지 않게 시저링 한다.

⑧ 털 결방향으로 코밍한 입라인은 120° 가 되도록 시저링 한다.
※ 깔끔한걸 원한다면 코의 넓이만큼 입라인을 클리핑하여도 된다.

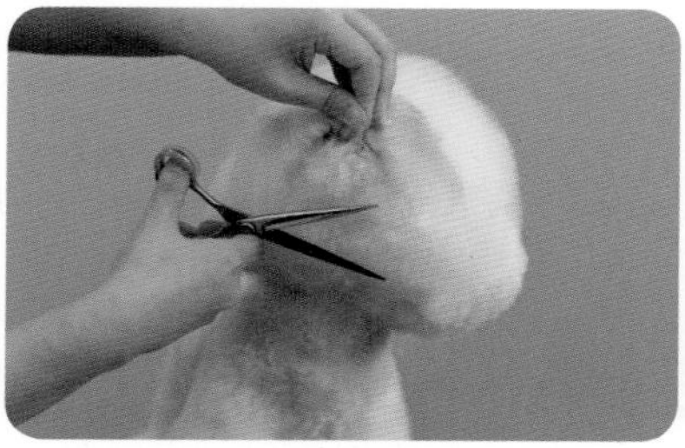

⑨ 한손으로 턱을 들어 아담스 애플까지 일직선으로 시저링 한다.
※ 턱아래부분의 털 길이를 정한 후 시저링 한다.

⑩ 정면으로 보았을 때턱라인과 얼굴라인이 연결되도록 둥글게잘라준다.
※ 얼굴 전체적인 이미지가 동그란 형태가 되도록 시저링 한다.

그림 9-16. 미용 후 모습

① 미용 후 앞모습

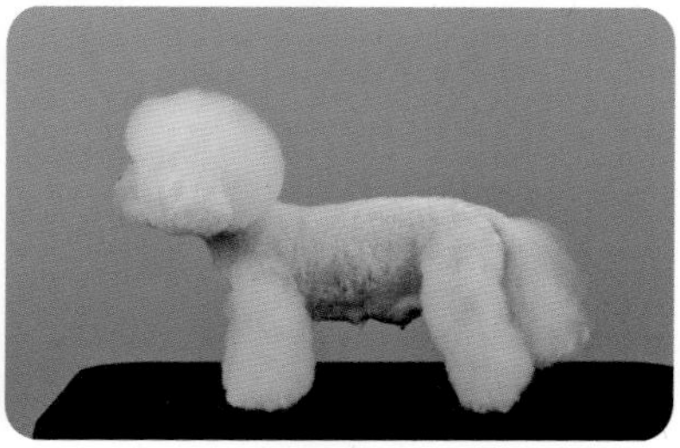

② 미용 후 옆모습

9.3 피머레이니언

9.3.1 피머레이니언 미용의 이해

피머레이니언은 예전에는 주로 목양견으로 사육하였으나 현재는 반려견으로 기르고 있다. 이중모로 푸들 Poodle이나 비숑 프리제 Bichon Frise처럼 미용사들에게 인기 있는 견종이다. 어디를 보아도 동글동글한 모습이 매력적이며 최소한의 시저링으로 다듬는 식의 라인정리만 하는 쇼미용이 있고 얼굴의 선을 만들지 않고 몸과 연결하여 만드는 물개 모양 컷(일명 물개 컷)과 얼굴의 선을 분명히 하여 만드는 곰돌이 모양 컷(일명 곰돌이 컷)이 있는데 귀엽고 앙증맞은 모습이 특징적이다.

9.3.2 피머레이니언 미용 계획도

그림 9-17을 보면서 피머레이니언 견종의 특성을 살려 윤곽선을 그린다.

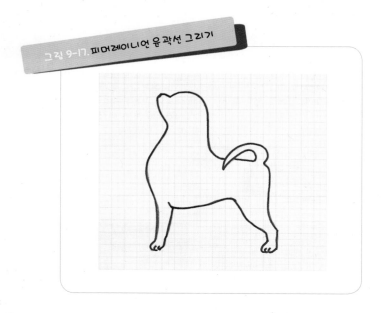

그림 9-17. 피머레이니언 윤곽선 그리기

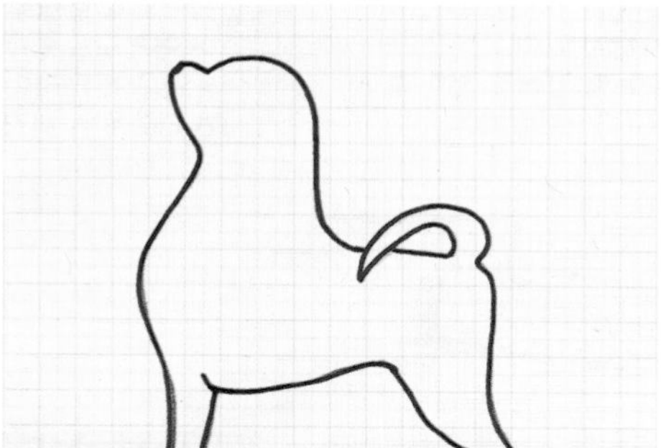

윤곽선을 그렸으면 그림 9-18처럼 미용을 위한 가상의 털을 그려준다.

그림 9-18. 피머레이니언 미용 계획도 1

마지막으로 그림 9-19처럼 주의할 점을 표시하여 기록한 후 기억하도록 한다.

1. 정면 가슴볼륨의 기준은 흉골단이다.
2. 넥라인과 등선이 만나는 지점은 견갑 3cm 뒤이다.
3. 뒷다리 반타원형을 만드는 기준은 등선에서 비절까지이다.
4. 비절에서 45°로 임의의 라인을 기준으로 시저링 한다. 턱업 · 무릎관절 · 하퇴부를 곡선으로 연결하고 비절에서 패드까지 90°가 되도록 일자로 시저링 한다.
5. 패드에서 팔꿈치까지 역삼각형 모양으로 시저링 한다.

그림 9-19. 피머레이니언 미용 계획도 2

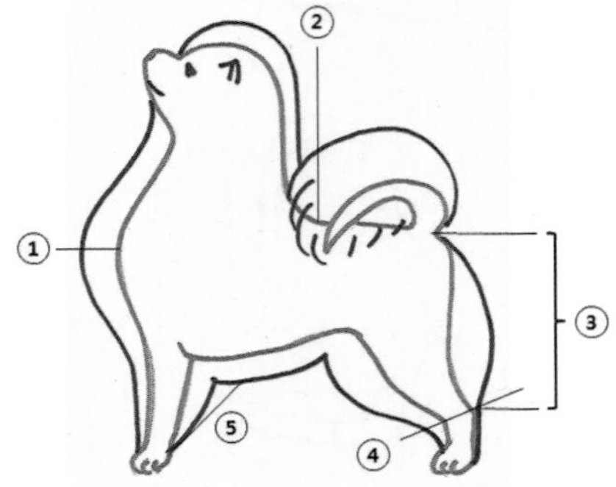

9.3.3. 피머레이니언 미용 순서

클리핑의 순서는 배 → 항문 → 패드 순으로 진행하며 기본 클리핑과 동일하다.

가 클리퍼 콤(어태치먼트 캄즈 Attachment Combs)으로 클리핑하기

그림 9-20. 미용 전 모습

① 미용전 앞모습

② 미용전 옆모습

그림 9-21. 클리퍼 콤으로 클리핑 하기

① 10번날에 16mm 클리퍼 콤을 끼워 어깨에서 엉덩이 방향으로 밀어준다.
※ 10번날대신 30번날을 끼워도 된다. 클리퍼 콤 대신 시저링도 가능하며 어깨에서 엉덩이 부분까지 시저링 한다. 털의 길이를 생각하여 클리퍼 콤의 날에 새겨져 있는 길이를 참조한다.

② 아담스 애플에서 흉골단까지 정방향으로 클리핑 한다.
※ 흉골단 아래부분은 시저링으로 마무리하기 때문에 흉골단까지만 클리핑 한다. 그 이유는 옆라인의 모습을 만들어 주기 위함이다.

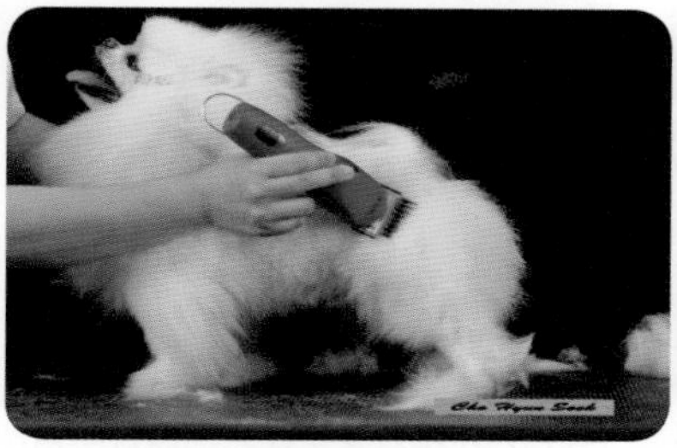

③ 좌골에서 턱업까지의 뒷다리부분은 남겨두고 몸통만 클리핑 한다.
※ 몸통에서 다리방향으로 연결하되 사선으로 쓸어내리듯 클리핑하여야 한다. 언더라인은 클리퍼로 둥글게 클리핑하면 여분의 털이 남지 않으므로 이미지너리 라인을 만들 수 없기 때문이다.

④ 상완골 ½ 부분의 다리만 남기고 몸통만 클리핑 한다.
※ 몸통을 클리핑할 때에는 모양을 만들기 위하여 다리부분의 털을 남겨 두어야 한다.

나 시저링 하기

그림 9-22. 시저링 하기

① 앞발가락 두 개를 중심으로 둥글게 시저링 한다.
※ 패드보다 내려오는 털이 없도록 시저링 한다.

② 엉덩이 라인이 30°가 되도록 시저링 한다.
※ 시선을 낮추어 옆모습이 30°가 되는지 확인한다.

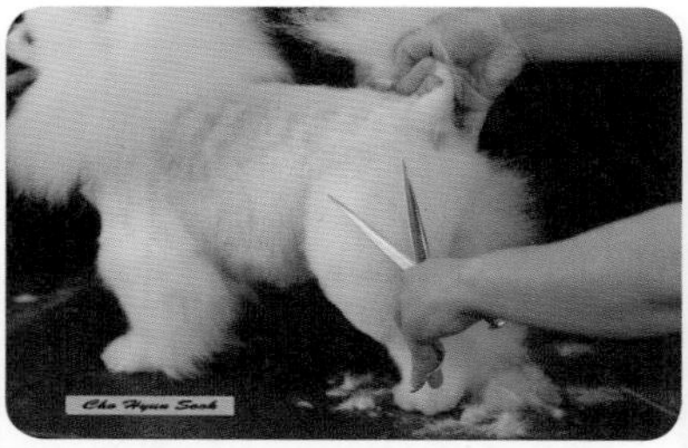

③ 뒷다리의 안쪽과 측면 모두 시저링하여 측면에서 보았을 때 닭다리모양을 연상하면서 시저링 한다.
※ 뒷다리를 90°로 세워 패드에서 비절까지의 털은 일자로 시저링 한다.

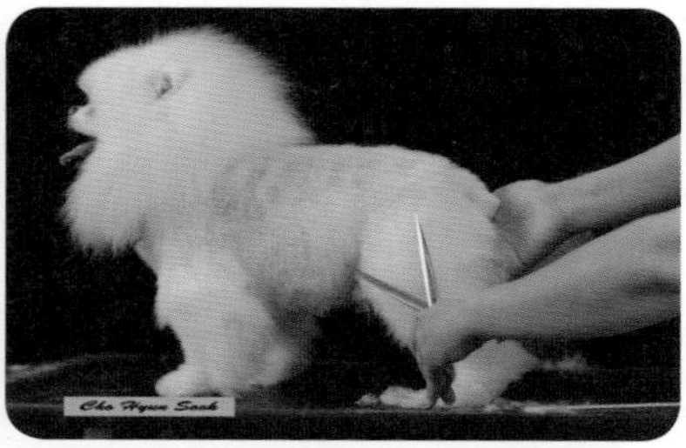

④ 엉덩이에서 몸통으로 이어지는 턱업 부분의 허리라인을 살짝 넣어 시저링 한다.
※ 허리라인을 만들면서 언더라인을 시저링 한다.

⑤ 흉골단을 중심으로 볼륨감있게 시저링 한다.
※ 흉골단 위치를 파악후 가슴볼륨을 만들어 준다.

⑥ 앞다리는 팔꿈치에서 패드까지 측면에서 보았을 때 사선이 되도록 시저링 한다.
※ 다리 굵기가 설정되었으면 겨드랑이 부분의 지저분한 털을 정리 한다.

다 얼굴 시저링 하기

그림 9-23. 얼굴 시저링 하기

① 턱 아래부분을 일자로 시저링 한다.
※ 한손으로 머즐 끝을 살짝 잡아 위로 올린 후 시저링 한다.

② 턱라인과 귀라인이 연결 되도록 시저링 한다.
※ 반려견이 귀를 위로 세우지 않는다면 한손으로 귀를 세운 후 연결한다.

③ 머리 위쪽을 둥글게 시저링 한다.
※ 귀 끝이 돋보일 수 있도록 귀와 귀 사이를 둥글게 한다.

④ 얼굴크기가 정해졌으면 측면에서 보았을 때 크라운과 목선이 연결되도록 시저링 한다.
※ 목선을 연결할 때에는 한손으로 살짝 귀를 얼굴 쪽으로 접으면서 시저링 한다.

⑤ 귀끝은 120°가 되도록 시저링 한다.
※ 120°가 되려면 귀 길이에 ⅓정도 시저링하면 된다.

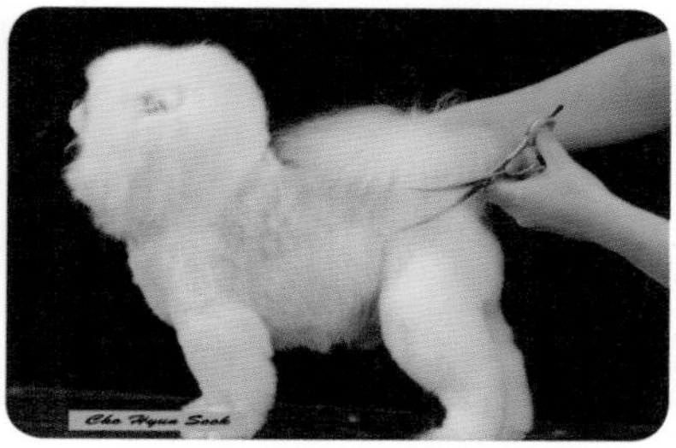

⑥ 꼬리의 끝을 정리한 후 타원형이 되도록 시저링 한다.
※ 꼬리는 등위에 말아 올려 시저링 한다.

그림 9-24. 미용후 모습

① 미용 후 앞모습

② 미용 후 옆모습

9.4 몰티즈(변형 미용)

9.4.1 몰티즈 변형 미용의 이해

몰티즈의 변형 미용은 한 견종으로 여러 가지 미용 스타일을 만드는 것을 의미 한다. 한 견종으로 한 가지 미용만을 했을 때 따분해보이거나 새로운 디자인을 하고 싶을 때 활용할 수 있는 좋은 방법이다. 같은 몰티즈라도 체형이나 모질의 특성이 다르므로 견체의 이해가 필요하고 개체의 특징을 잘 파악하여 여러 가지 디자인을 통해 새로운 응용미용에 도전해보자. 미용 순서는 몰티즈 전체 시저링 - 카커르 스패니얼 컷 - 스포팅 컷 - 장화 모양 컷 - 방울 모양 컷으로 5단계에 걸쳐 5가지 방법으로 미용방법을 연습하도록 한다. 본서에서는 몰티즈를 예로 들어 설명하지만 어떠한 견종도 이와 유사한 방법으로 연습할 수 있다.

9.4.2 몰티즈 변형 미용

몰티즈 변형 미용의 순서에서 처음 클리핑의 순서는 배 → 항문→ 패드 순으로 기본 클리핑과 동일하다.

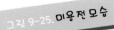

그림 9-25. 미용전 모습

① 미용전 앞모습

② 미용전 옆모습

가 1단계 : 몰티즈 미용

그림 9-26처럼 몰티즈 미용을 위한 미용 계획도를 그리면서 미용 계획을 수립한다.

1. 액단(스탑 Stop)과 크라운(Crown)의 각도는 45°이다.
2. 후두부(악서펏 Occiput) 2cm 아래는 크라운과 목선이 만나는 지점이다.
3. 위더스(Withers) 2~3cm 뒤는 목선과 등선이 만나는 지점이다.
4. 앞다리를 만드는 시작점은 앞과 뒤의 라인이 같아야 한다.
5. 다리 풋 라인의 각도는 10°이다.

그림 9-26. 1단계 - 몰티즈 미용 계획도

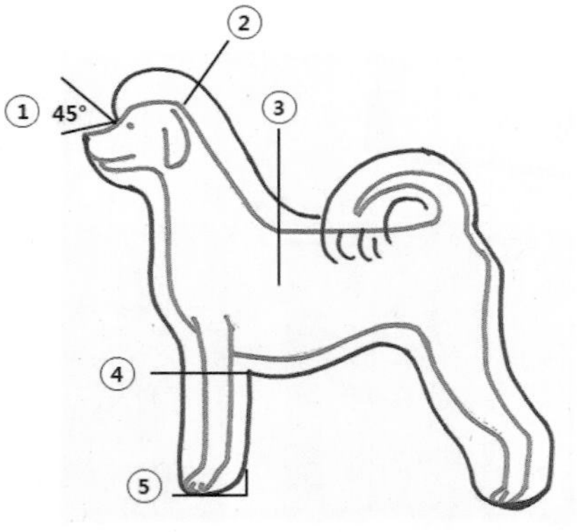

수립한 미용 계획도에 따라 다음 그림 9-27과 같이 미용한다.

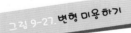

그림 9-27. 변형 미용하기

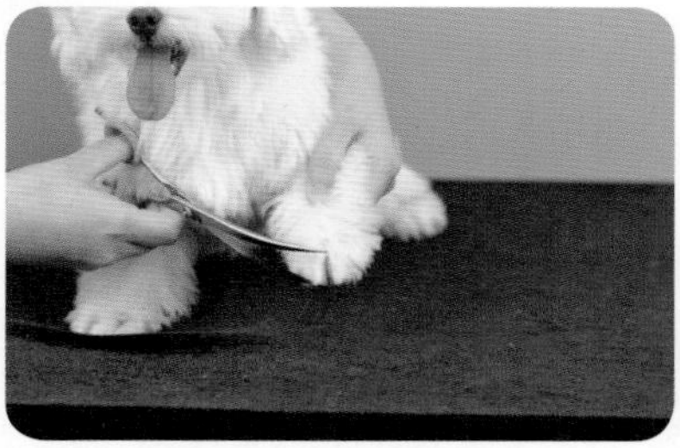

① 패드 클리핑한 곳을 기준으로 풋 라인 아래로 내려오는 털과 발등이 원형이 되도록 시저링 한다.
※ 풋 라인의 각도는 30°이다.

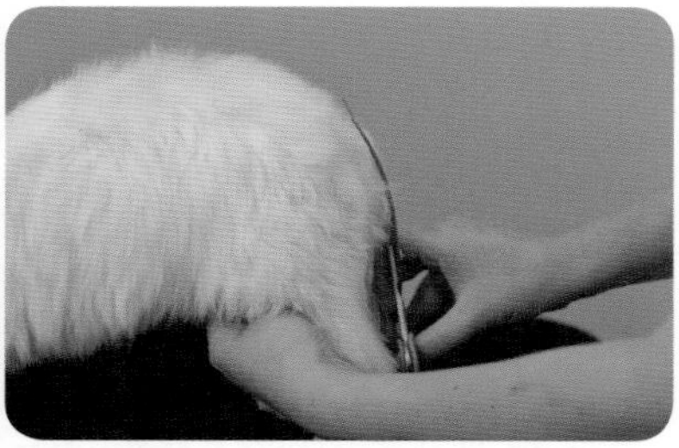

② 꼬리를 아래로 향하게 잡고 엉덩이 선과 이어지도록 시저링 한다.
※ 꼬리를 들어 양 옆과 아래부분도 같은 길이로 정리 한다.

그림 9-27. 변형 미용하기 (계속)

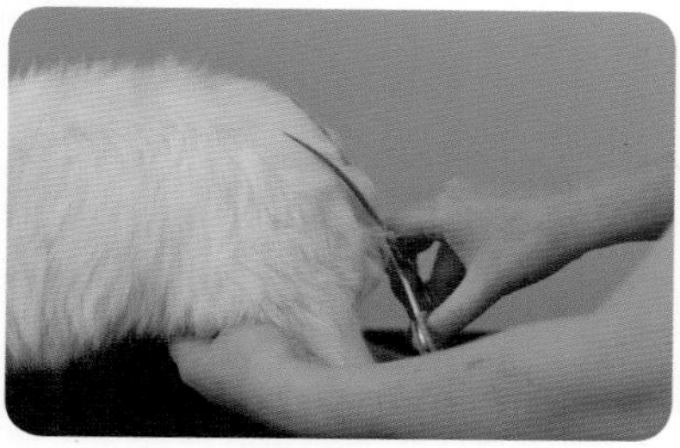

③ 힙라인은 백라인부분과 연결되도록 각도를 생각하며 시저링 한다.
※ 힙라인의 기준은 턱 업 부위와 비슷한 위치이다.

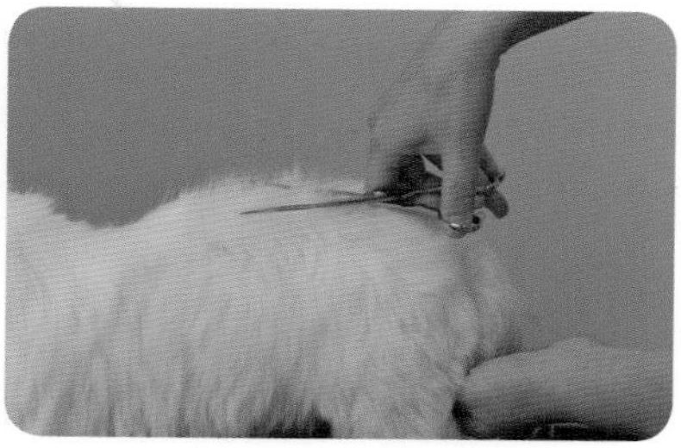

④ 백라인(등선)은 견갑 3cm 뒤에서 힙라인선까지이며 수평을 이룬다.
※ 반려견마다 등선의 위치는 약간 차이가 있을 수 있다.

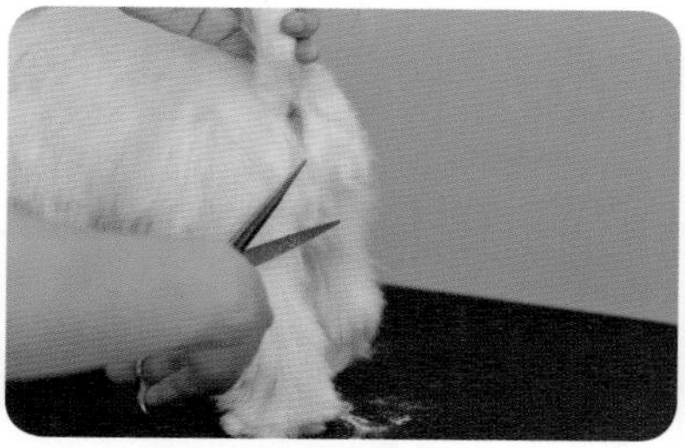

⑤ 후구를 90°로 시저링 한다.
※ 각도의 위치는 무릎 관절 사선으로 45°위치 부분까지 또는 생식기위치까지이다.

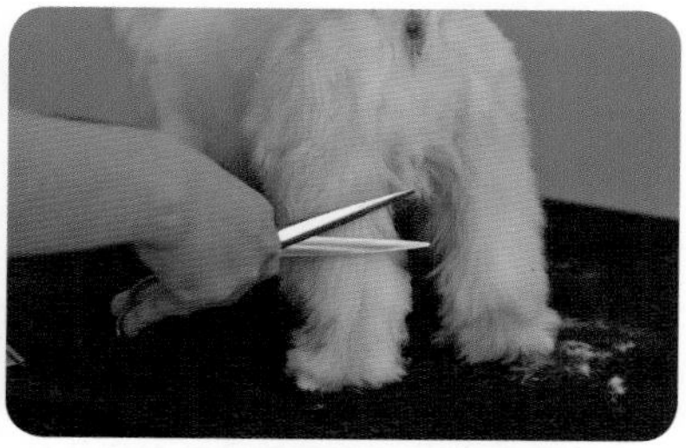

⑥ 후구의 각도를 만든 부분부터 비절 위까지 60°를 생각하면서 시저링 한다.
※ 힙라인과 후구와 비절까지의 각도는 자연스럽게 이어질 수 있도록 한다.

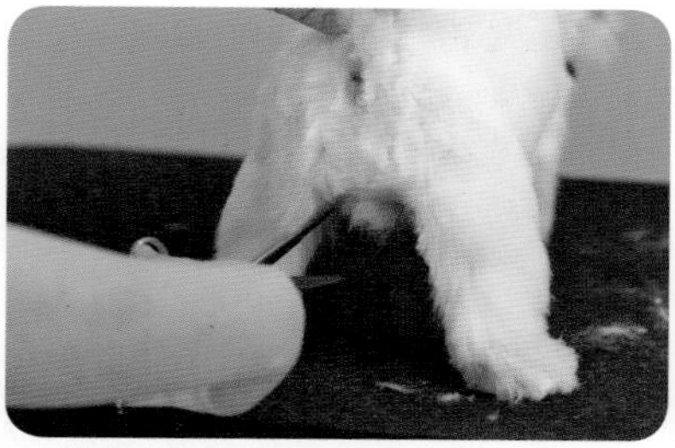

⑦ 뒷다리 안쪽과 바깥쪽을 시저링 한다.
※ 안쪽과 바깥쪽 모두 일자로 정리하여 시저링 한다.

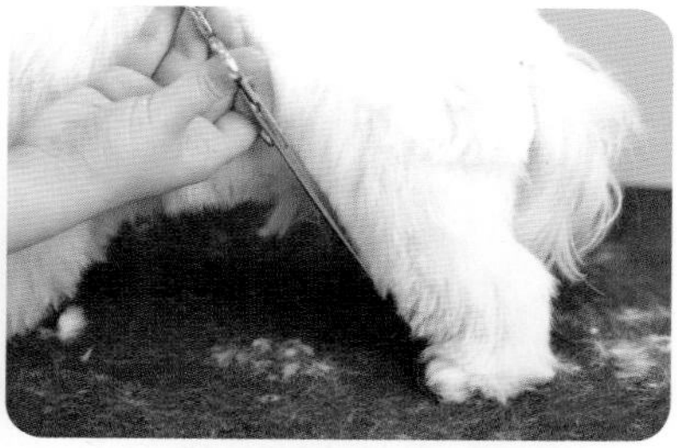

⑧ 턱 업 라인을 만든 후 전구의 측면과 후구의 측면을 연결하여 시저링 한다.
※ 턱 업의 위치는 부유늑골 1~2cm 뒤로 설정하고 개의 다리길이에 따라 상하 조정하여야 한다.

그림 9-27. 변형 미용하기 (계속)

⑨ 언더라인은 팔꿈치에서 턱업까지 연결 한다.
※ 몸통과 언더라인을 연결하여 시저링 한다.

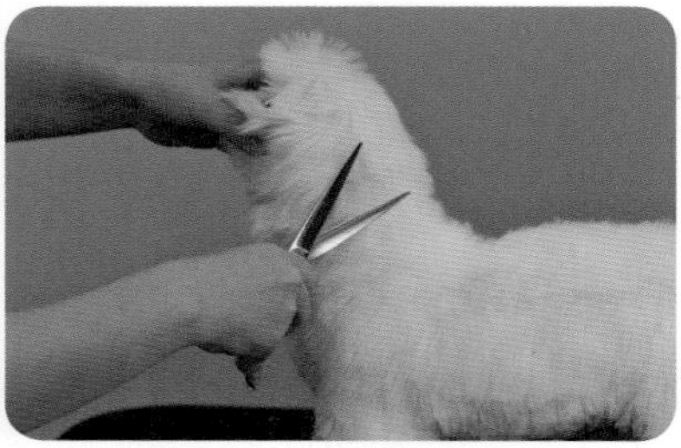

⑩ 크라운과 백라인 몸통을 자연스럽게 연결하여 시저링 한다.
※ 견갑 3cm 뒤까지 연결 한다.

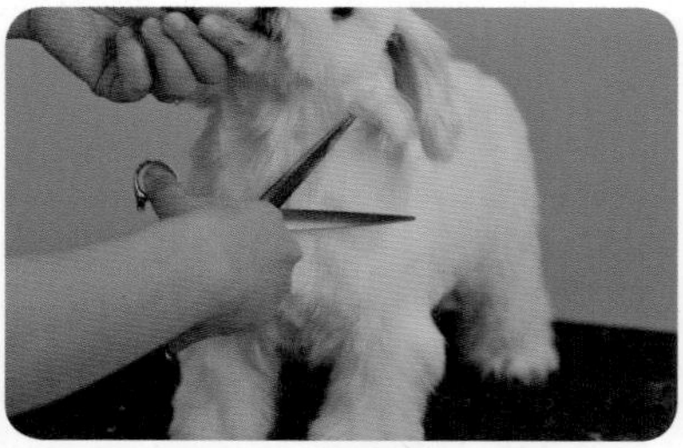

⑪ 아담스 애플부터 견갑골과 상완골의 골격 각도를 고려해 45°로 에이프런 시저링 한다.
※ 흉골단을 중심으로 위 45°, 아래 45°로 시저링 한다.

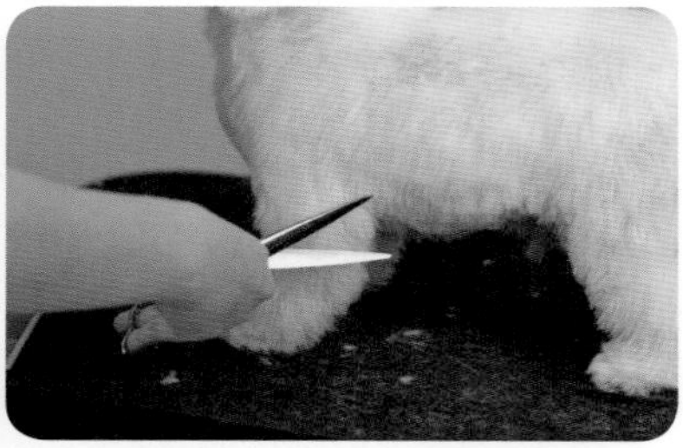

⑫ 앞다리는 원통기둥 모양으로 앞 · 뒤 · 좌 · 우를 생각하여 수직으로 시저링 한다.
※ 반려견의 다리길이를 고려해 팔꿈치 위치를 상하조정하고 뒷다리의 두께와 어울리게 한다. 예를 들면, 다리가 짧은 개는 팔꿈치보다 높은 위치로 다리가 긴 개는 팔꿈치보다 아래위치로 변경할 수 있다.

⑬ 콧등의 털은 ⅓을 콤으로 올린 후 액단을 중심으로 일자로 자른다.
※ 콧등의 털을 모두 올려 시저링하면 콧등 앞부분의 털을 제거할 우려가 있으므로 주의하도록 한다.

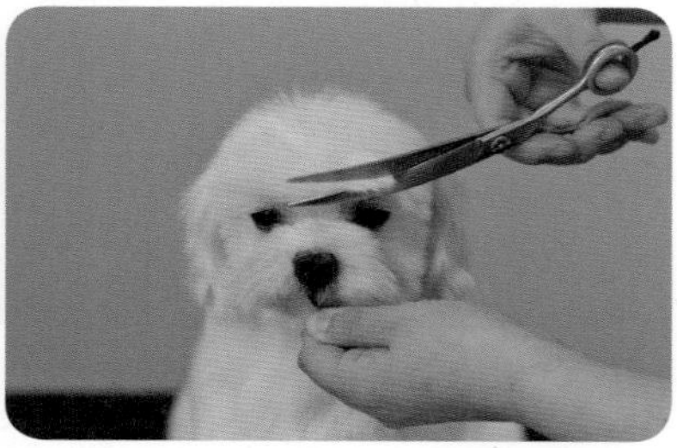

⑭ 앞머리를 내리고 액단부분에 가위를 45°로 기울여 자른다.
※ 양쪽 모서리 부분도 같은 45°로 기울여 자른다.

그림 9-27. 변형 미용하기 (계속)

⑮ 눈꼬리에서 0.5~1cm 정도 남기고 양쪽 얼굴라인을 만든다.
※ 그림그릴 때 구도를 잡듯이 액단의 정중앙을 중심으로 정사각형 모양이 나오도록 머리부분과 주둥이부분을 만든다.

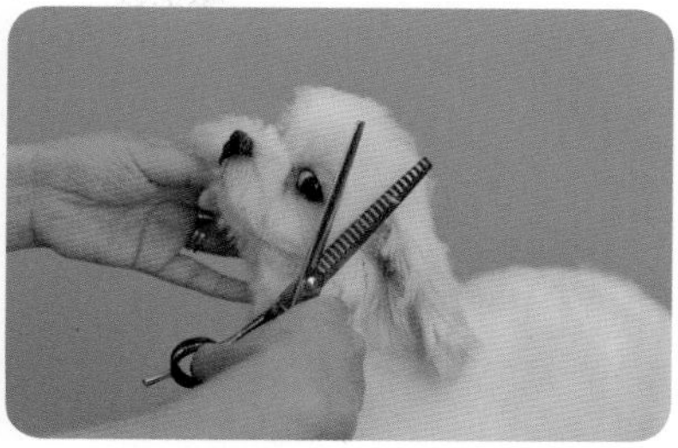

⑯ 머리모양은 털 결대로 브러싱하고 정사각인 모서리를 시저링하여 얼굴이 원형이 되도록 반복하여 시저링 한다.
※ 얼굴을 시저링 할 때 요술가위 또는 틴닝 가위로 모양을 잡는다.

⑰ 머즐의 털은 결대로 코밍한 다음 측면에서 보았을 때 반타원모양이 되도록 시저링 한다.
※ 입라인 정중앙을 중심으로 양쪽을 120°로 만든 다음 시저링 한다.

⑱ 앞모습은 입라인 정리 후 커브가위의 끝방향이 입라인 끝에서 처음 만들었던 눈꼬리에서 0.5~1cm 정도 남긴 부분 쪽으로 시저링 한다.
※ 커브 가위를 사용하면 커브 가위의 곡선에 의해 자연스럽게 반타원을 만들 수 있다.

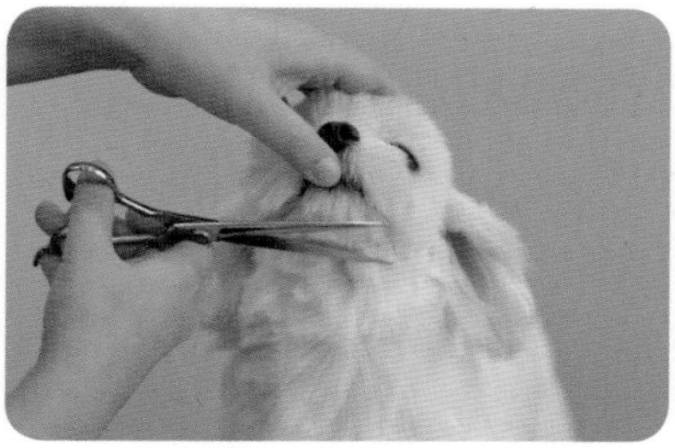

⑲ 하악의 털을 코밍한 후 입라인의 끝털과 연결하되 일자로 시저링 한다.
※ 턱의 털을 짧게 시저링하면 귀여워 보이고 깔끔해진다.

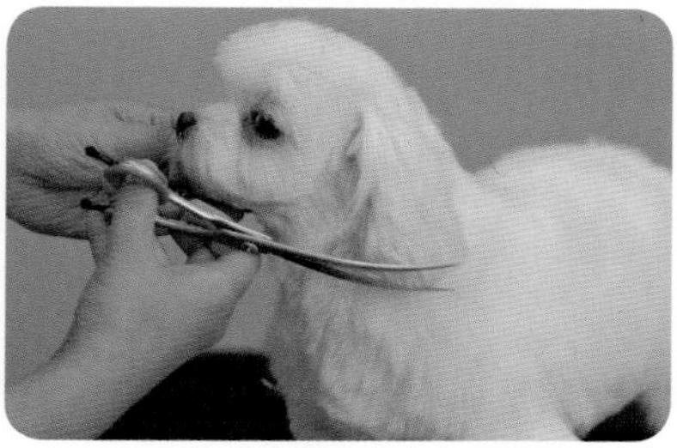

⑳ 귀의 털은 단발처럼 일자로 자른다.
※ 귀를 들어서 시저링했다면 내려서 코밍후 다시 정리한다.

그림 9-28. 미용 후 모습

① 미용 후 앞모습

② 미용 후 옆모습

나 2단계 : 카커르 스패니얼 변형 미용

1단계를 완료하였으면 그림 9-29처럼 카커르 스패니얼 미용을 위한 미용 계획도를 그리면서 미용 계획을 수립한다.

1. 크라운의 라인이 끝나는 지점은 후두부(악서펏 Occiput) 2cm 아래이다.
2. 등선의 이미지너리 라인 Imaginary Line은 카커르 스패니얼처럼 흉골단에서 시작한다.
3. 앞다리를 만드는 시작점은 앞과 뒤의 라인이 같아야 한다.
4. 등선의 이미지너리 라인은 카커르 스패니얼처럼 흉골단에서 좌골까지 만든다.
   (②와 ④가 일직선이나 언더라인쪽으로 곡선을 이루도록 만든다.)
5. 셋온(Set-on)에서 2~3cm 꼬리도 클리핑 한다.

그림 9-29. 2단계 - 카커르 스패니얼 변형 미용 계획도

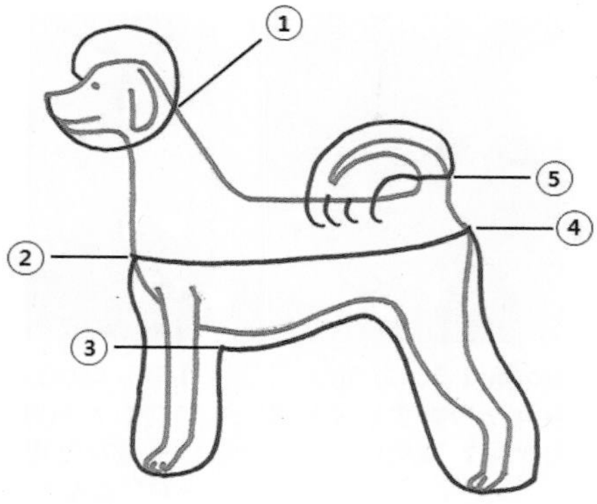

그림 9-30. 변형 미용하기

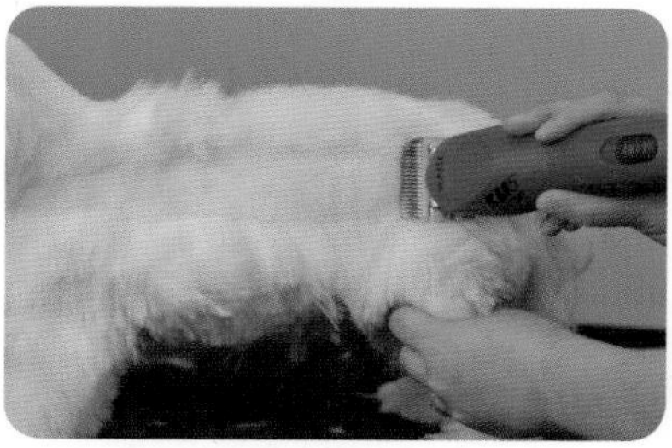

① 좌골단에서 흉골단까지 일직선으로 클리핑 한다.
※ 좌골-턱업-흉골단 순서대로 클리핑 한다.

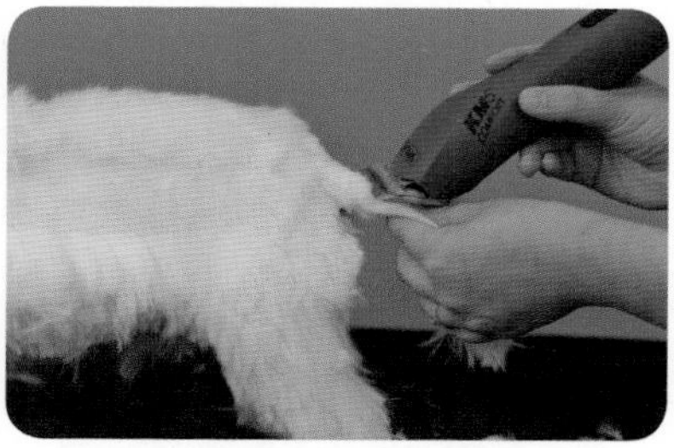

② 꼬리뿌리부분인 셋온에서 2cm 정도부터 꼬리털은 남긴다.
※ 카커르 스패니얼 꼬리는 모두 클리핑 하지만 몰티즈을 활용한 변형미용으로 꼬리털은 남기도록 한다.

그림 9-30. 변형 미용하기 (계속)

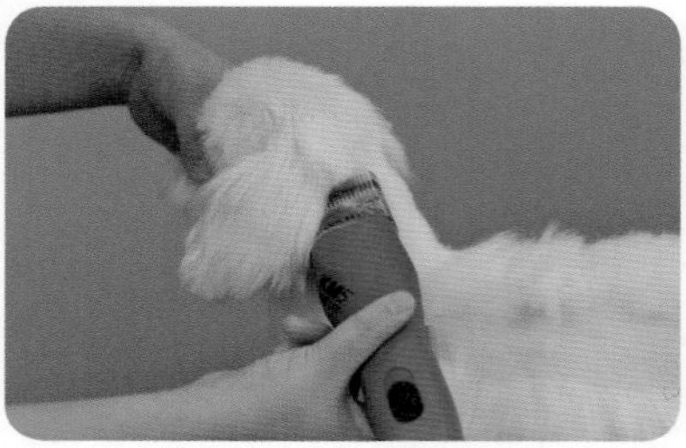

③ 몸통에서 귀끝라인까지 클리핑 한다.
※ 얼굴라인 만든곳 귀라인 또는 후두부 2cm 아래까지 같이 클리핑 한다.

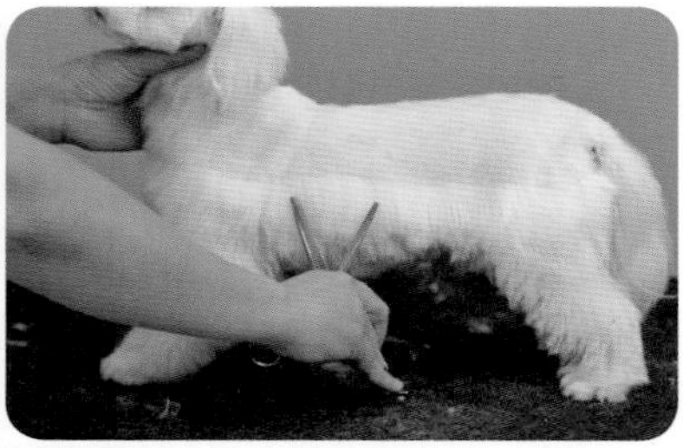

④ 몸통 언더라인은 라인에 맞게 길이를 맞춰 시저링 한다.
※ 클리핑 한 부분과 털있는 부분이 자연스럽게 연결되도록 블랜딩 한다.

⑤ 얼굴 라인 클리핑 한 부분을 털과 이어지도록 연결 한다.
※ 틴닝가위로 연결하여 시저링 한다.

그림 9-31. 변형 미용 후 모습

① 변형 미용 후 앞모습

② 변형 미용 후 옆모습

다 3단계 : 스포팅 클립으로 변형 미용

몰티즈 Maltese, 푸들 Poodle, 요르크셔르 테리어르 Yorkshire Terrier, 시추 Shih Tzu 등에 많이 쓰이는 미용 방법이다.

몸통은 클리핑하고 다리의 장식털만 남기는 미용으로 개가 걸을 때 활기차 보이기도 한다. 1단계에서 풋라인과 얼굴 시저링, 다리 시저링이 완성되었으므로 제외하고 미용한다. 2단계를 완료하였으면 그림 9-32처럼 스포팅 클립을 위한 미용 계획도를 그리면서 미용 계획을 수립한다.

1. 좌골 또는 좌골 1~2cm 아래부터 턱 업 Tuck-up까지 반타원형의 라인을 만든다.
2. 상완골 ½을 중심으로 반타원형을 만든다.

그림 9-32. 3단계 - 스포팅 클립 변형 미용 계획도

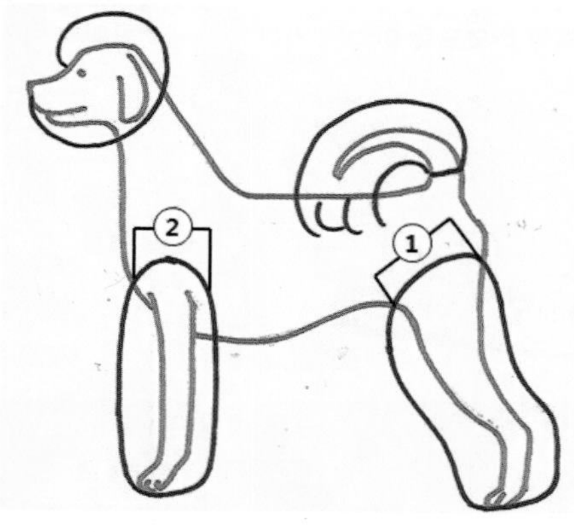

그림 9-33. 스포팅 클립 변형 미용하기

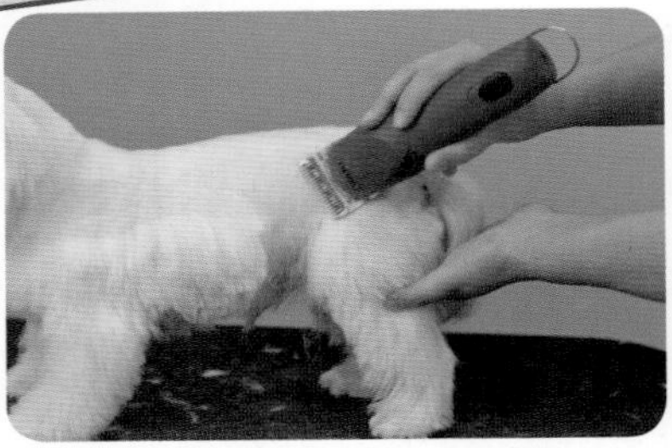

① 좌골에서 턱 업까지 반 타원형으로 클리핑 한다.
※ 7F로 클리핑 한다.

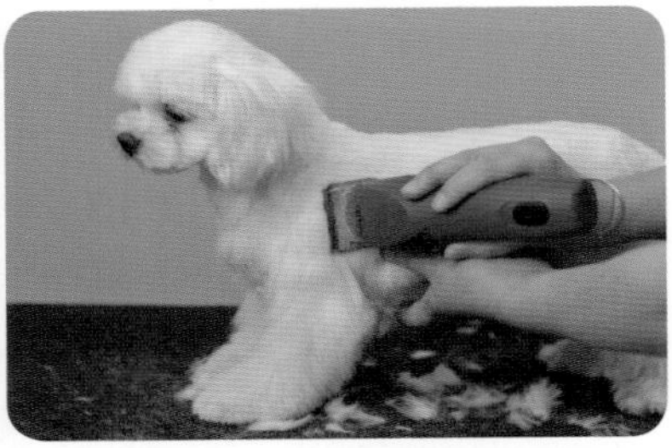

② 상완골 ½지점에서 타원형으로 클리핑 한다.

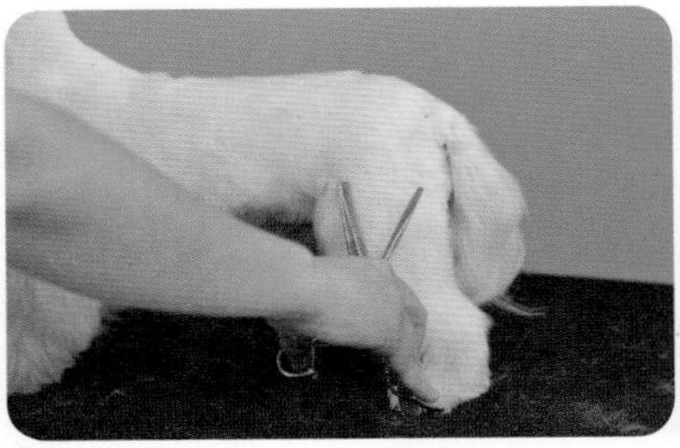

③ 뒷다리 클리핑 라인을 블랜딩 한다.
※ 몸통을 클리핑 하였으면 다리털 길이를 조절 한다.

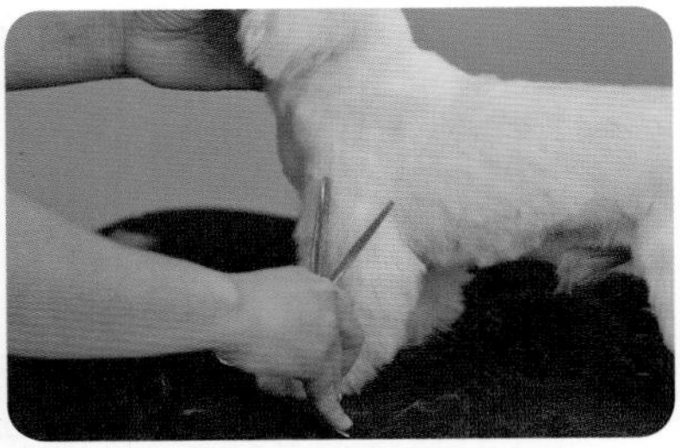

④ 앞다리 클리핑 라인을 블랜딩 한다.
※ 뒷다리 털길이와 균형을 맞춘다.

그림 9-34. 미용 후 모습

① 미용 후 앞모습

② 미용 후 옆모습

라 4단계 : 장화 모양 만들기

피머레이니언 Pomeranian, 몰티즈 Maltese, 푸들 Poodle, 요르크셔르 테리어르 Yorkshire Terrier에 많이 하는 미용 방법이다. 특히 피머레이니언을 미용할 때에 많이 사용하는 미용 방법으로 장화를 신은 모양 같다고 하여 장화미용이라고 한다. 이 부분에 염색까지 더한다면 여러 칼라의 장화를 연출할 수 있으며 꼬리까지도 염색이 가능하다. 1단계에서 풋 라인과 얼굴 시저링이 완성되었으므로 제외하고 미용한다. 3단계를 완료하였으면 그림 9-35처럼 장화모양 만들기 클립을 위한 미용 계획도를 그리면서 미용 계획을 수립한다.

1. 비절 1cm 위와 같은 위치에 라인을 만든다.
2. 비절 1cm 위에서 45° 기울여 라인을 만든다.

그림 9-35. 4단계 – 장화 모양 만들기 미용 계획도

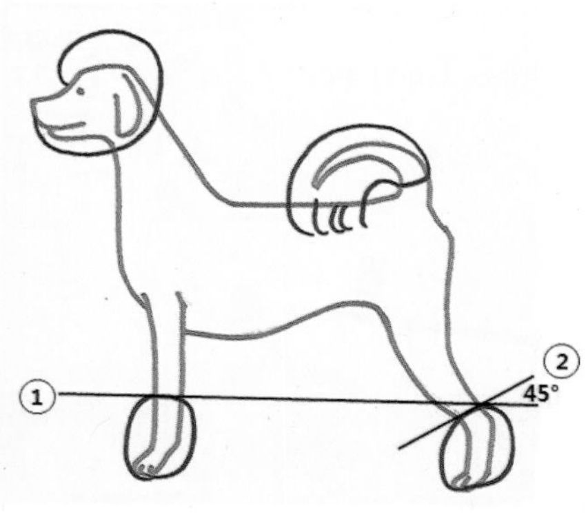

그림 9-36. 장화 모양 만들기

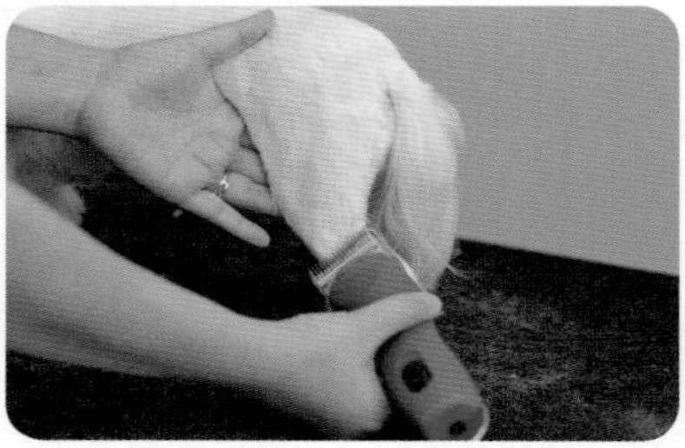

① 비절 위 1cm 위에서 사선으로 45° 기울여 클리핑 한다.
※ 가위로 가상의 선을 만든 뒤 클리핑 한다.

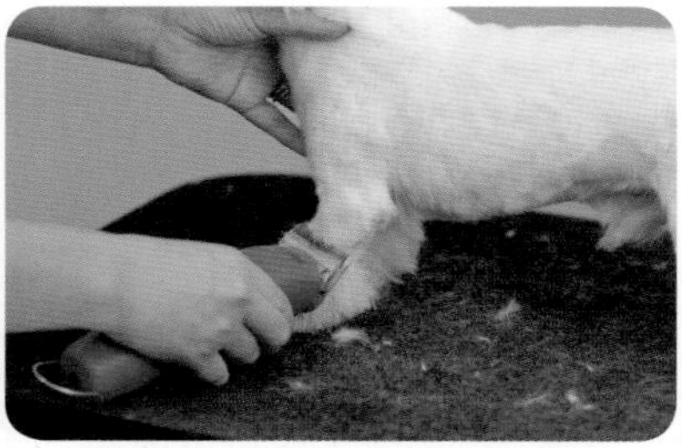

② 비절 위 1cm 위에서 사선으로 45° 기울인 아래낮은선에서 일직선으로 선을 그어 앞다리라인까지 클리핑 한다.
※ 앞다리와 뒷다리 비절을 90°로 세워 라인을 만든다.

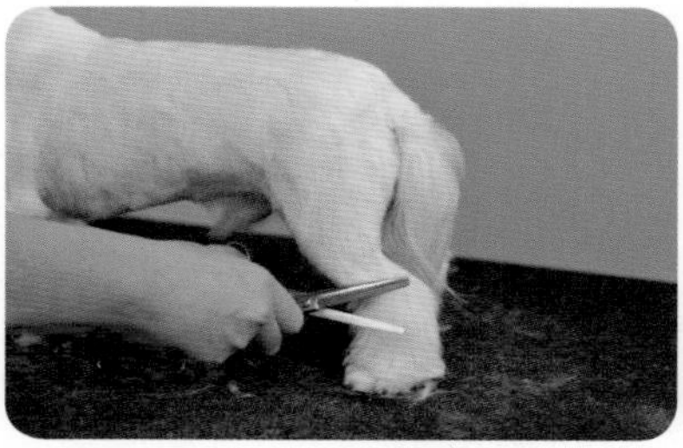

③ 뒷다리 클리핑 라인을 장식털과 이어지도록 블랜딩 한다.
※ 틴닝가위로 연결하여 시저링 한다.

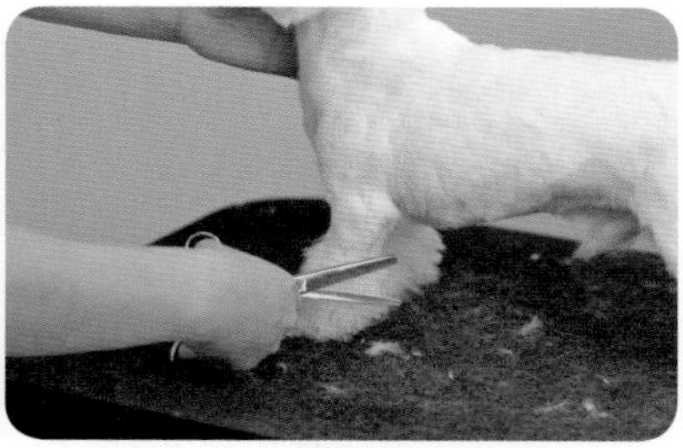

④ 앞다리 클리핑 라인을 장식털과 이어지도록 블랜딩 한다.
※ 틴닝가위로 연결하여 시저링 한다.

그림 9-37. 미용 후 모습

① 완성 앞모습

② 완성 옆모습

마 5단계 : 방울 모양 만들기

몰티즈 Maltese, 푸들 Poodle, 요르크셔르 테리어르 Yorkshire Terrier에 많이 하는 미용 방법이다. 모든 견종에 많이 쓰이며 특히 몸통을 클리핑하는 견종에게 많이 사용되는 미용 방법이다. 몰티즈나 요르크셔르 테리어르처럼 단일모로 늘어지는 털을 가진 개는 풋 라인만 일직선으로 시저링하여 나팔바지처럼 보이게 하는 특징이 있고 푸들이나 비숑 프리제처럼 이중모를 가진 개는 타원형이나 반타원형 모양으로 동그랗게 시저링 한다.

4단계를 완료하였으면 그림 9-38처럼 방울 모양 만들기 클립을 위한 미용 계획도를 그리면서 미용 계획을 수립한다.

① 발을 클리핑한 후 다리 풋라인의 각도는 30°로 만든다.

그림 9-38. 5단계 - 방울 모양 만들기 미용 계획도

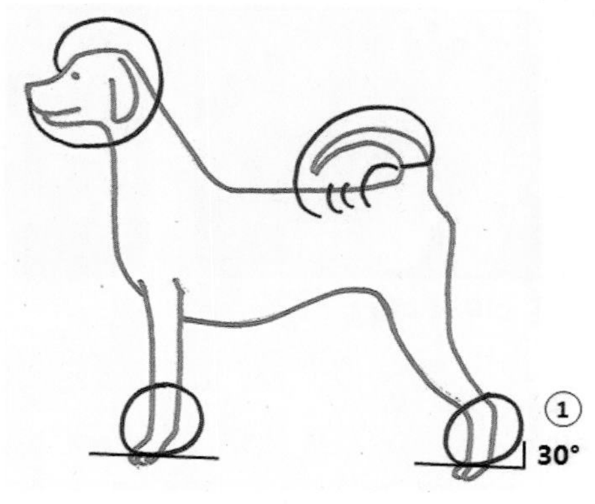

그림 9-39. 방울 모양 만들기

① 발등을 클리핑 한다.
※ 방울을 만들 때에는 방울이 짧아 보이지 않도록 발등을 많이 올리지 않도록 한다.

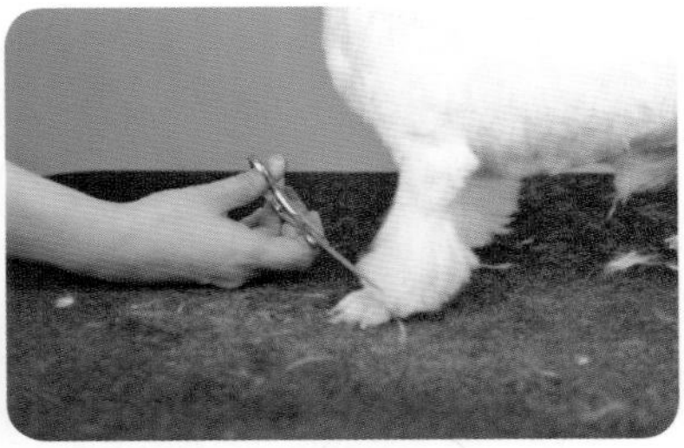

② 풋 라인을 시저링 한다.
※ 몰티즈는 단일모로 늘어지는 털이니 털끝만 시저링하여 나팔바지처럼 보이게 한다.

그림 9-40. 미용 후 모습

① 미용 후 앞모습

② 미용 후 옆모습

9.5 테리어르

9.5.1 베들링턴 테리어르

9.5.1.1 베들링턴 테리어르 미용의 이해

베들링턴 테리어르(Bedlington Terrier)는 테리어르 견종 중 시저링을 하는 견종이다. 미용사라면 시저링을 중요시하기 때문에 테리어르란 견종을 배우면서 미용 또한 할 수 있는 좋은 기회이다. 베들링턴 테리어르는 옆모습으로 보았을 때 약간 굽은 등, 정면에서 보았을 때 보이지 않고 옆모습으로 보았을 때 보이는 삼각형의 눈, 귀 윗부분은 밀고 끝에만 장식털을 남겨 마치 귀걸이처럼 보이게 하는 귀, 꼬리 뿌리부분 ⅓만 남기고 나머지 아랫부분은 밀어서 털을 제거한 꼬리가 중요한 특징이다. 베들링턴 테리어르를 미용할 때에는 피부에 자극을 주면 검은색 털이 나올 수도 있다. 물론 시간이 지나면 없어지기도 하지만 클리핑시 주의해야 한다. 참고로 구리중독증(카퍼르 탁서코시스 copper toxicosis)이라는 유전병을 많이 가지고 있는 견종이여서 분양받을시 유의해야 한다.

9.5.1.2 베들링턴 테리어르 미용 계획도

그림 9-41을 보면서 베들링턴 테리어르 견종의 특성을 살려 윤곽선을 그린다.

그림 9-41. 베들링턴 테리어르 윤곽선 그리기

윤곽선을 그렸으면 그림 9-42처럼 미용을 위한 가상의 털을 그려준다.

그림 9-42. 베드링턴 테리어 미용 계획도 I

마지막으로 그림 9-43처럼 주의할 점을 표시하여 기록한 후 기억하도록 한다.

1. 눈꼬리 ~ 입라인, 눈꼬리 ~ 귀라인, 귀라인 ~ 아담스 애플까지 클리핑 한다.
2. 귀길이의 ⅓만 삼각형으로 남기고 클리핑 한다.
3. 목선은 후두부(Occiput)에서부터 일자로 라인을 만든다.
4. 부유늑골이 중심이 되도록 하고 곡선을 이루도록 한다.
5. 꼬리의 ⅓만 남기고 나머지는 클리핑 한다.

그림 9-43. 베들링턴 테리어르 미용 계획도 2

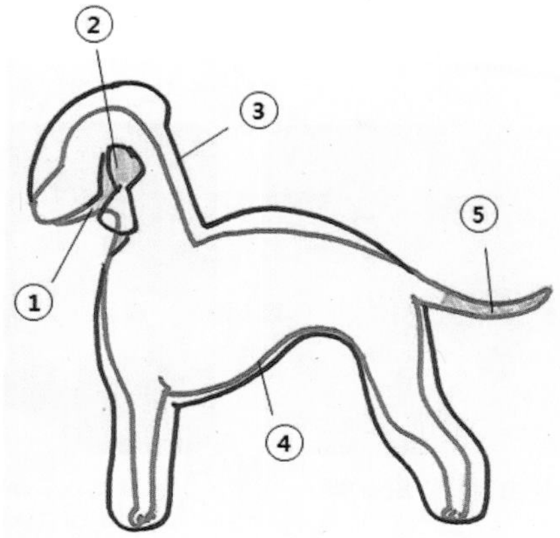

9.5.1.3 베들링턴 테리어르 미용 순서

클리핑의 순서는 배 → 항문 → 패드 순으로 기본 클리핑과 동일하다.

그림 9-44. 미용 전 모습

① 미용 전 앞모습

② 미용 전 옆모습

가 클리핑 하기

그림 9-45. 클리핑 하기

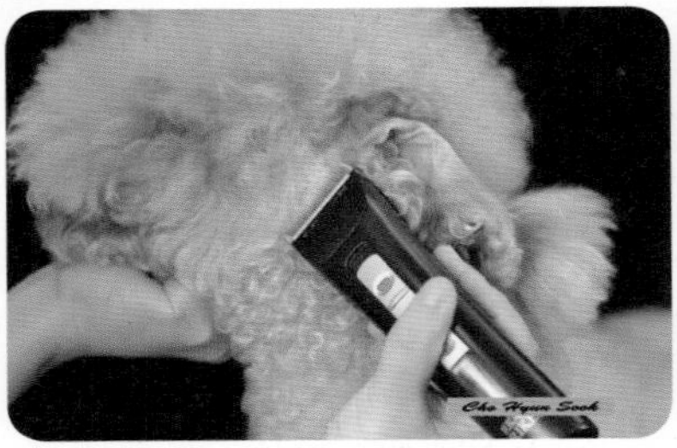

① 귀위쪽 홈에서 눈꼬리끝 0.5cm까지 클리핑 한다.
※ 클리퍼 10번날(1mm)을 사용 한다.

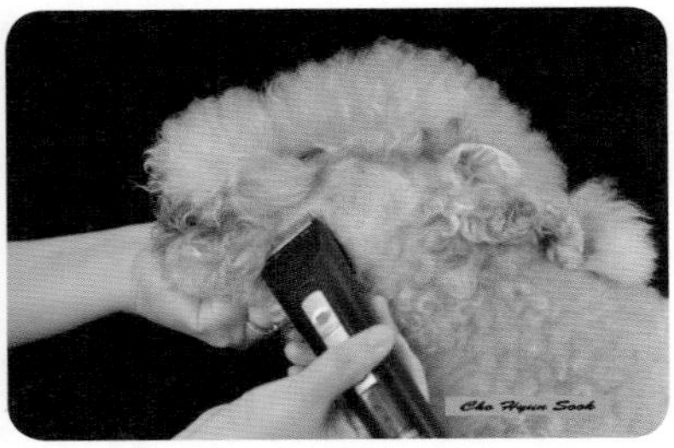

② 눈꼬리 0.5cm라인과 입라인 0.5cm 뒷라인이 일자가 되도록 클리핑 한다.
※ 주둥이 주변의 털을 들어 입라인을 잘 확인 하도록 한다.

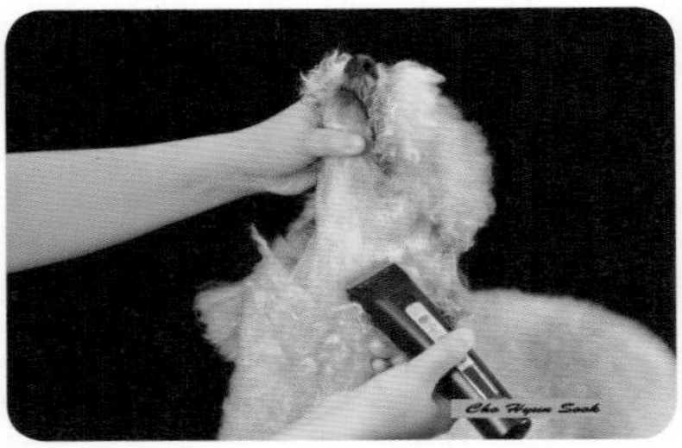

③ 귀 아래쪽 홈에서 아담스 애플 1cm 정도 또는 흉골단에서 아담스 애플 중간정도까지 U자 또는 V자형으로 클리핑 한다.
※ 하악까지 클리핑 한다.

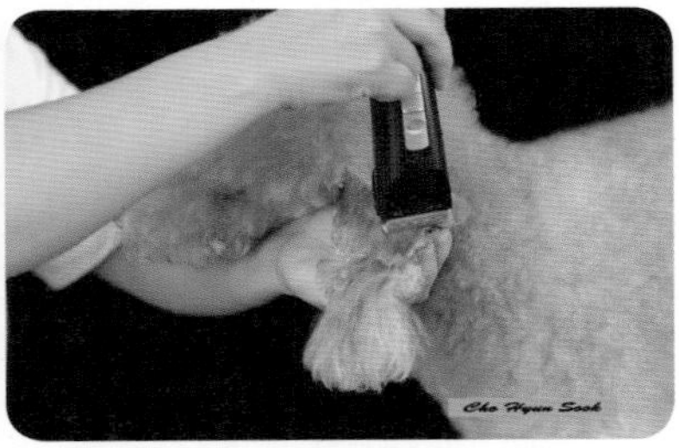

④ 귀 시작부분부터 귀의 ⅓을 남겨놓고 역V모양으로 태슬을 만든다. 귀를 뒤집고 같은 모양으로 한다.
※ 역V모양은 반을 나누어 45°씩 되게 한다.

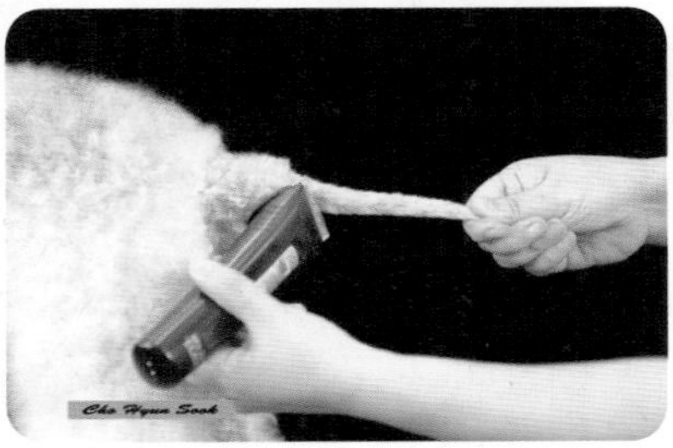

⑤ 꼬리길이의 ⅓정도 윗부분을 남기고 나머지 부분은 클리핑 한다.
※ 10번날(1mm)사용 하여 역방향으로 클리핑 한다.

나 시저링 하기

그림 9-46. 시저링 하기

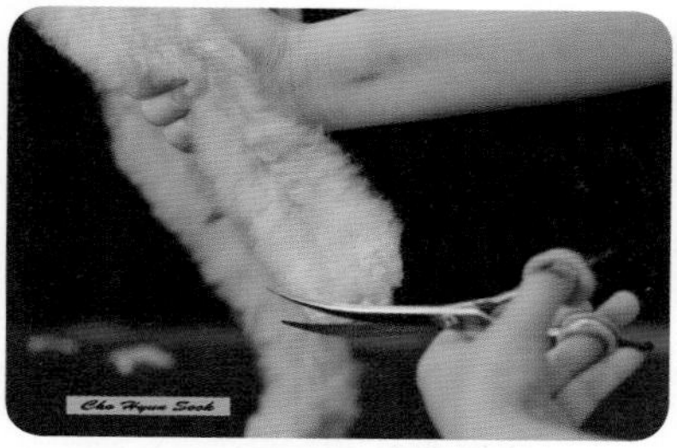

① 풋 라인은 가운데 발가락을 중심으로 발톱이 보일정도로 마름모 모양으로 다듬어준다.
※ 풋 라인은 마름모 또는 타원형도 무방하다.

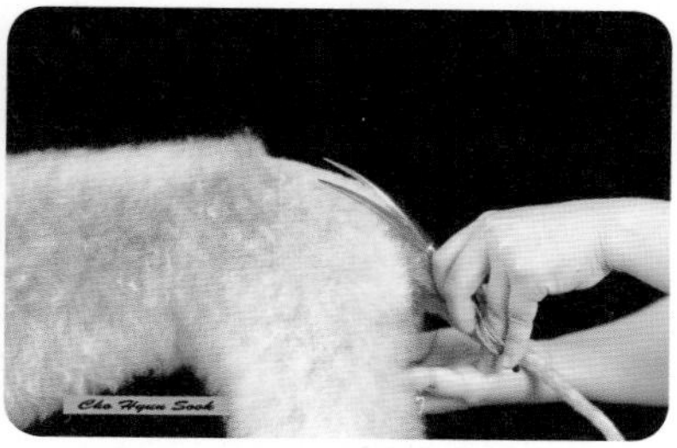

② 엉덩이에서 관골까지의 각도가 30°가 되도록 시저링 한다.
※ 시선을 낮추어 각도를 살펴보도록 한다.

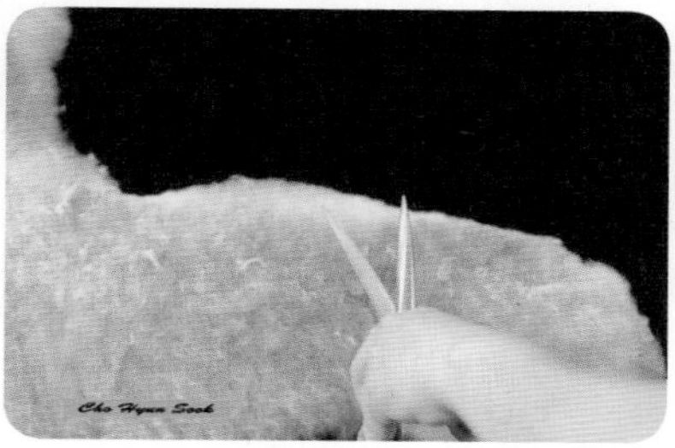

③ 부유 늑골이 가운데 중심이 되게 아치형으로 시저링 한다.
※ 견갑부터 시작하여 등선을 만든다.

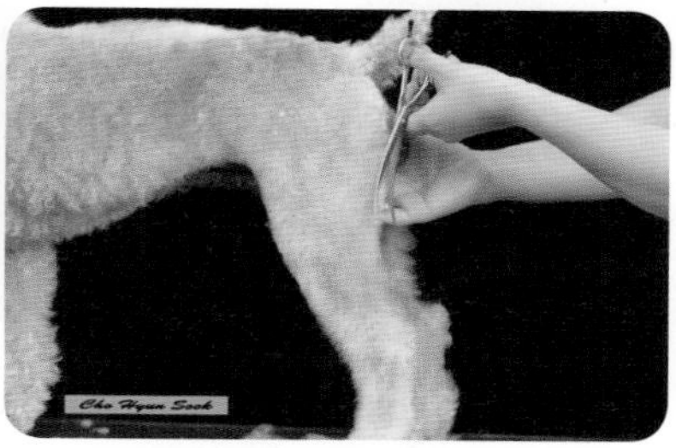

④ 후구를 90°로 시저링 한다.
※ 각도의 위치는 무릎관절에서 사선으로 45°위치 부분까지 또는 생식기위치까지이다.

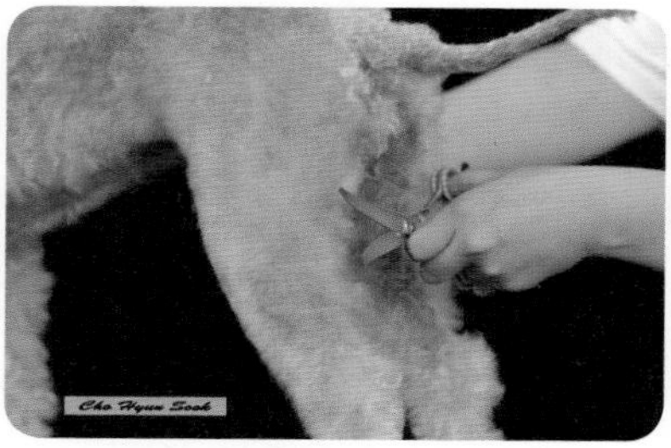

⑤ 각도는 비절 위까지 60°를 생각하면서 시저링 한다.
※ 후구와 각도를 만들어준 부분까지 자연스럽게 이어질 수 있도록 하고 비절이 높아 보이지 않게 시저링 한다.

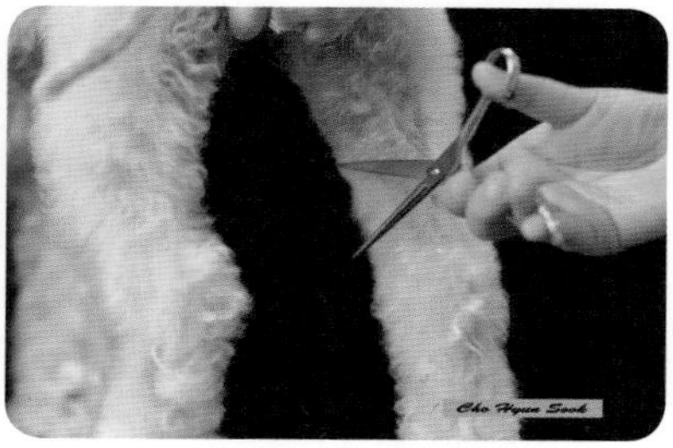

⑥ 뒷다리 안쪽과 바깥쪽을 시저링 한다.
※ 다리 안쪽은 일자로 시저링 한다.

그림 9-46. 시저링 하기 (계속)

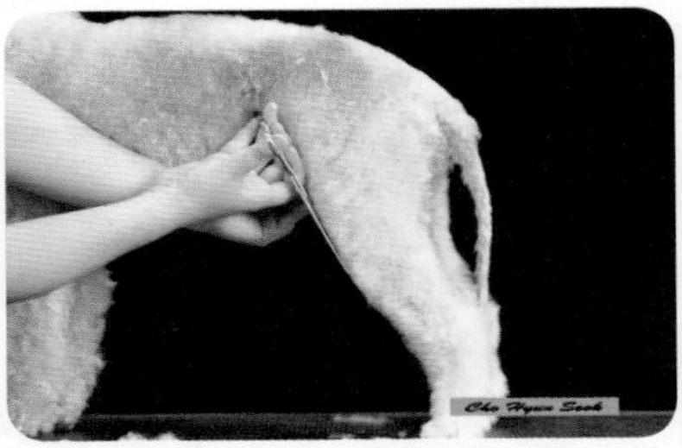

⑦ 뒷다리 앞부분은 턱 업에서 풋 라인까지 사선으로 연결하여 시저링 한다.
※ 턱 업의 기준은 부유 늑골에서 1cm 뒤로 잡는다.

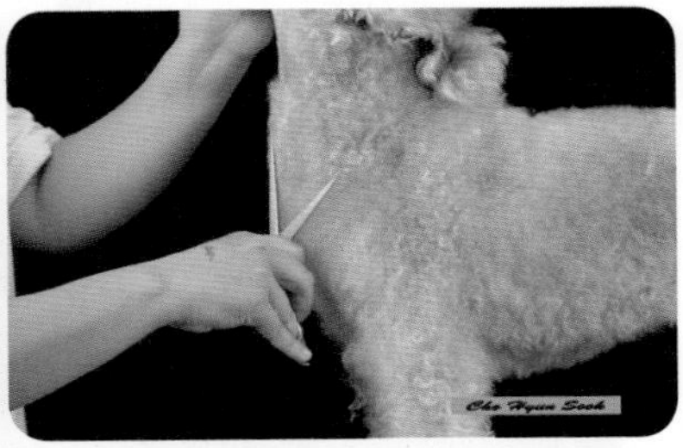

⑧ 에이프런 상단을 일자로 시저링 한다.
※ 앞다리를 90°가 되게 바로 세운 후 시저링 한다.

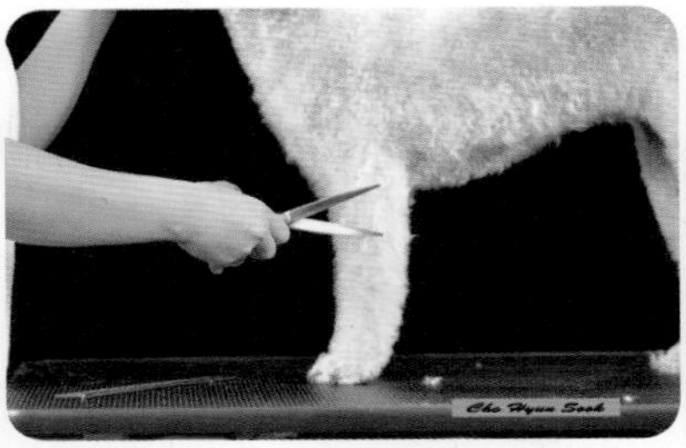

⑨ 흉골단에서 앞다리까지는 15°로 시저링하면서 앞다리와 연결해준다.

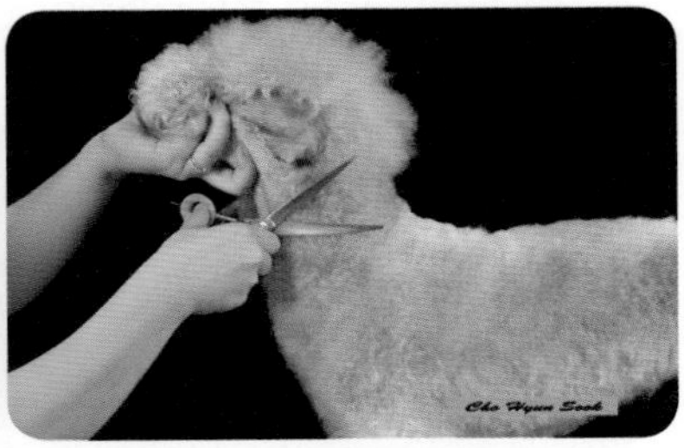

⑩ 귀 뒷부분 시작점부터 몸까지 시저링 한다.
※ 측면만 시저링 한다.

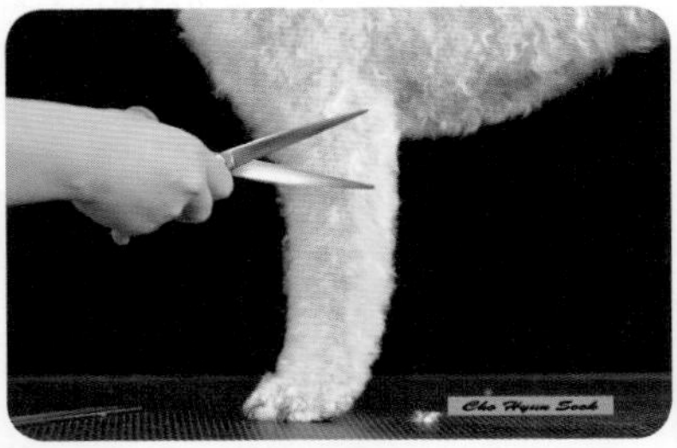

⑪ 앞다리는 원통기둥 모양으로 시저링 한다.
※ 다리 굵기는 뒷다리와 균형이 맞도록 시저링 한다.

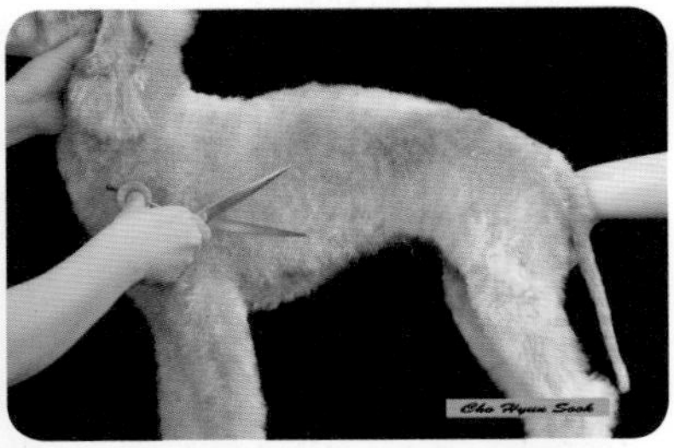

⑫ 전구와 후구의 균형을 맞추며 몸통을 시저링 한다.
※ 몸통은 전체적으로 짧게 시저링 한다.

다 얼굴 시저링 하기

그림 9-47. 얼굴 시저링 하기

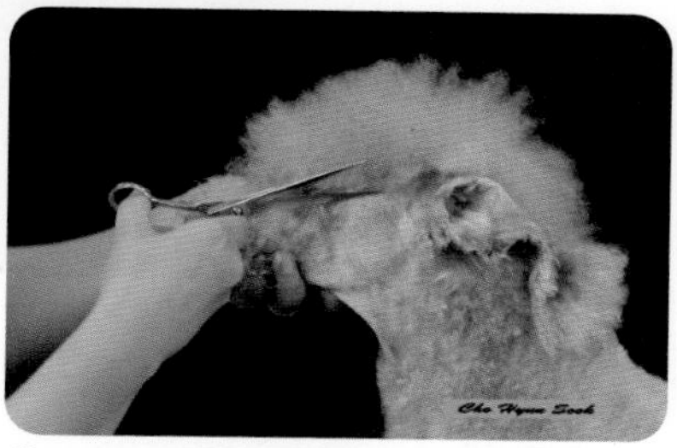

① 눈꼬리에서 귀부분까지 이미지너리 라인을 시저링 한다.
※ 라인이 선명하게 나오도록 한다.

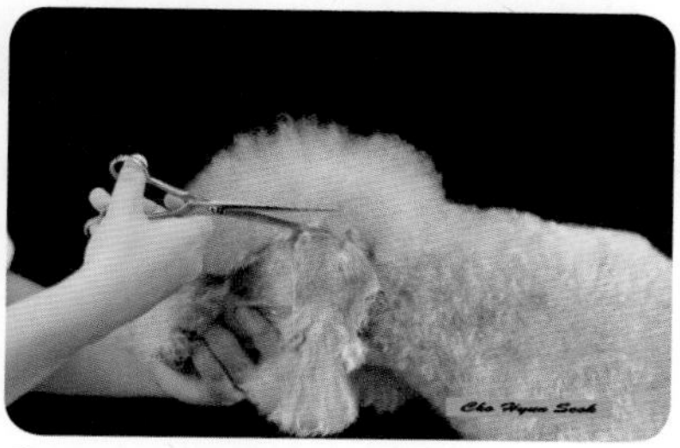

② 머즐 라인과 연결이 되도록 귀라인도 만들어 시저링 한다.
※ 귀라인은 곡선모양으로 만든다.

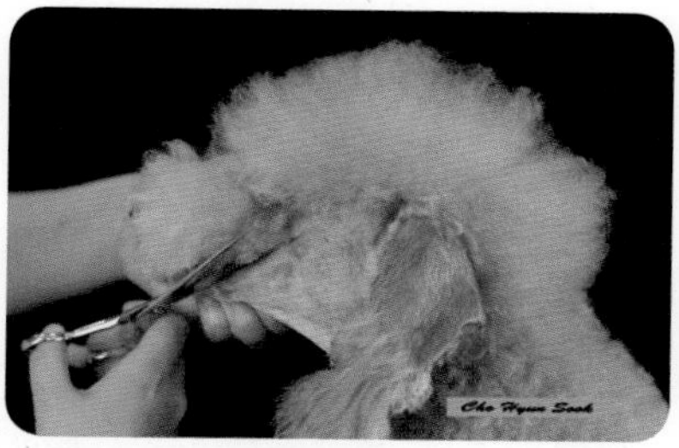

③ 눈꼬리에서 입꼬리까지 라인에 맞추어 시저링 한다.
※ 코끝에서 입꼬리까지 곡선으로 연결하여 시저링 한다.

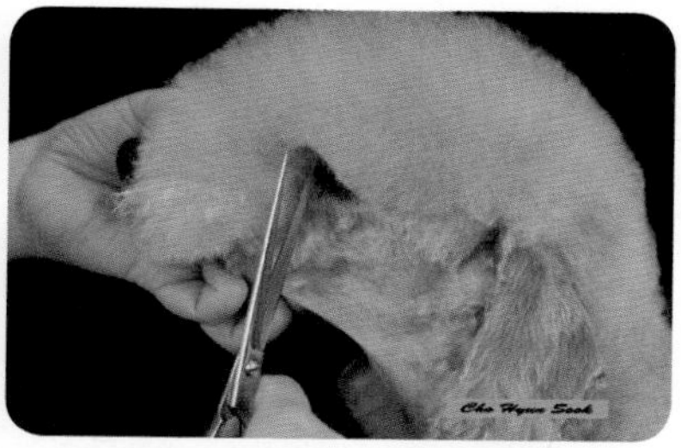

④ 눈의 시저링은 앞모습은 거의 보이지 않고 옆모습은 삼각형 모습이 되게 시저링 한다.
※ 눈과 눈 사이의 얼굴은 곡선을 이루게 한다.

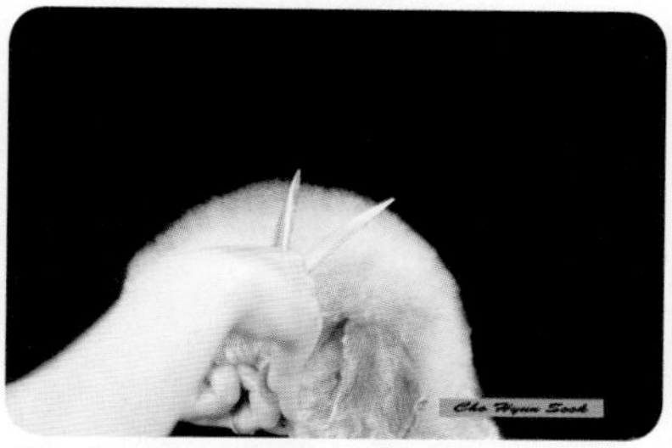

⑤ 크라운의 정점에서 후두부까지 연결하여 시저링 한다.
※ 후두부에서 견갑까지 연결하여 시저링 한다.

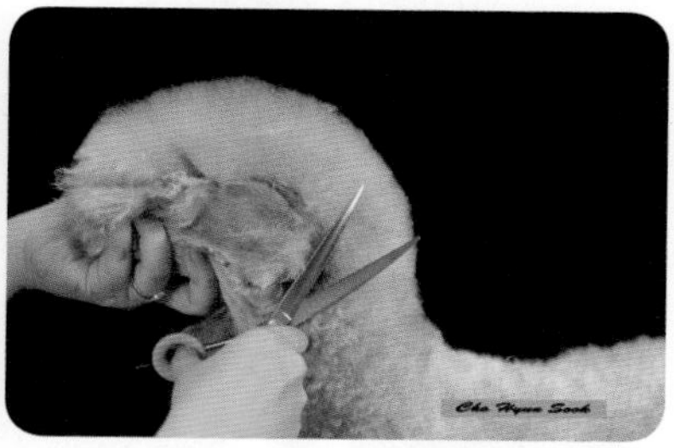

⑥ 귀라인과 목의 측면을 연결하여 시저링 한다.
※ 귀를 살짝 들고 시저링 한다.

그림 9-47. 얼굴 시저링 하기 (계속)

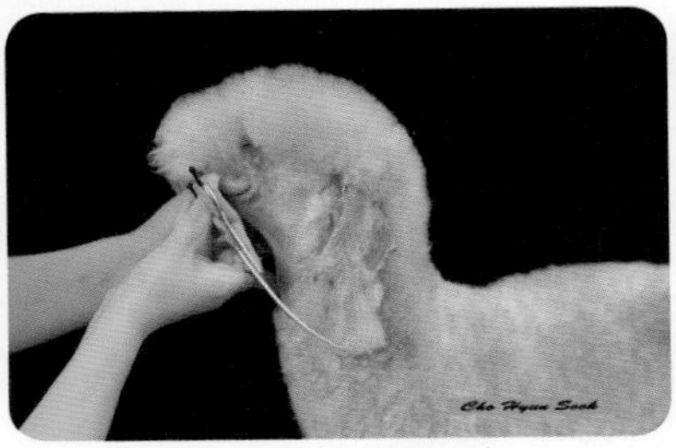

⑦ 귀장식털 태슬 끝을 정리한다.
※ 귀양쪽 끝의 털도 정리한다.

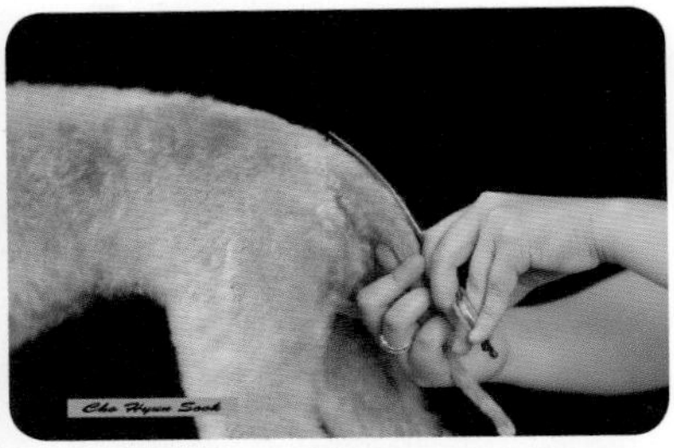

⑧ 꼬리는 등선과 연결이 되도록 시저링 한다.
※ 꼬리 안쪽은 항문까지 연결하여 클리핑 한다.

그림 9-48. 미용 후 모습

① 미용 후 얼굴 정면 모습

② 미용 후 얼굴 측면 모습

③ 미용 후 앞모습

④ 미용 후 옆모습

9.5.2. 웨스트 하이런드 테리어

9.5.2.1 웨스트 하이런드 화이트 테리어 미용의 이해

스카트런드 Scotland의 여우 · 수달 · 쥐 등을 사냥하는 사냥개이다. 스트리핑 Stripping(털을 가위로 자르는 것이 아니라 전용 나이프를 이용해 뽑아내는 것)을 하는 견종이며 뻣뻣하고 거친 와이어 털을 가지고 있다. 웨스트 하이런드 화이트 테리어를 처음 본 사람들은 목욕을 안했다고 생각하거나 털 관리를 제대로 해 주지 않았다고 오해할 수도 있다. 웨스트 하이런드 화이트 테리어의 털은 기본적으로 스트리핑으로 관리해야 유지가 가능하다. 스트리핑을 한 개는 양질의 와이어 털이 만들어지고 피부도 튼튼해져 새하얀 털이 오염과 피부병을 예방할 수 있다.

9.5.2.2 웨스트 하이런드 화이트 테리어르 미용 계획도

그림 9-49를 보면서 웨스트 하이런드 화이트 테리어르 견종의 특성을 살려 윤곽선을 그린다.

그림 9-49. 웨스트 하이러드 화이트 테리어르 윤곽선 그리기

윤곽선을 그렸으면 그림 9-50처럼 미용을 위한 가상의 털을 그려준다.

그림 9-50. 웨스트 하이랜드 화이트 테리어르 미용 계획도 1

마지막으로 그림 9-51처럼 주의할 점을 표시하여 기록한 후 기억하도록 한다.

1. 원형 안에 얼굴스타일을 만든다.
2. 귀의 각도는 120°가 되도록 시저링 한다.
3. 얼굴을 만드는 지점은 후두부까지이다.
4. 후두부에서 아담스 애플까지 얼굴라인이다.
5. 흉골단
6. 좌골단
7. 팔꿈치에서 턱업까지가 언더라인이다.

그림 9-51. 웨스트 하이랜드 화이트 테리어즈 미용 계획도 2

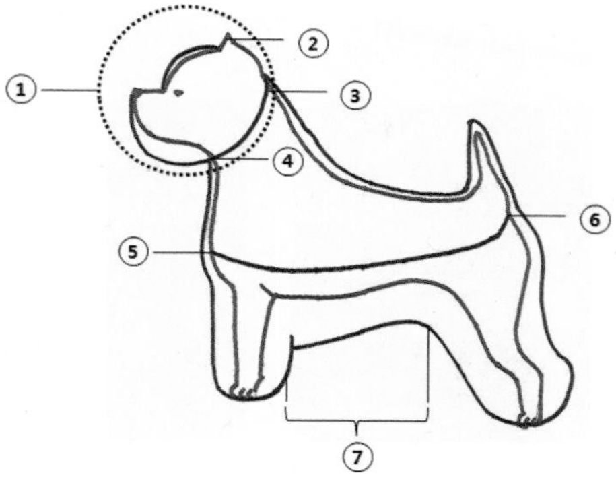

9.5.2.3 웨스트 하이랜드 화이트 테리어 미용 순서

클리핑의 순서는 배 → 항문 → 패드 순으로 기본 클리핑과 동일하다.

그림 9-52. 미용 전 모습

① 미용전 앞모습

② 미용전 옆모습

가 클리핑 하기

그림 9-53. 클리핑 하기

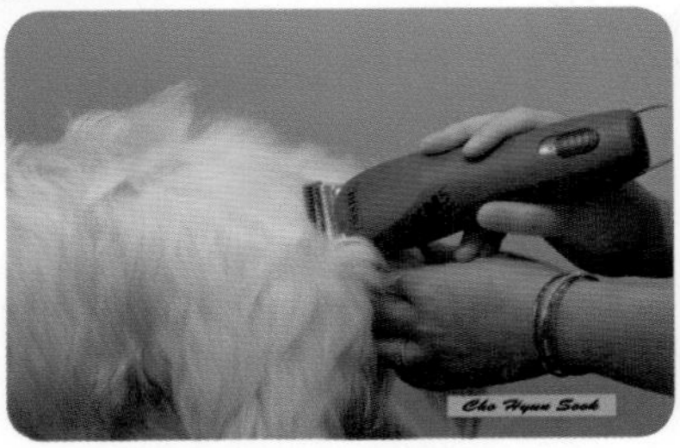

① 좌골 위치를 파악한다.
※ 7F사용하여 역방향으로 클리핑 하되 뒷모습인 좌골과 일직선으로 클리핑 한다.

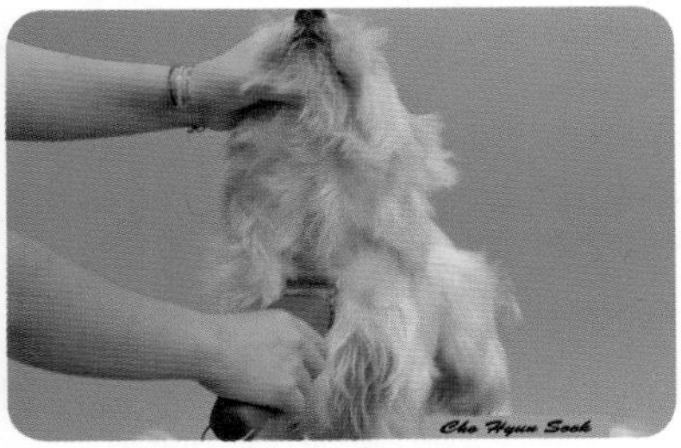

② 팔꿈치와 흉골단의 위치를 파악한다.
※ 좌골에서 흉골단까지 일직선으로 하는 방법과 좌골에서 팔꿈치까지 사선으로 클리핑하는 방법이 있다.

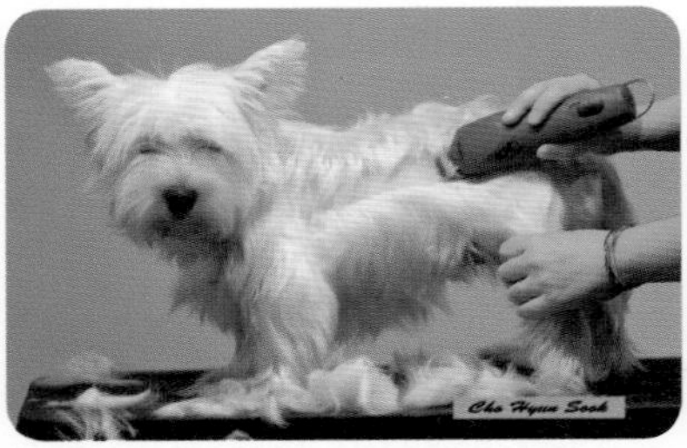

③ 좌골단에서 흉골단까지 일직선으로 클리핑 한다.
※ 좌골에서 팔꿈치까지 사선으로 하거나 팔꿈치에서 흉골단까지 역 U자 모양으로 하는 방법도 있다.

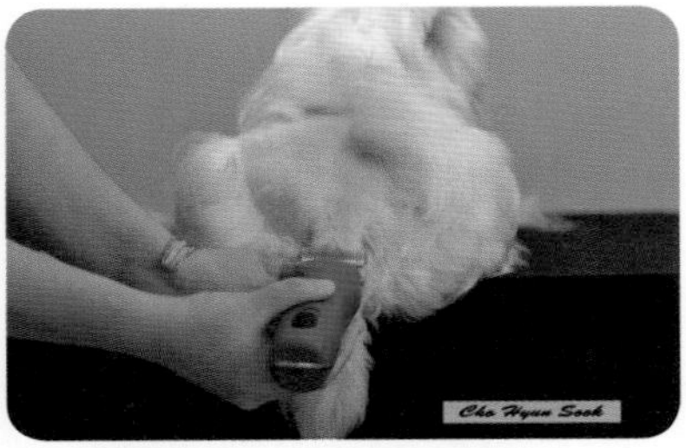

④ 꼬리부분도 같이 클리핑 한다.
※ 쇼 미용에서는 당근모양으로 셋온 부분이 두꺼우나 이번은 펫미용이므로 남은 털을 클리핑 한다.

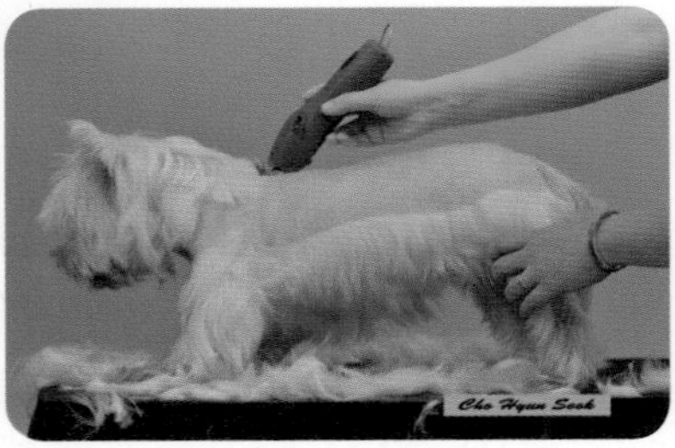

⑤ 등과 몸통에 남은 털을 클리핑 한다.
※ 클리핑할 때 정방향으로 하는 방법과 역방향으로 하는 방법이 있다.

⑥ 후두부까지만 클리핑 한다.
※ 얼굴을 둥그렇게 만들기 위함이다.

그림 9-53. 클리핑 하기 (계속)

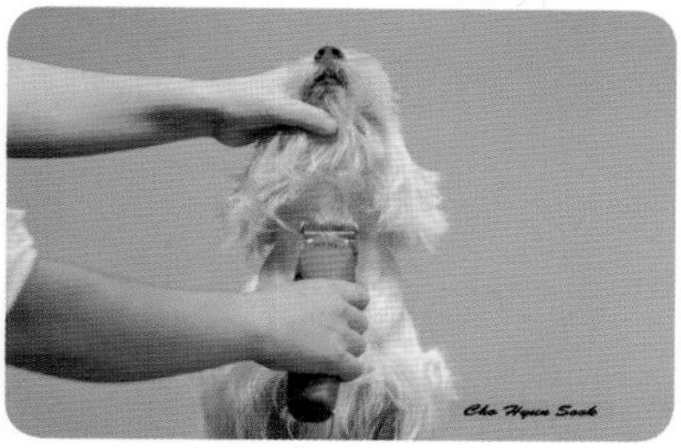

⑦ 아담스 애플까지 클리핑 한다.
※ 흉골단 아래 장식털이 남아 있도록 주의한다.

나 시저링 하기

그림 9-54. 시저링 하기

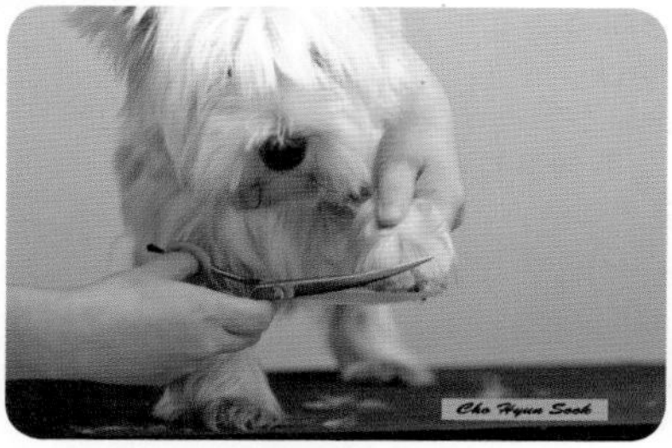

① 앞발가락 2개를 중심으로 둥글게 시저링 한다.
※ 패드보다 내려오는 털이 없도록 시저링 한다.

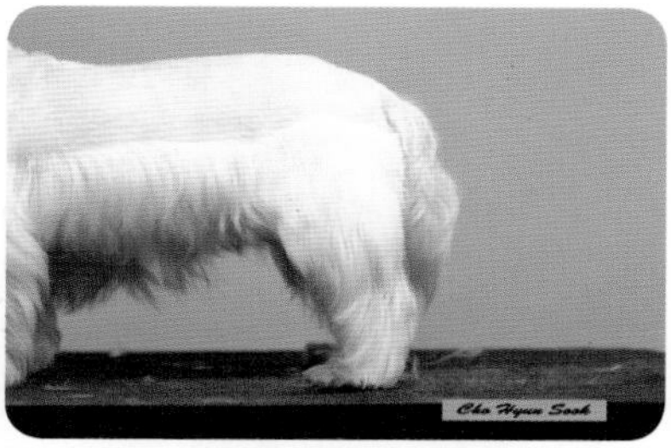

② 뒷다리를 클리핑한 후 남은 털을 빗질 한 후 원기둥 모양으로 시저링 한다.
※ 클리핑 한 곳과 털이 있는 부분이 자연스럽게 연결되도록 블랜딩 한다.

그림 9-54. 시저링 하기 (계속)

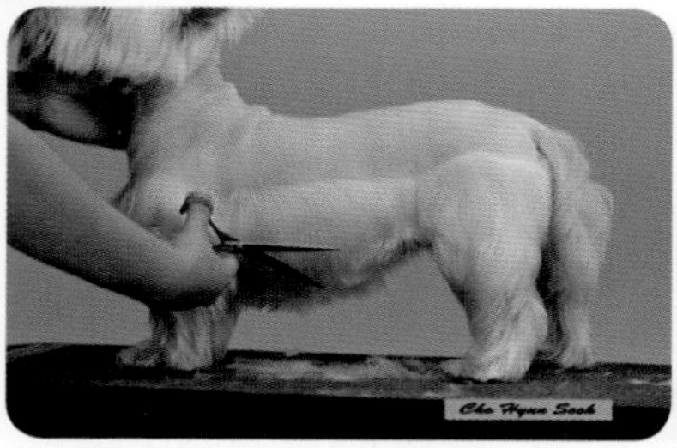

③ 몸통 언더라인은 라인에 맞게 길이를 맞추어 시저링 한다.
※ 일자 또는 사선에 맞추어 시저링 한다.

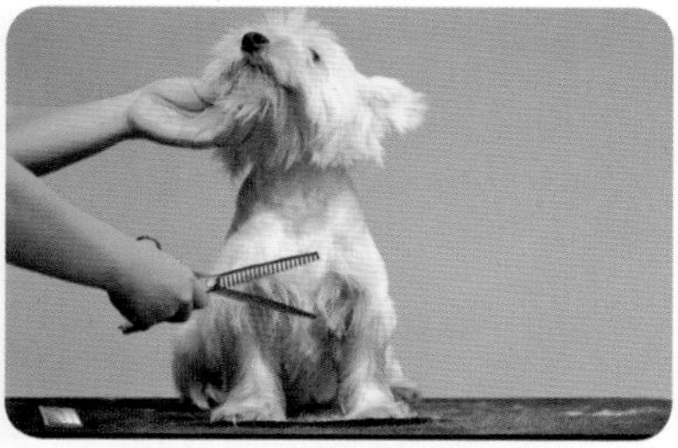

④ 앞가슴은 클리핑 한 곳과 털이 있는 부분이 자연스럽게 연결되도록 블렌딩 한다.
※ 다리 길이를 생각한 후 연결될 수 있도록 한다.

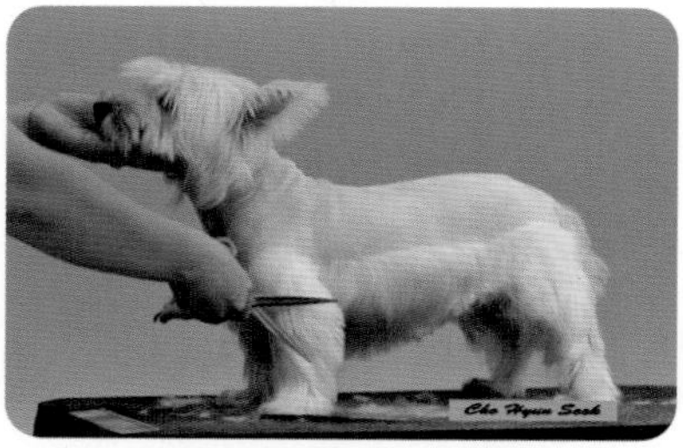

⑤ 앞다리 모양은 원기둥 모양 또는 A 라인 모양으로 시저링 한다.
※ A 라인의 경우에는 다리 앞은 원통으로 하고 앞다리 뒤쪽 팔꿈치는 15° 기울어진 모양으로 한다.

다 얼굴 시저링 하기

그림 9-55. 얼굴 시저링 하기

① 액단부분은 눈이 잘 보이도록 틴닝 가위로 정리 한다.
※ 눈꺼풀의 털이 잘리지 않도록 주의 한다.

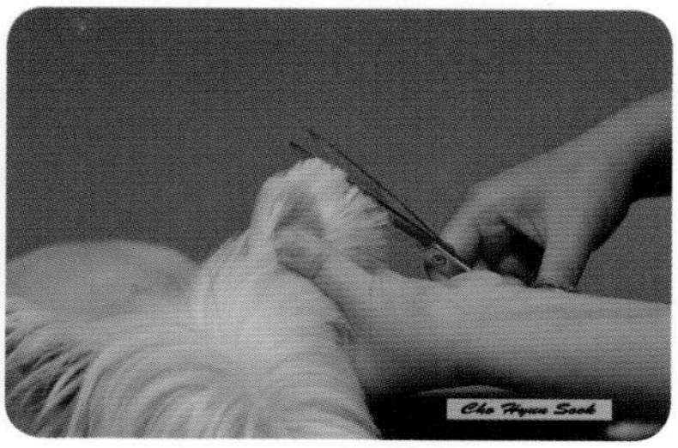

② 귀끝을 120°로 정리 한다.
※ 귀끝만 정리하고 시저링이 안된 부분은 따로 다듬어준다.

③ 귀를 들어 얼굴과 연결시킨다.
※ 한손으로 털을 올린 후 시저링 한다.

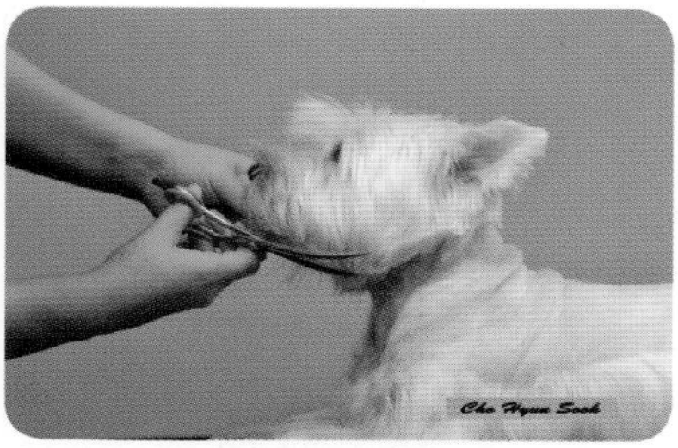

④ 측면에서 보았을 때얼굴 옆라인과 하악이 반타원형의 모양이 될 수 있도록 시저링 한다.
※ 앞모습과 옆모습이 원형이 되도록 시저링 한다.

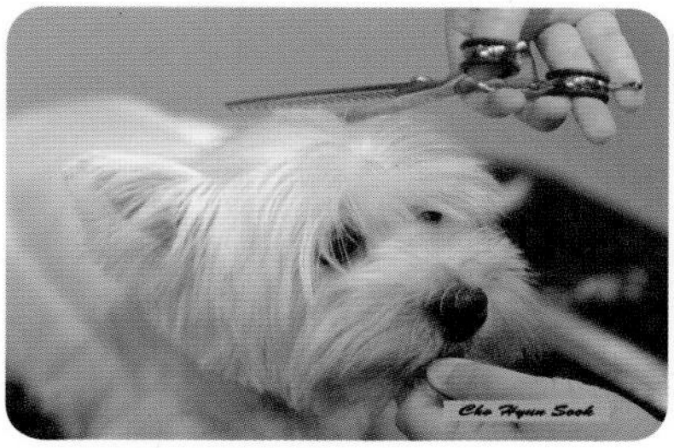

⑤ 정면에서 보았을 때귀와 귀사이의 머리 부분을 시저링 한다.
※ 귀가 서있을 때와 처져있는 때모양이 달라질 수 있으니 되도록이면 귀가 서있을 때스타일을 잡도록 한다.

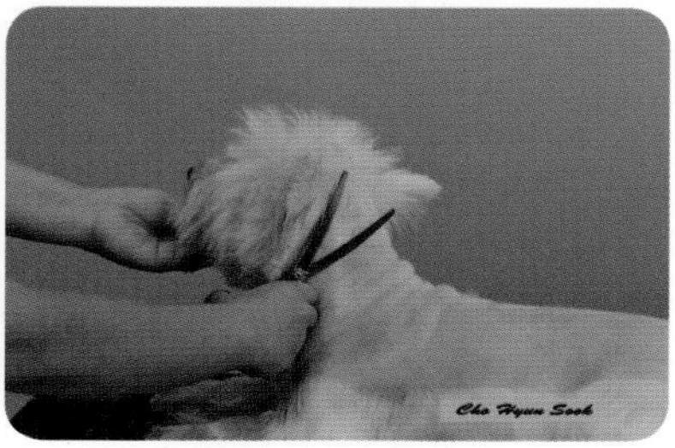

⑥ 측면에서 보았을 때후두부와 목을 클리핑한 곳이 자연스럽게 연결되도록 블랜딩 한다.
※ 요술가위나 틴닝가위를 사용하면 편리해진다.

그림 9-55. 얼굴 시저링 하기(계속)

⑦ 정면에서 보았을 때 입라인을 120°로 정리한 후 전체적으로 원형이 되도록 시저링 한다.
※ 입라인을 시저링할 때에는 입안으로 말려들어가는 털이 있는지 확인한다.

그림 9-56. 미용 후모습

① 미용 후 앞모습

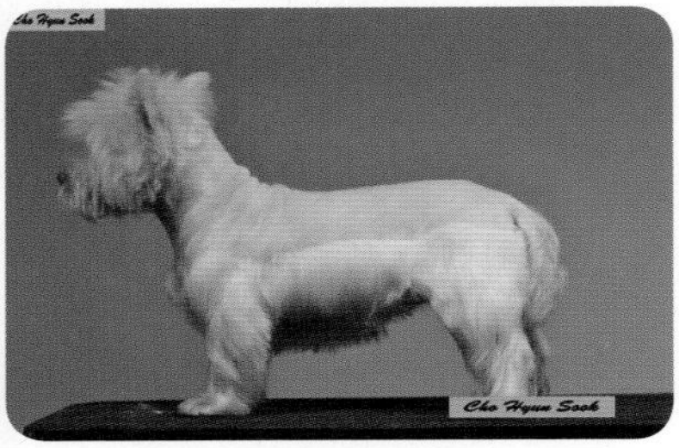

② 미용 후 옆모습

9.6 카커르 스패니얼

9.6.1 카커르 스패니얼 미용의 이해

카커르 스패니얼 Cocker Spaniel은 중형견이지만 스포팅 그룹에서 가장 작은 견종이다. 쇼 미용은 좌골에서 흉골단까지 이미지너리 라인을 중심으로 다리 · 몸통 · 귀부분의 장식털을 길게 남기며 등 부분의 털을 플러킹 Plucking 또는 스트리핑 나이프 Striping Knife를 사용하여 미용한다. 펫 미용은 클리퍼를 사용하여 털 길이에 따라 날을 결정한다. 등 부분은 클리핑하고 나머지 장식털은 짧게 시저링 한다. 귀 부분은 귀 끝부분만 장식 털을 남기고 머리는 원형모양으로 남기는 것이 특징이다.

9.6.2 카커르 스패니얼 미용 계획도

그림 9-57을 보면서 카커르 스패니얼 견종의 특성을 살려 윤곽선을 그린다.

그림 9-57. 카커르 스패니얼 윤곽선 그리기

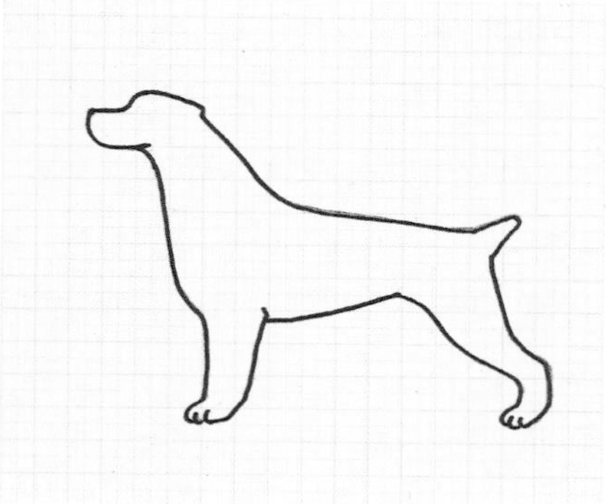

윤곽선을 그렸으면 그림 9-58처럼 미용을 위한 가상의 털을 그려준다.

그림 9-58. 카커즈 스패니얼 미용 계획도 1

마지막으로 그림 9-59처럼 주의할 점을 표시하여 기록한 후 기억하도록 한다.

① 크라운의 라인은 액단에서 후두부까지이다.

② 귀의 길이는 귀길이의 ½ 또는 ⅓만 클리핑 한다.

③ 이미지너리 라인은 좌골단에서 흉골단까지이다.

④ 앞다리 풋라인의 각도는 10°~15°이다.

⑤ 뒷다리 풋라인의 각도는 30°이다.

그림 9-59. 카커르 스패니얼 미용 계획도 2

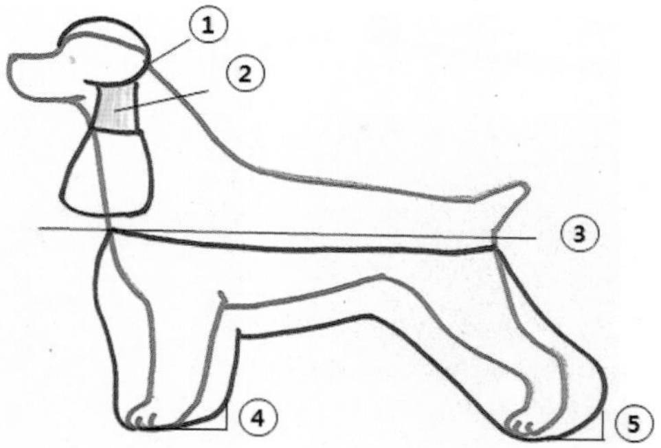

9.6.3 카커르 스패니얼 미용 순서

클리핑의 순서는 배 → 항문 → 패드 순으로 기본 클리핑과 동일하다. 카커르 스패니얼의 머즐을 클리핑할 때에는 여러 날을 사용하여 클리핑 할 수도 있고 한 가지 날로 할 경우에는 콧등은 역방향으로 나머지 주둥이는 정방향으로 클리핑 한다. 그 이유는 클리퍼 날 자국이 남지 않도록 하기 위함이다.

그림 9-60. 미용 전 모습

① 미용 전 앞모습

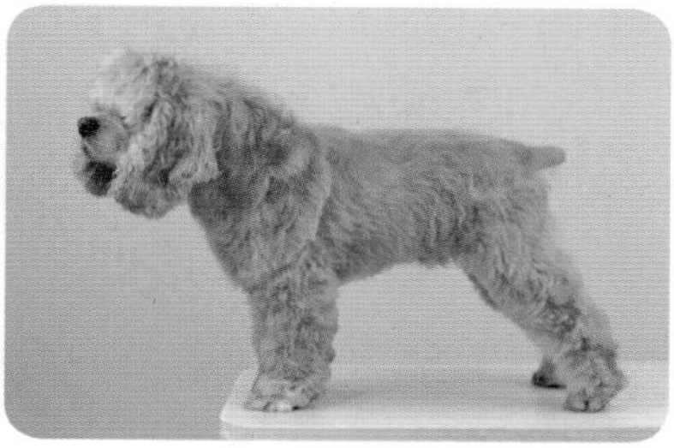

② 미용 전 옆모습

가 클리핑 하기

그림 9-61. 클리핑 하기

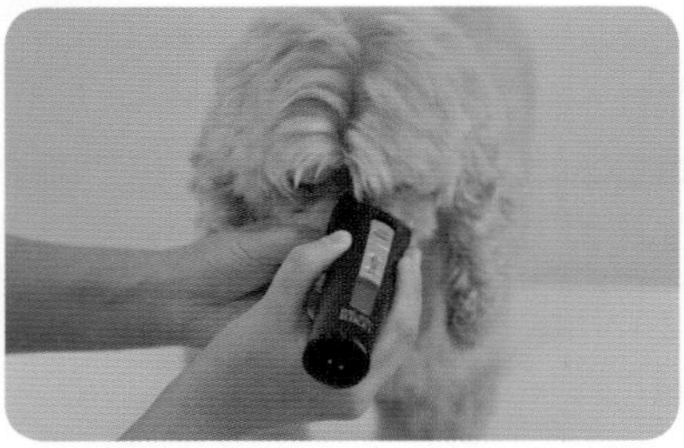

① 한 손으로 주둥이를 잡고 눈과 눈 사이 인덴테이션을 역 V자로 클리핑 한다. 콧등까지 클리핑 한다.
※ 10번날을 사용하여 역방향으로 클리핑 한다.

② 머즐 클리핑은 귀를 젖혀서 귓바퀴 윗선과 눈 꼬리까지 일직선으로 이미지너리 라인을 만들어 클리핑 한다.
※ 10번날을 사용하여 정방향으로 클리핑 한다.

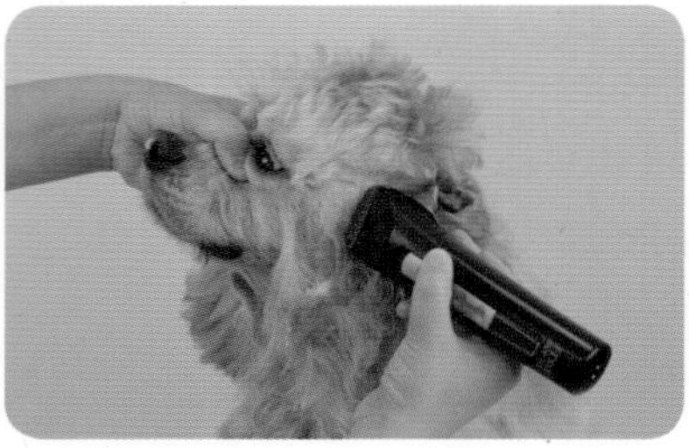

③ 인덴테이션과 눈꼬리를 일직선으로 만든 후 머즐 부분 전체를 클리핑 한다.
※ 뺨 부위의 살은 최대한 당겨 평편하게 만든 후 클리핑 한다.

④ 넥 라인은 양쪽 귓바퀴 밑부분 부터 흉골단 1~2cm 윗부분 까지 U자형으로 클리핑 한다.
※ 개의 목 길이에따라 1~2cm 두께로 한다.

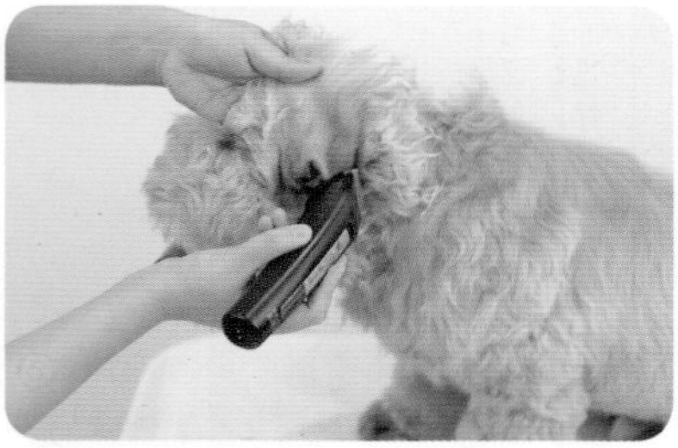

⑤ 귀 안쪽부터 ½을 남기고 나머지 털을 정방향으로 클리핑 한다.
※ 귀 안쪽은 30번날로 클리핑 한다.

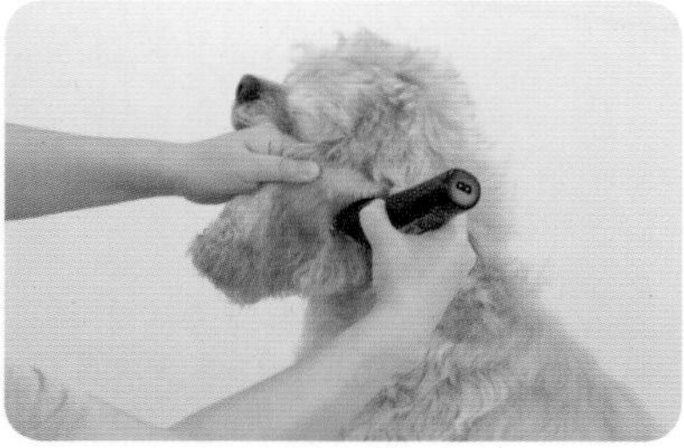

⑥ 귀 바깥쪽도 ½을 남기고 10번 날을 사용하여 정방향으로 클리핑 한다.
※ 귀가 두 겹으로 접히는 부분을 주의하여 클리핑 한다.

그림 9-61. 클리핑 하기 (계속)

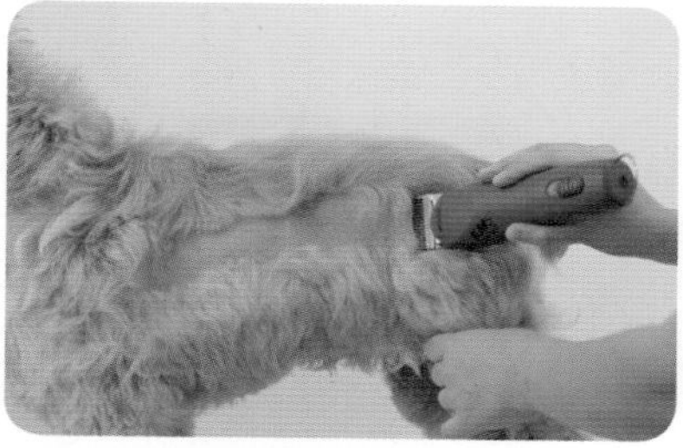

⑦ 좌골에서 흉골단까지 일직선으로 이미 지너리 라인을 잡아 7F날로 클리핑 한다.
※ 등선에서 후두부까지 클리핑 한다.

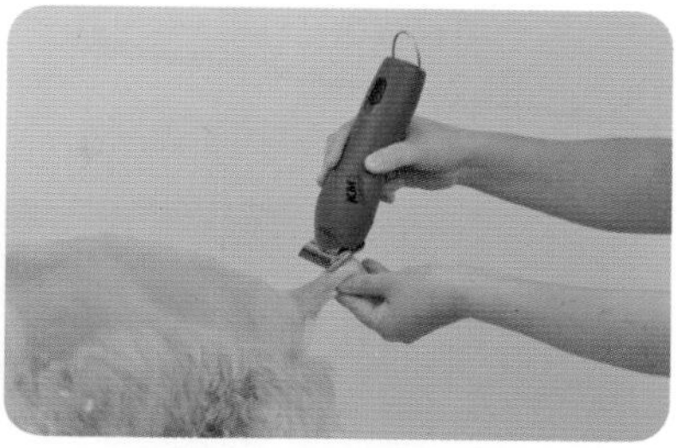

⑧ 좌골위의 꼬리 부분도 모두 클리핑 한다.
※ 7F날을 사용하여 역방향이나 정방향으로 클리핑 한다.

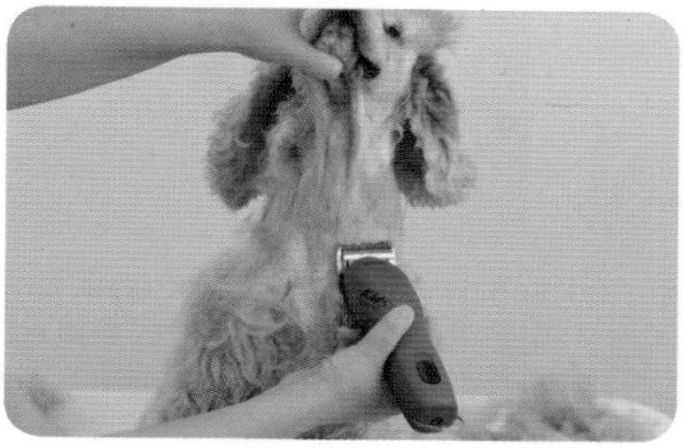

⑨ 넥라인은 흉골단 1~2cm 윗부분까지 U자형으로 클리핑한 곳까지 모두 클리핑 한다.
※ 7F날을 사용하여 역방향이나 정방향으로 클리핑 한다.

⑩ 후두부까지 클리핑 한다.

그림 9-62. 미용 후 모습

① 미용 후 앞모습

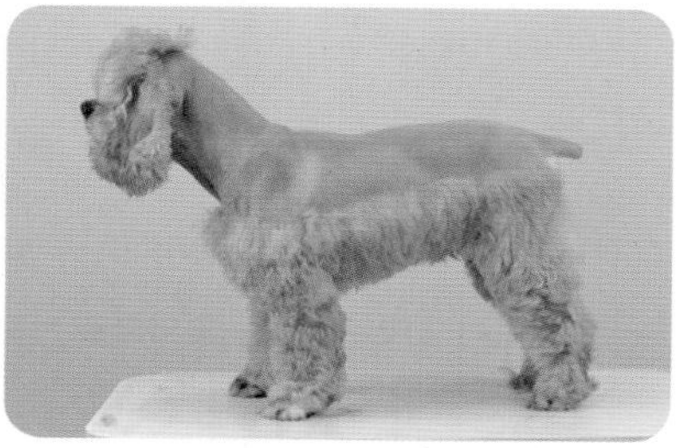

② 미용 후 옆모습

나 시저링 하기

그림 9-63. 시저링 하기

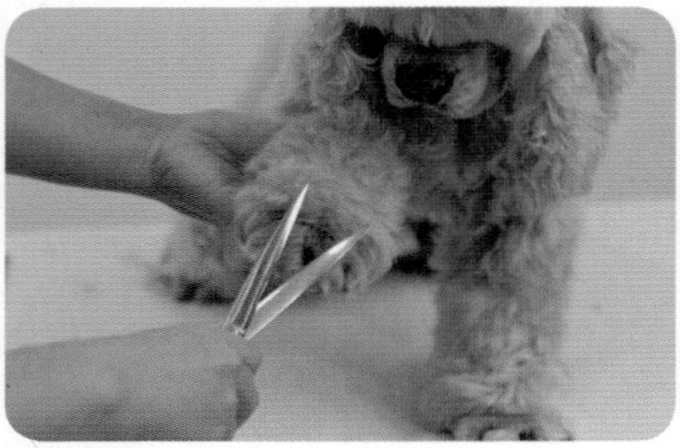

① 앞발가락 두 개를 중심으로 둥글게 시저링 한다.
※ 패드보다 내려오는 털이 없도록 시저링 한다.

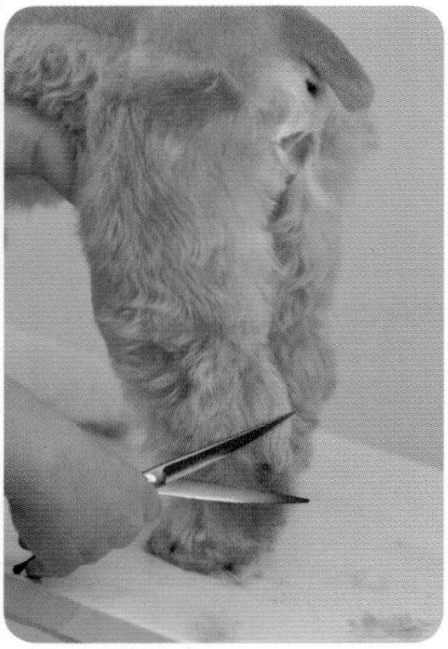

② 좌골에서 일직선으로 클리핑후 남은 털을 정방향으로 빗질한 후 가지런히 시저링 한다. 비절부터는 원기둥 모양으로 시저링 한다.
※ 클리핑 한곳과 털이 있는 부분이 자연스럽게 연결되도록 블랜딩 한다.

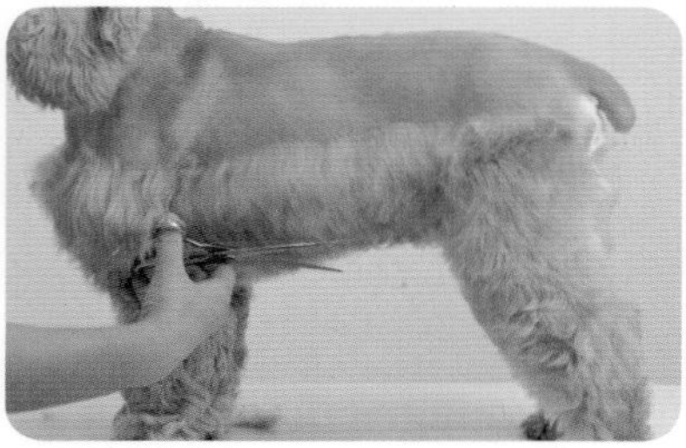

③ 몸통 언더라인은 라인에 맞게 길이를 맞춰 시저링 한다.
※ 일자로 맞추어 시저링 한다.

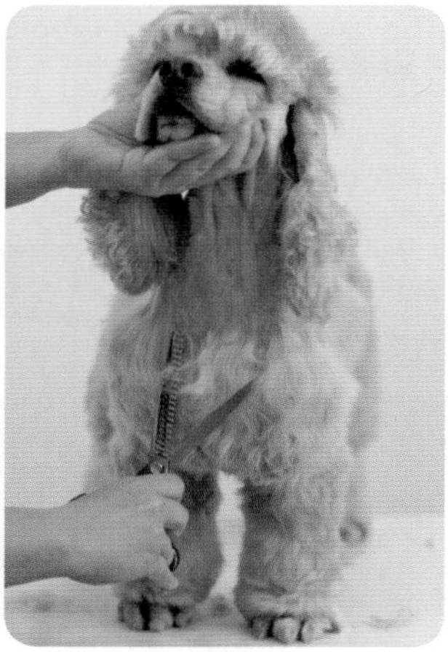

④ 앞가슴 U자모양은 클리핑 한곳과 털이 있는 부분이 자연스럽게 연결되도록 블랜딩 한다.
※ 다리 길이를 생각한 후 연결될 수 있도록 한다.

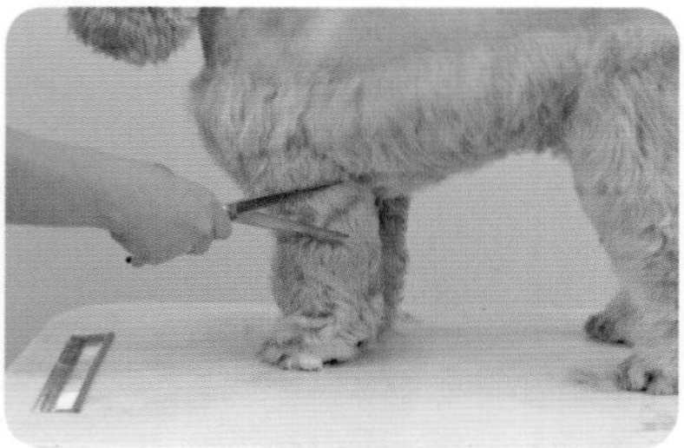

⑤ 앞다리 모양은 원기둥 모양으로 시저링 한다.
※ 90°로 잘 세워 졌는지 확인한 후 시저링 한다.

다 얼굴 시저링 하기

그림 9-64. 얼굴 시저링 하기

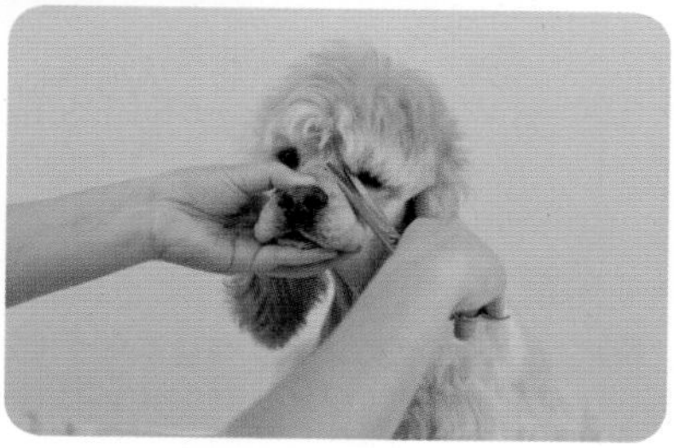

① 액단까지의 눈과 눈사이를 역V자모양 으로 틴닝가위로 정리 한다.
※ 크라운 털이 잘리지 않도록 주의한다.

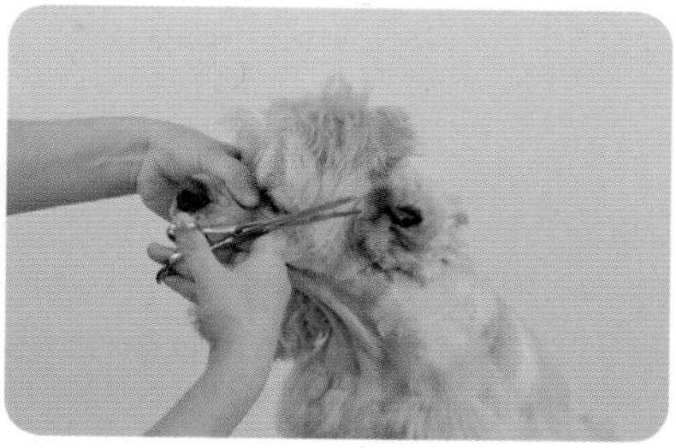

② 귓바퀴 윗선과 눈꼬리까지 일직선으로 만든 라인 형태로 블랜딩 한다.
※ 틴닝가위로 블랜딩 한다.

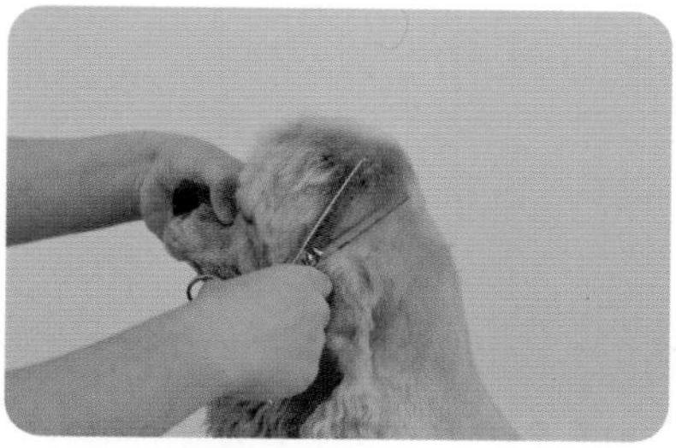

③ 후두부 부분이 타원형이 되도록 블랜딩 한다.
※ 털결에 따라 정방향으로 브러싱하면서 틴닝가위로 시저링 한다.

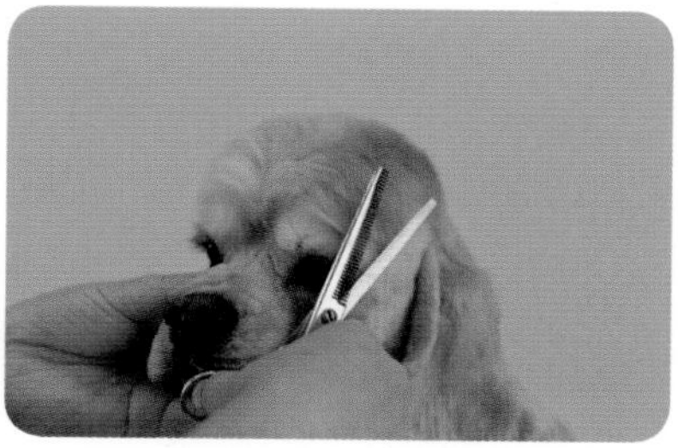

④ 크라운이 둥근형태가 되도록 시저링 한다.
※ 마무리는 정으로 빗질한 후 시저링 한다.

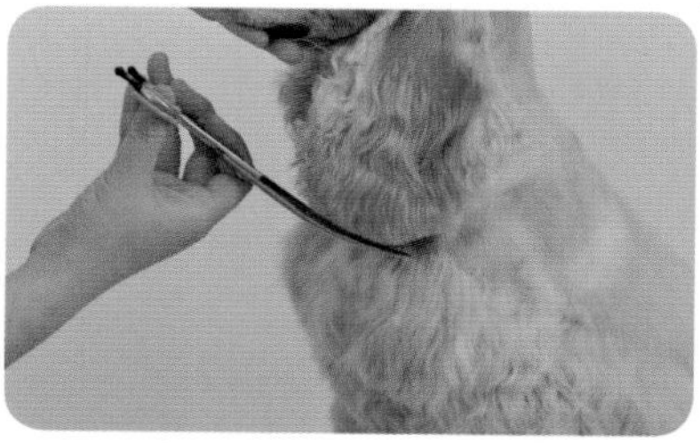

⑤ 귀는 ½을 남긴 나머지 털을 반 타원형으로 시저링 한다.
※ 클리핑한 부분 양쪽은 튀어나온 부분이 없도록 시저링 한다.

그림 9-65. 미용 후 모습

① 미용 후 앞모습

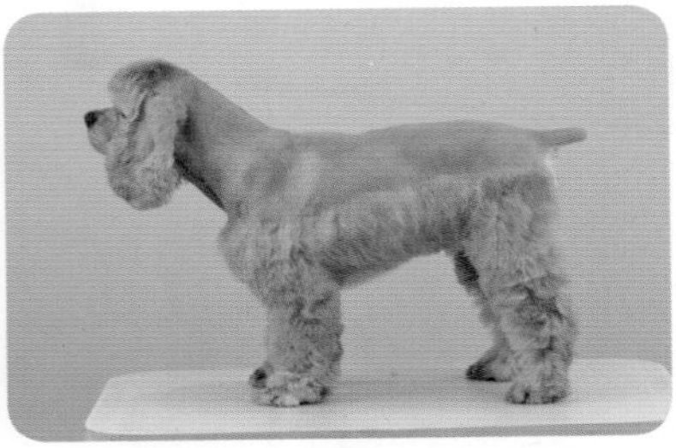

② 미용 후 옆모습

10

기본 랩핑

10 기본 랩핑

10.1 랩핑의 이해

가 개요

반려견 전람회에 출전하는 개의 경우 긴 털의 엉킴이나 정전기 방지를 위해 전체 랩핑 또는 부분 랩핑을 한다. 전체를 랩핑하는 견종으로는 몰티즈 Maltese, 시추 Shih Tzu, 요르크셔르 테리어르 Yorkshire Terrier 등이 있고 부분 랩핑하는 견종으로는 푸들 Poodle의 몸통, 비숑프리제 Bichon Grise, 슈나우저르 Schnauzer, 케리 블루 테리어르 Kerry Blue Terrier의 머즐(Muzzle) 등이 있다. 일반적으로 가정에서 기르는 개의 경우 귀 장식 털의 랩핑, 눈 위의 털인 크라운의 랩핑 등이 있다. 기본 랩핑은 실제 개를 하거나 랩핑 전용 위그로 연습할 수 있다.

나 준비물

준비물로는 랩핑 페이퍼, 랩핑용 밴드, 장식용 밴드 등이 있다.

(1) 밴딩 가위(밴드 시저르즈 Band Scissors)

랩핑이나 밴딩 작업 시 고무 밴드를 자를 때 사용하는 가위이다.

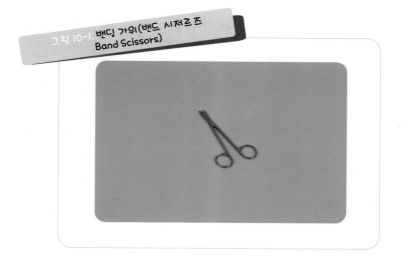

그림 10-1. 밴딩 가위(밴드 시저르즈 Band Scissors)

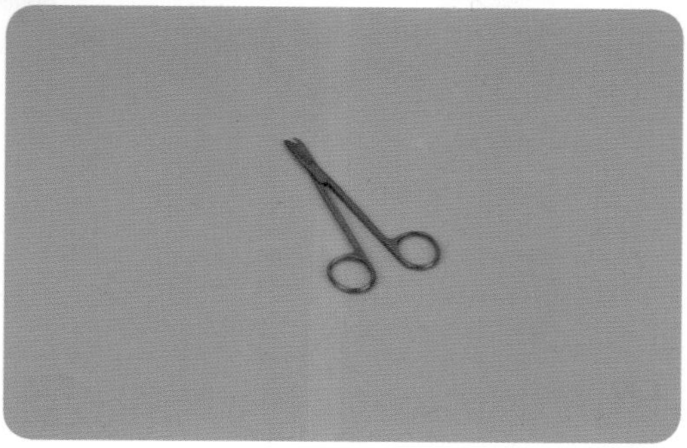

(2) 랩핑지(랩핑 페이퍼 Wrapping Paper)

장모견의 털을 보호하기 위해 사용하는 종이이다.

그림 10-2. 랩핑지(랩핑 페이퍼 Wrapping Paper)

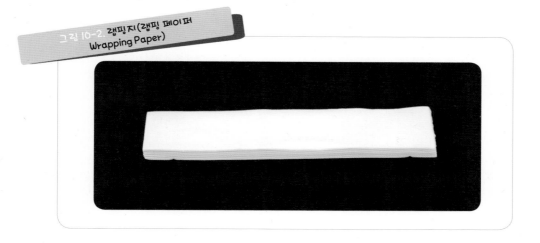

(3) 고무줄(랩핑 밴즈 Wrapping Bands)

장모견을 랩핑할 때 랩핑지 위에 사용하는 동그란 고무줄이다.

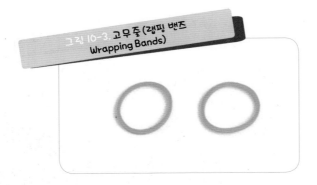

그림 10-3. 고무줄(랩핑 밴즈 Wrapping Bands)

(4) 작은 고무줄(랩핑 밴즈-스몰 Wrapping Bands – Small)

쇼견의 털을 묶을 때 또는 장모견의 털을 묶을 때 사용하는 고무줄이다.

그림 10-4. 작은 고무줄(랩핑 밴즈-스몰 Wrapping Bands - Small)

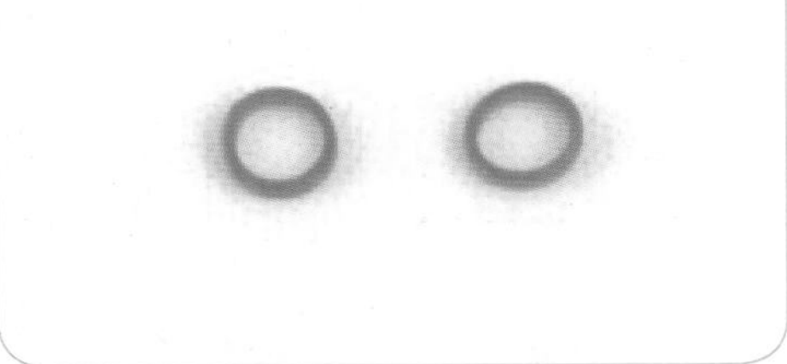

다 안전 및 주의사항

1. 바디 랩핑 또는 밴딩시 개의 털이 너무 당겨 피모에 무리가 있는지 확인한다.

2. 귀 랩핑 또는 밴딩시 귀의 피모까지 밴딩이 되었는지 콤을 털안으로 집어넣어 확인한다.

3. 밴딩하기 위해 파팅라인을 만들 때 꼬리빗의 끝이 눈을 찌르지 않게 유의한다.

10.2 위그 기본 랩핑하기

그림 10-5. 위그 기본 랩핑하기

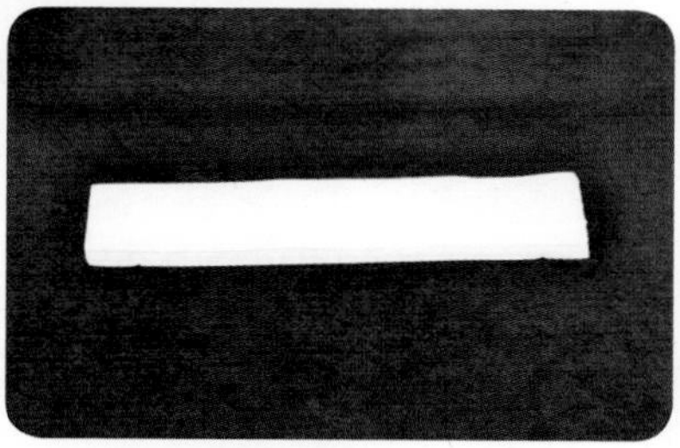

① 랩핑지를 준비한다.
※ 30cm 정도 되는 랩핑지를 준비한다.

② 털 길이만큼 남기고 세로로 접어준다.
※ 연습용으로 ⅓만 접는다.

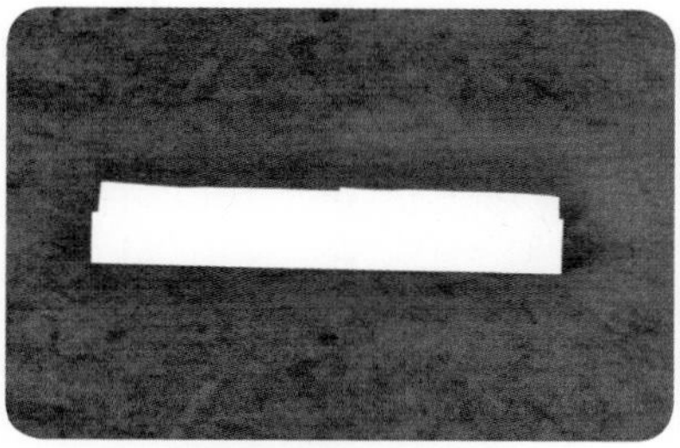

③ 가로방향으로 3등분하여 접는다.
※ ⅓세로로 접은 부분을 오른쪽으로 두고 접는다.

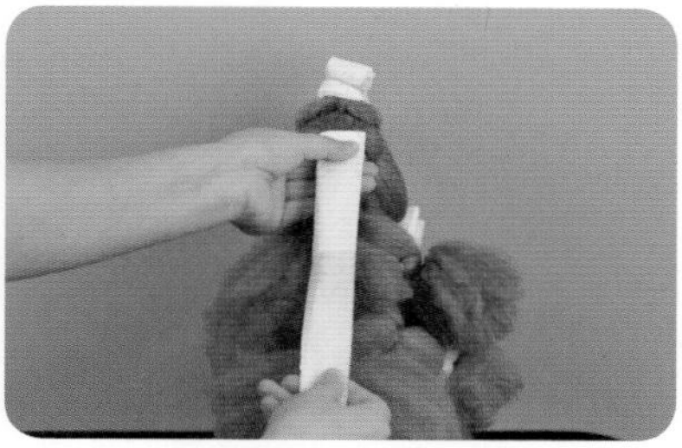

④ 개의 털을 정방향으로 브러싱한 후 페이퍼 안에 감싸고 3등분이 되게 접는다.
※ 랩핑시 모질전용 크림이나 오일을 바른 후 한다.

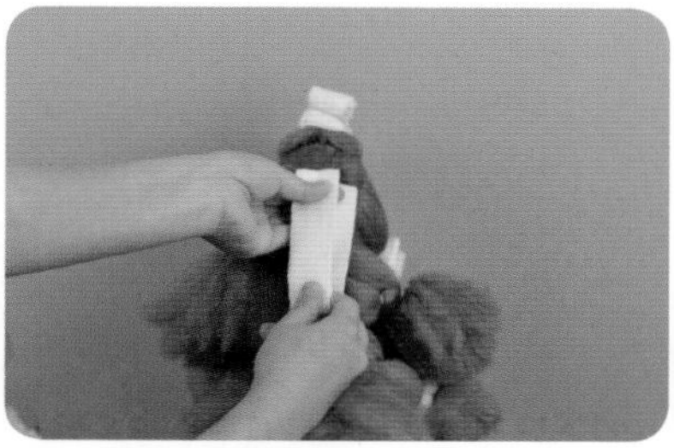

⑤ 랩핑지를 뒤로 한번 접는다.
※ 랩핑지 끝이 보이지 않게 하기 위하여 안쪽 방향으로 먼저 접는다.

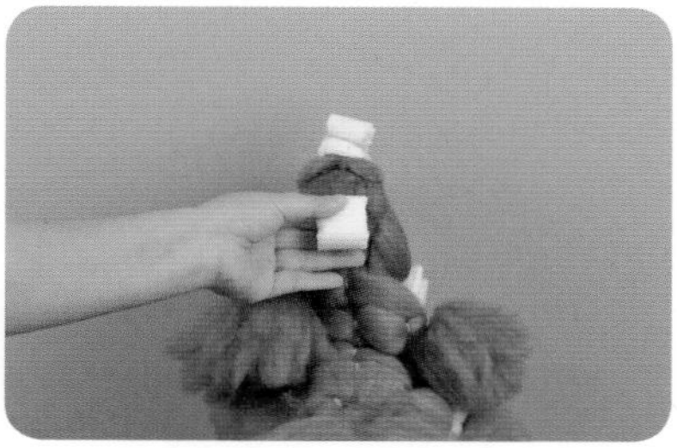

⑥ 안으로 접은 랩핑지를 위로 다시 접어 정사각이 되도록 접는다.
※ 랩핑지 길이에 따라 위로 2등분이나 3등분으로 접을 수 있다.

그림 10-5. 위그 기본 랩핑하기 (계속)

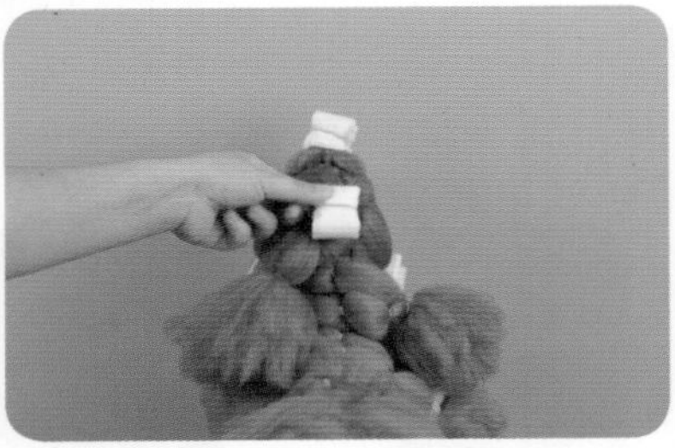

⑦ 정사각으로 접은 랩핑지의 ½되는 지점에 전용 밴드로 2회 돌려 묶어 준다.
※ 밴드에 따라 2~3회 묶어준다.

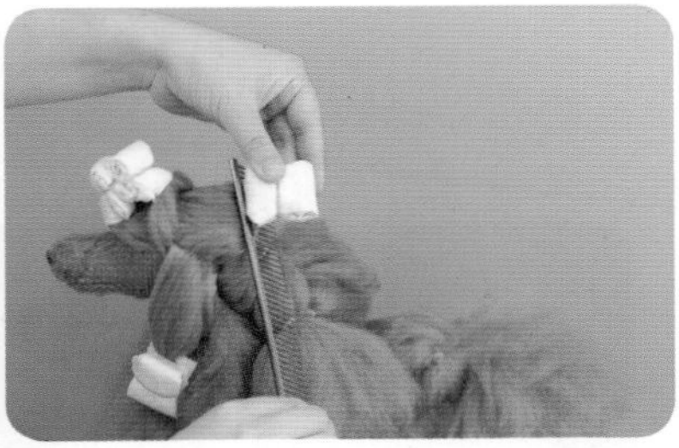

⑧ 랩핑이 피부를 너무 당기고 있는지, 밴드가 피부와 함께 묶고 있는지를 확인한다.
※ 콤으로 빗질하듯 꽂아서 확인한다.

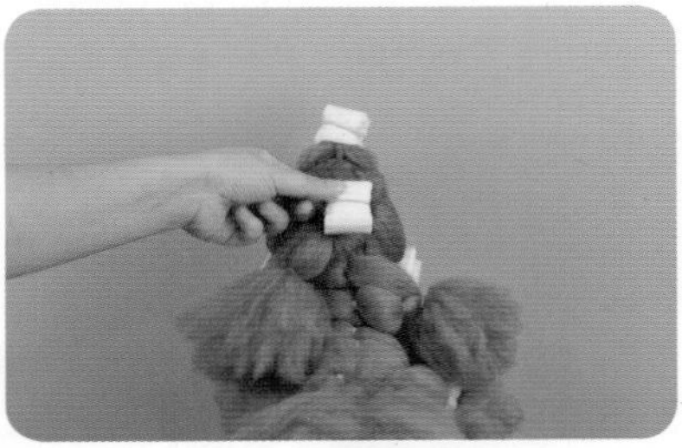

⑨ 랩핑 완성 모습

10.3 부위별 기본 랩핑하기

가 귀 장식 털 랩핑하기

그림 10-6. 귀 장식 털 랩핑하기

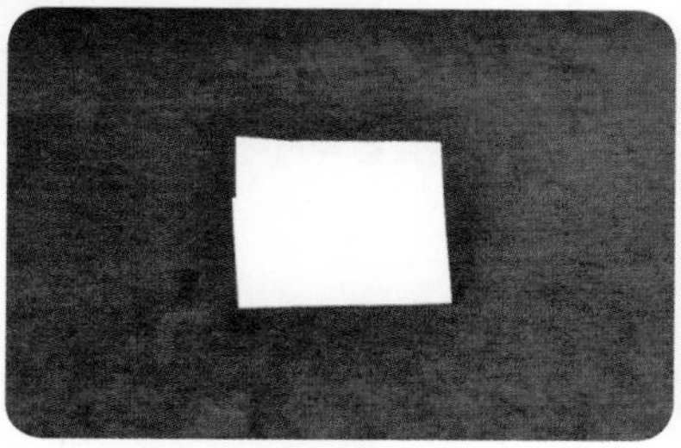

① 랩핑지를 4등분한다.
※ 귀 장식털의 길이에 맞추어 자른다.

② 털의 길이 만큼 남기고 세로로 접어준다.
※ 랩핑지의 자른 부분이 보이지 않도록 깔끔하게 접어준다.

③ 가로로 3등분으로 접어준다.
※ 모량이 없는 개라면 4등분으로 한다.

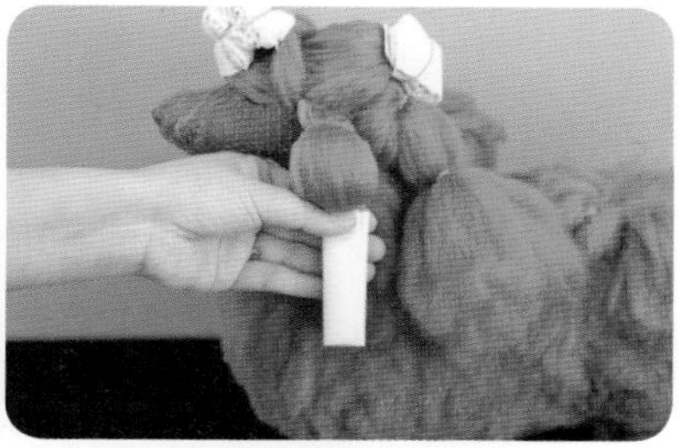

④ 랩핑지를 뒤로 한번 접는다.
※ 랩핑지 끝이 보이지 않도록 안으로 먼저 접는다.

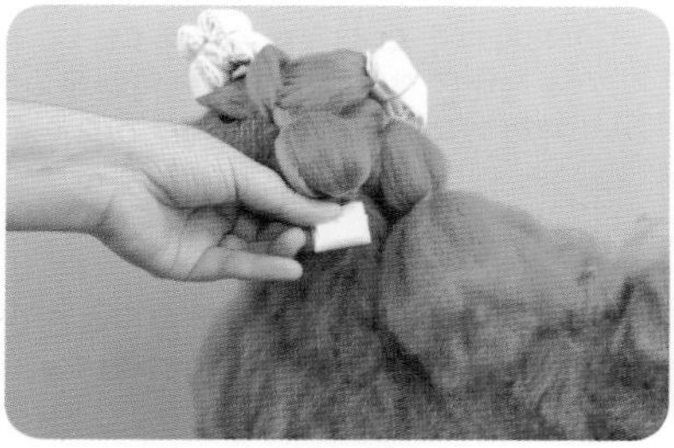

⑤ 안으로 접은 랩핑지를 위로 다시접어 정사각 모양이 되도록 접는다.
※ 랩핑지 길이에 따라 위로 2등분이나 3등분으로 접을 수 있다.

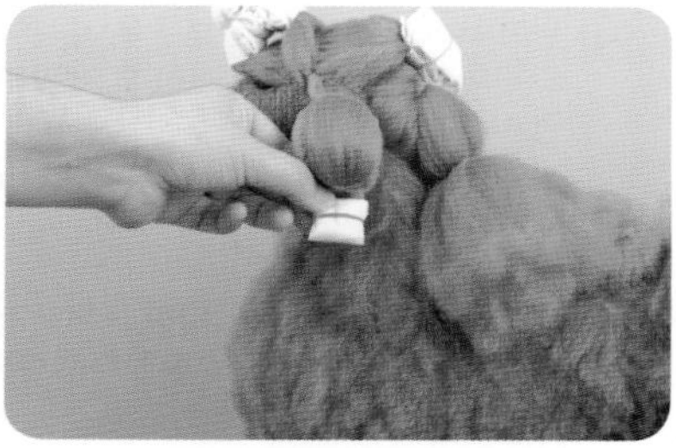

⑥ 정사각 모양으로 접은 랩핑지 ½되는 지점에 전용 밴드로 2회 돌려 묶어준다.
※ 밴드에 따라 2회~3회 묶어준다.

그림 10-6. 귀 장식 털 랩핑하기 (계속)

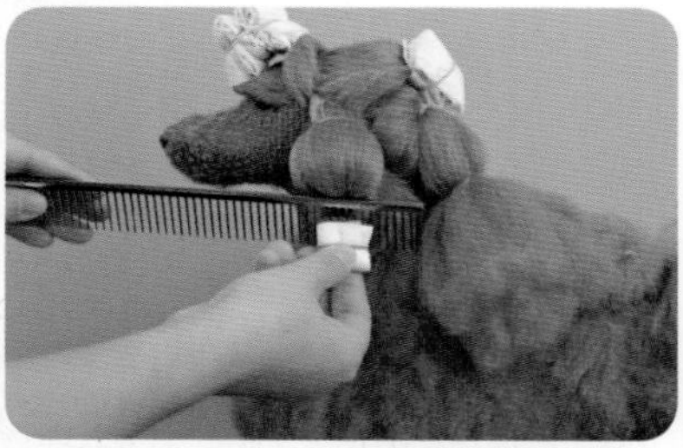

⑦ 밴드가 피부와 함께 묶인 것은 아닌지 콤으로 확인한다.
※ 콤으로 빗질하듯 꽂아서 확인한다.

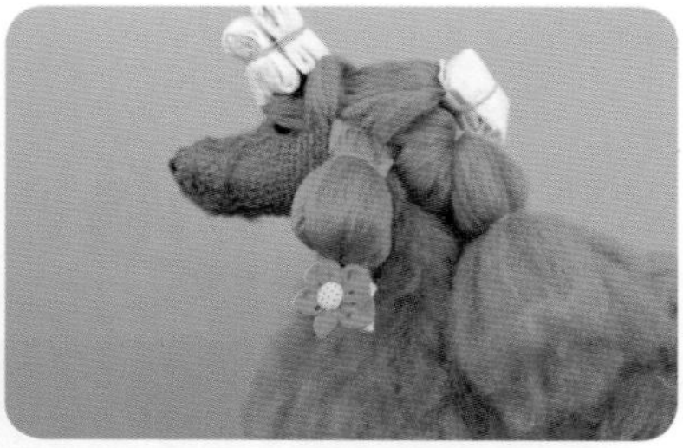

⑧ 장식용 밴드로 완성한다.

나 크라운(머리) 랩핑 하기

그림 10-7. 크라운 랩핑 하기

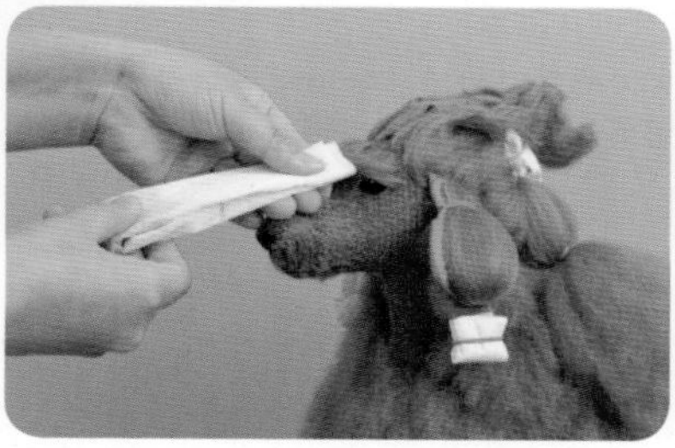

① 눈꼬리에서 귀 접히는 부분을 ½ 반타원형으로 나누어 브러싱 후 랩핑지로 감싸준다.
※ 개를 마주본 상태에서 랩핑하되 눈끝이 당겨지지는 않았는지 확인 한다.

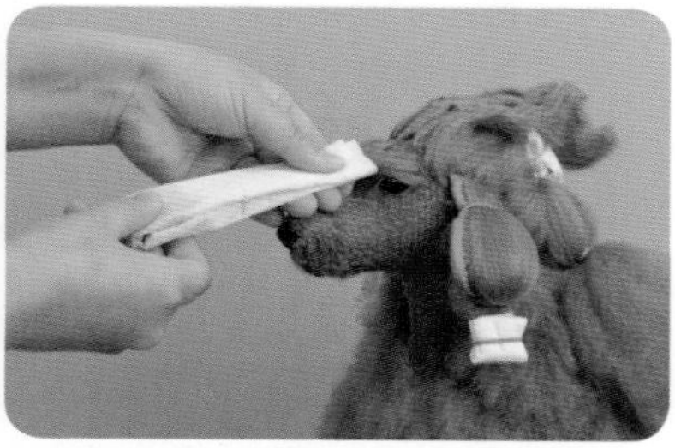

② 랩핑지를 위로 절반을 접는다.
※ 절반을 접을 때 랩핑지가 밀려 올라가 접힐 것을 대비해 0.5cm 정도 여유를 둔다.

그림 10-7. 크라운 랩핑 하기 (계속)

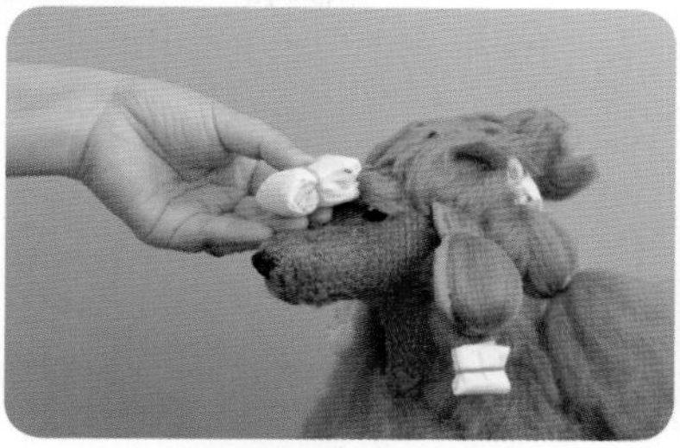

③ 2등분 또는 3등분을 접어 밴딩한다.
※ 정사각 모양이 나오도록 접는다.

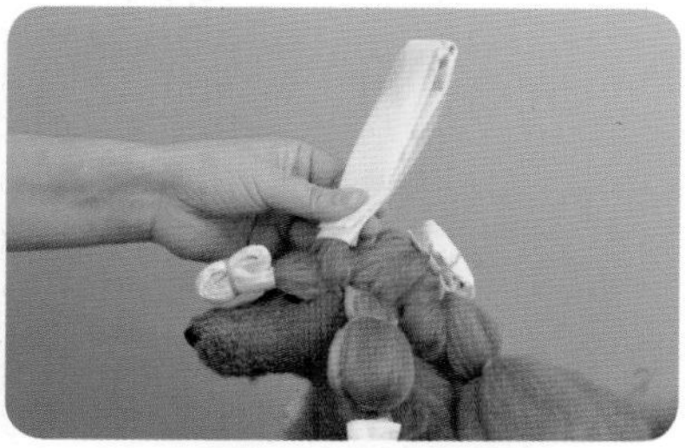

④ 뒷부분인 귀 시작점까지 일직선으로 파팅 라인을 잡은 후 랩핑지를 아래로 2등분하여 감싸준다.
※ 절반을 접을 때 랩핑지가 밀려 올라가 접힐 것을 대비해 0.5cm 정도 여유를 둔다.

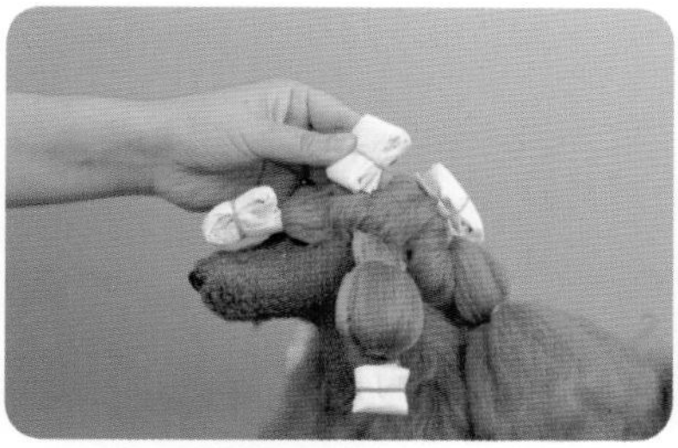

⑤ 2등분을 접어 밴딩 한다.
※ 정사각 모양이 되도록 접는다.

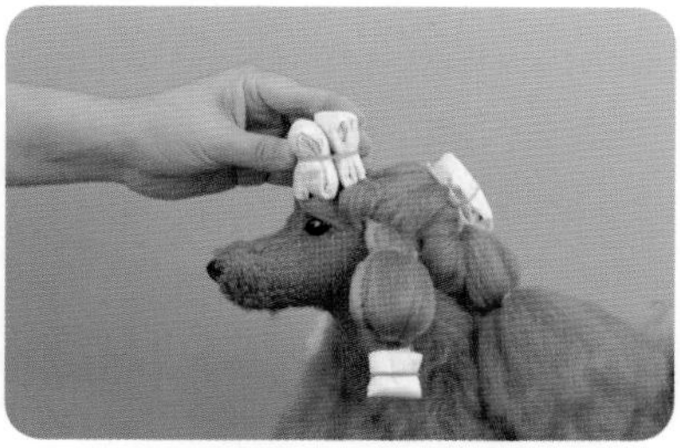

⑥ ③과⑤를 마주보게 잡은 후 다시 밴딩 한다.
※ 마주 보이게 랩핑해야 엉킴 방지에 도움이 된다.

그림 10-8. 랩핑 후 모습

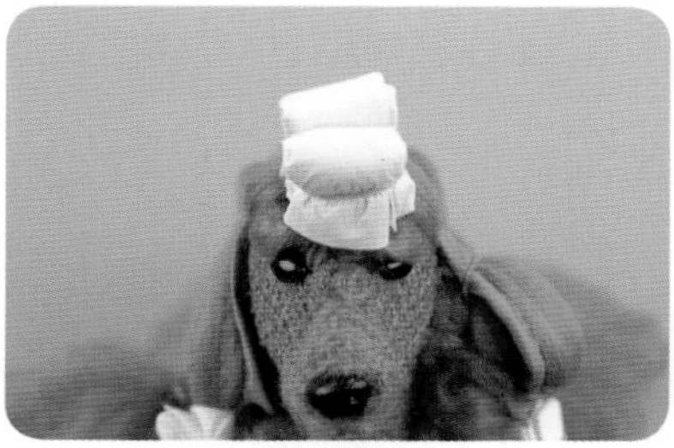

① 랩핑 후 앞모습

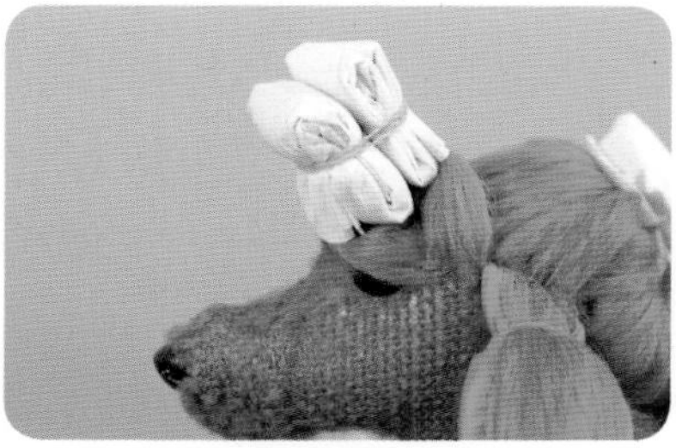

② 랩핑 후 옆모습

11

기본 염색

11 기본 염색

11.1 염색의 이해

가 개요

염색은 개의 모질에 여러 가지 색을 입히는 것을 말한다. 일반적으로 귀나 꼬리에 많이 하고 장화 모양을 남기고 싶을 때 하기도 한다. 개 전용 염색약을 사용하지 않을 경우 지나친 염색으로 인해 화상이나 염증으로 이어질 수 있으므로 주의한다. 천연염색제를 사용한다고 하더라도 최근 애견 염색에 대한 부정적인 의견이 많으니 주의한다. 염색을 꼭 배워야 한다면 위그를 추천한다.

발색은 염색제 고유의 컬러로 두드러지게 잘 나타내는 정도를 말하는데 유색 털보다 하얀색 털의 반려견에게 효과적이며 억센 털보다 부드러운 털에 효과적이다. 염색제 컬러의 발색력의 최대치는 이염되거나 오염되지 않은 선명한 컬러이며 반려견에게 브러싱, 샴핑, 드라잉 등을 해주면 컬러 발색에 도움이 된다. 컬러의 발색력을 잘 나타내려면 염색 작업을 할 때 염색제의 용량과 염색제 도포 후 소요시간, 염색제의 세척 방법 등을 기준치에 맞춰야 한다. 염색제는 피부에서 멀리 있는 털의 경우에는 용량을 늘려 도포한다. 염색제 세척 작업 시 물의 온도가 높으면 염색제의 컬러가 쉽게 빠지기 때문에 목욕할 때보다 물의 온도를 조금 낮게 한다.

나 준비물

(1) 염모제(헤어르다이 Hairdye)

반려동물의 털을 염색하는 데 사용한다. 다양한 색으로 구성되어 하나의 색을 사용하기도 하고 2가지 이상의 색을 섞어 새로운 색을 만들어 사용할 수도 있다.

그림 11-1. 염모제(헤어르 다이 Hairdye)

(2) 호일 (Foil)

염색 후 염색 부위를 도포할 때 사용한다.

그림 11-2. 호일(Foil)

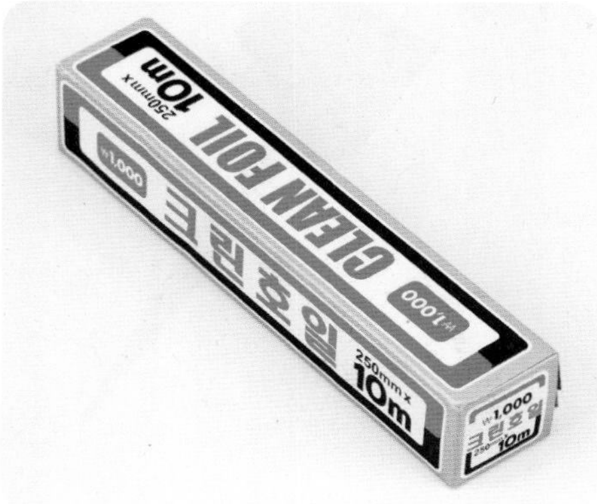

(3) 비닐 장갑(플래스틱 글러브 Plastic Glove)

염색할 때 미용사의 손을 보호할 때 사용한다.

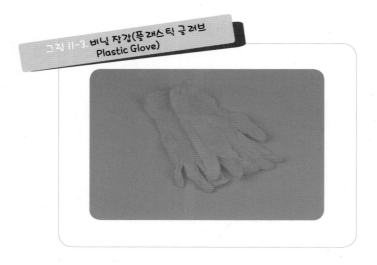

그림 11-3. 비닐 장갑(플래스틱 글러브 Plastic Glove)

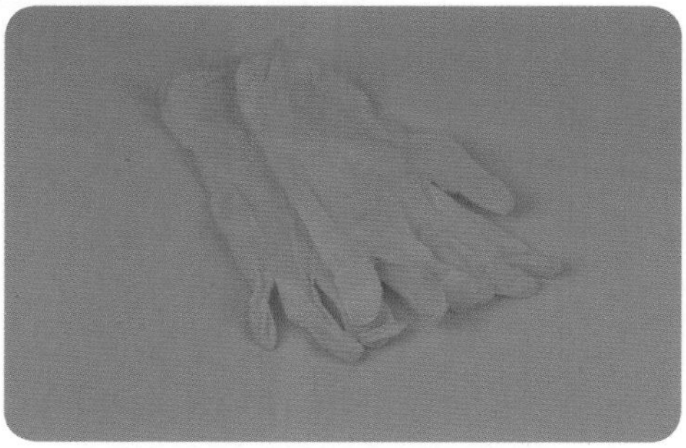

(4) 염색빗(다이 콤 언 브러시 Dye Comb and Brush)

털에 염색약을 바를 때 사용한다.

그림 11-4. 염색빗(다이 콤 언 브러시 Dye Comb and Brush)

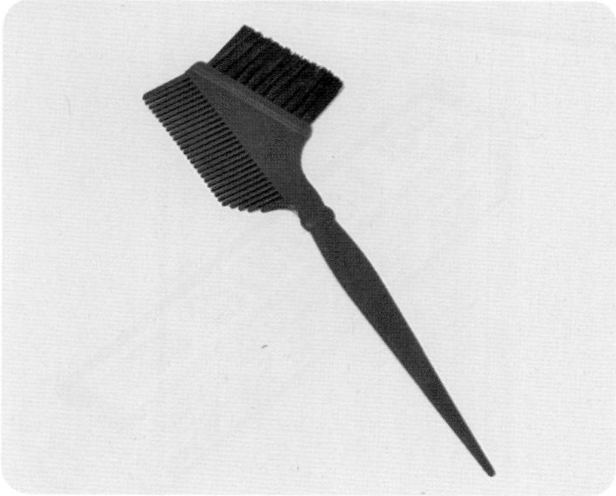

(5) 헤어 집게(헤어 클립 Hair Clip)

염색 부위의 털을 나눌 때 사용한다.

그림 11-5. 헤어 집게(헤어 클립 Hair Clip)

(6) 종이 테이프(페이퍼 테이프 Paper Tape)

라인을 만들어 염색할 때 또는 다른 부위에 묻는 것을 방지할 때 사용한다.

그림 11-6. 종이 테이프(페이퍼 테이프 Paper Tape)

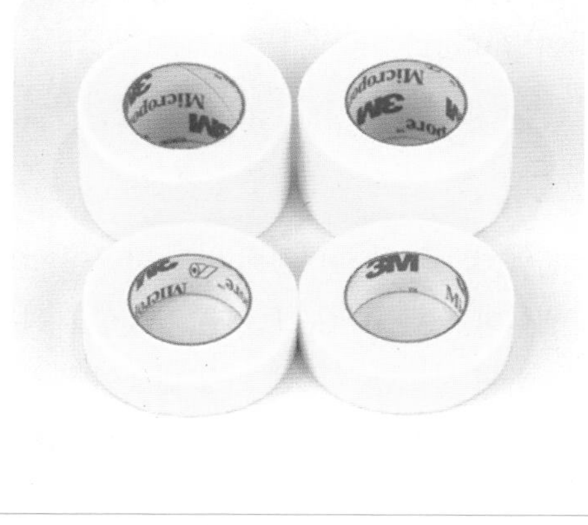

다 안전 및 주의사항

(1) 염색재료 사용 시 주의사항

- 염모제는 유통기한이 지나지 않았는지 확인한다.
- 초크 염모제는 쉽게 파손되기 때문에 떨어뜨리지 않게 주의한다.
- 튜브형 염모제는 용기가 쉽게 손상될 수 있으므로 주의한다.
- 쓰던 염모제는 바로 뚜껑을 닫아서 굳거나 이물질이 들어가지 않게 한다.
- 지속성 염모제 사용 시 작업자의 피부에 묻지 않게 작업복과 일회용 장갑을 착용한다.
- 반려견의 종 특성을 파악하여 염모제 적용이 가능한 동물에게만 실시한다.
- 염색 작업 시 고정하는 과정에서 반려견이 불편해하면 염모제 도포 후 기다리는 동안에 이염될 가능성이 있으므로 주의한다.
- 염모제 사용 시 이염이 되면 잘 제거되지 않으므로 미리 방지하고 주의한다.
- 이염이 진행된 경우에는 빠른 조치를 취하지 않으면 오랫동안 제거되지 않으므로 주의한다.
- 테이핑 작업 시 너무 당기면 반려견이 불편해할 수 있으므로 주의한다.
- 고무줄 사용 시 너무 당기면 염모제를 도포한 부위에 피가 안 통할 수 있으므로 주의한다.
- 반려견이 염색 작업으로 스트레스를 받으면 사나워지거나 우울해질 수 있으므로 주의한다.
- 염모제 도포 전 드라잉과 브러싱이 잘 되어 있어야 염모제 도포와 발색이 잘 되므로 미리 준비한다.

(2) 염색작업 시 주의사항

- 반려견의 눈에 염색약이 들어가지 않게 하고 핥아먹지 않게 주의해야 한다.
- 반려견을 염색하기 전에 피부 트러블 가능성을 확인하여야 한다.
  피부가 예민하여 사소한 자극에 이상 반응이 있었는지 미리 확인한다. 이전에 미용이나 염색 작업 시 피부 트러블이 발생한 적이 있었는지, 클리핑 후 이상 반응이나 샴푸 교체 후 이상 반응이 있었는지, 드라이 온도에 따라 이상 반응이 있었는지 확인한다.
- 염색 전에 애완동물의 털 엉킴과 오염 제거 방법을 미리 확인한다.

털에 엉킴과 오염이 있는 상태로 염색을 하면 색이 얼룩지거나 염색이 안 되는 부분이 발생할 수 있으므로 엉킨 털을 제거하거나 풀어내고 오염은 제거한 후 염색을 한다.

① 염색하기 전에 엉킨 털을 푼다. 털이 조금 엉킨 경우에는 간단한 브러싱이나 손가락으로 조금씩 털을 나누어서 풀어 주고, 브러싱으로 엉킨 털이 풀리지 않을 경우에는 엉킨 털 제거에 도움을 주는 제품을 사용하거나 가위집을 넣어서 풀 수 있다.

② 염색하기 전에 오염을 제거한다. 간단한 브러싱으로 털어 내거나 물티슈로 닦아 낸다. 오염도가 조금 더 있을 경우에는 물 세척으로 씻어내고 오염도가 심할 경우에는 샴푸 목욕으로 씻어낼 수 있다.

◆ 반려견의 염색 작업 후 피부가 예민하여 염색 후 이상 반응이 있는지 확인한다. 염색 후 피부가 빨갛게 되거나 부었는지 확인하고, 염색한 부위를 가려워하거나 계속 핥는지 확인한다.

◆ 염색 작업 후 세척 후에도 염모제 찌꺼기가 남아 있거나 이염 방지제를 지나치게 많이 사용했을 때, 염색 작업 과정에서 이물질이 묻었을 때에는 샴핑을 해야 한다.

◆ 염색 작업 후 샴핑 후에도 털이 거칠거나 염모제가 제거되지 않아 여러 번 샴핑을 했을 때, 물로 세척한 후에 털이 거칠 때에는 샴핑을 하지 않고 린싱만 한다.

11.2 위그 염색

그림 11-7. 위그를 이용한 염색작업

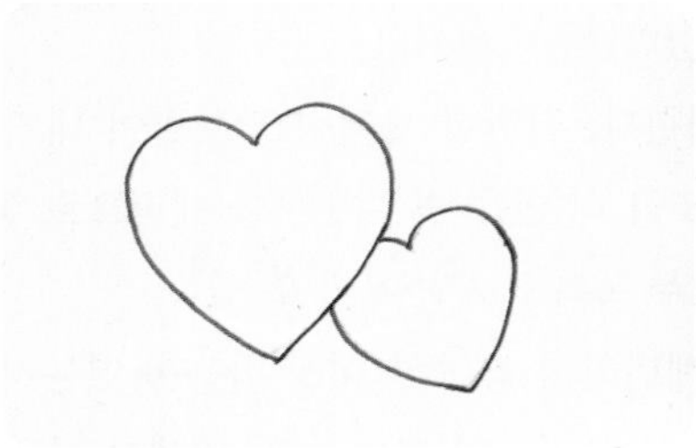

① 염색할 모양을 스케치한다.
※ 종이에 그려본다.

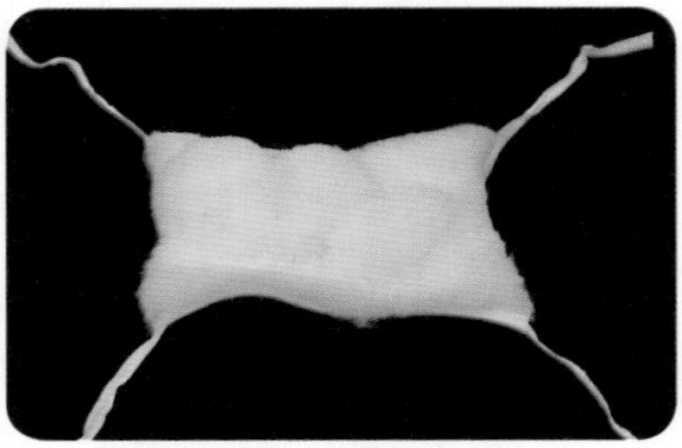

② 스케치한데로 시저링을 한다.
※ 가위로 틀을 잡고 클리핑이 필요한 부분은 클리핑 한다.

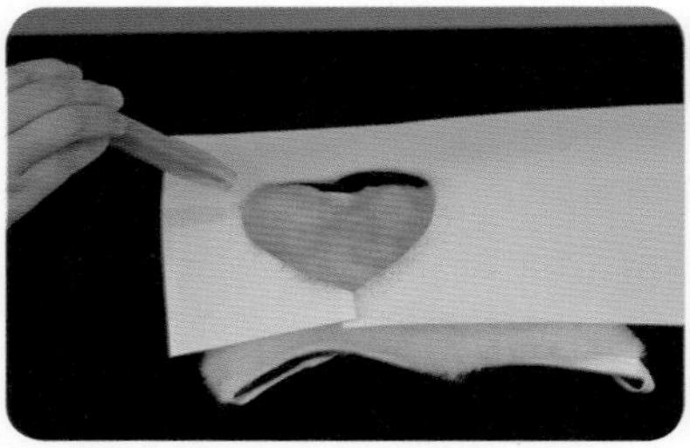

③ 종이나 헝겊 등을 이용해 염색할 부위를 뺀 나머지 부분을 가리고 블로펜을 이용해 불어준다.
※ 가루 염색약이나 스프레이 등 여러 가지를 사용해보도록 한다.

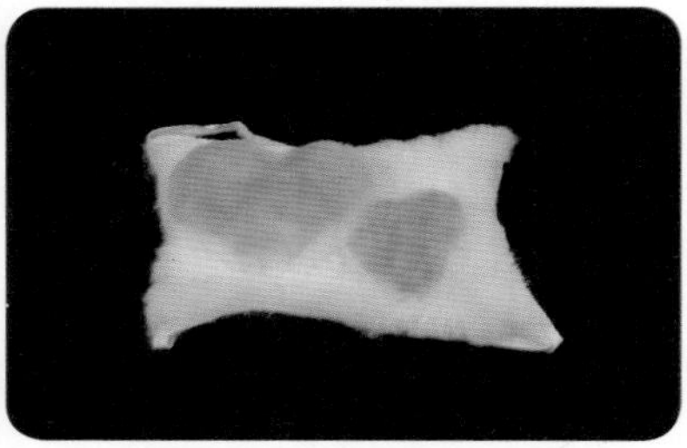

④ 염색이 끝났다면 모양이 선명해지도록 시저링 한다.
※ 염색부위가 돌출되게 시저링 또는 클리핑 한다.

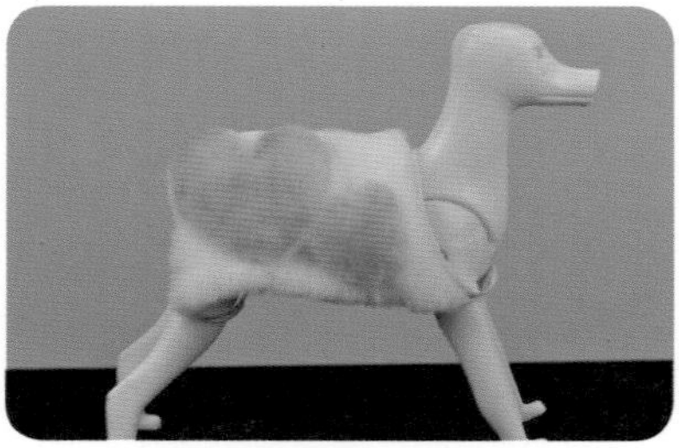

⑤ 염색 후 옆모습

11.3 기초 염색

가 귀 장식털 염색하기

그림 11-8. 귀 장식털 염색하기

① 염색전 앞모습

② 염색전 옆모습

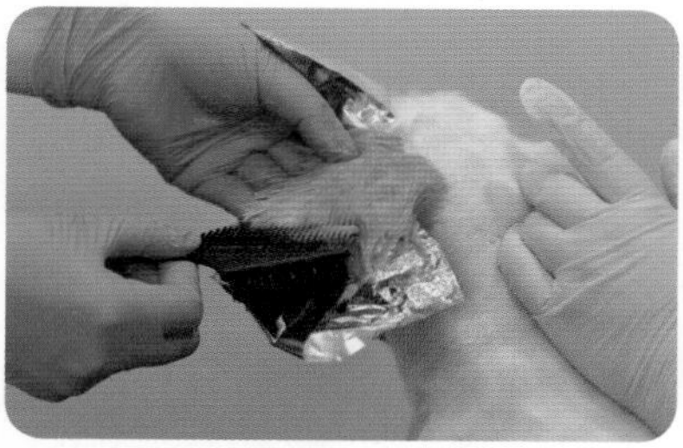

③ 염색할 부위를 브러싱한 후 호일로 아랫부분을 받치고 염색빗으로 안쪽에서 바깥쪽으로 묻혀준다.
※ 골고루 염색약이 묻었는지 확인한다.

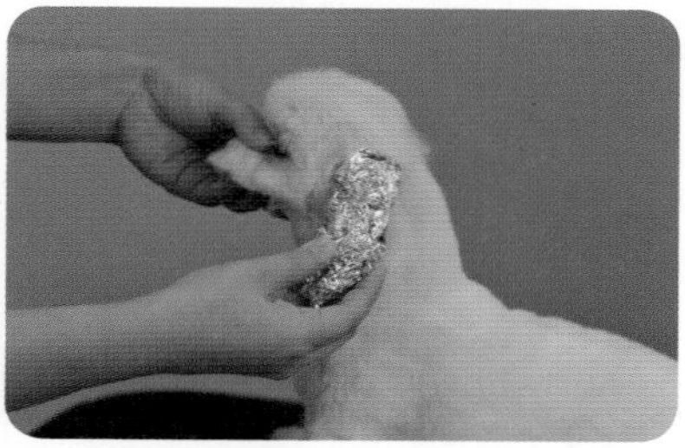

④ 호일로 접어서 20~30분정도 기다린다.
※ 개모질에 따라 소요되는 시간은 달라질 수 있다.

⑤ 베이싱을 할 때에는 샴푸는 사용하지 않고 린싱만 한다.
※ 염색 후 샴핑시 염색이 지워질 수 있다.

⑥ 드라이로 말린 후 완성한다.

그림 11-8. 귀 장식털 염색하기 (계속)

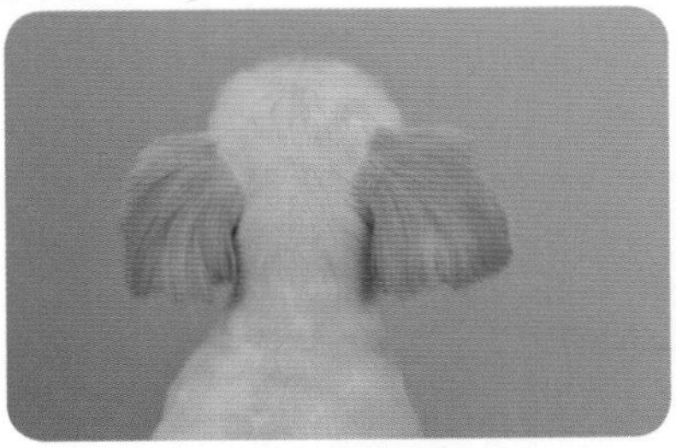

⑦ 귀 장식털 염색 후 뒷모습

나 꼬리 염색하기

그림 11-9. 꼬리 염색하기

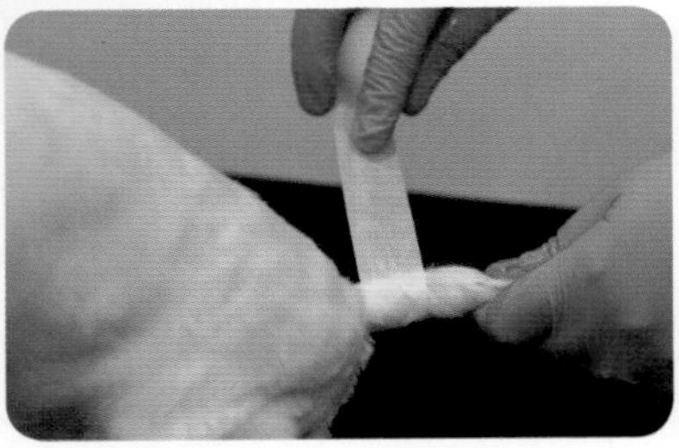

① 염색할 꼬리 부위를 정한 뒤 종이 테이프로 꼬리 뿌리부분을 감싼다.
※ 염색약이 묻지 않도록 방지하기 위해서다.

② 염색할 부위를 브러싱후 호일로 아랫부분을 받치고 염색빗으로 안쪽에서 바깥쪽으로 묻혀준다.
※ 골고루 염색약이 묻었는지 확인 한다.

③ 호일로 접어서 20~30분 정도 기다린다.
※ 개모질에 따라 소요되는 시간은 달라질 수 있다.

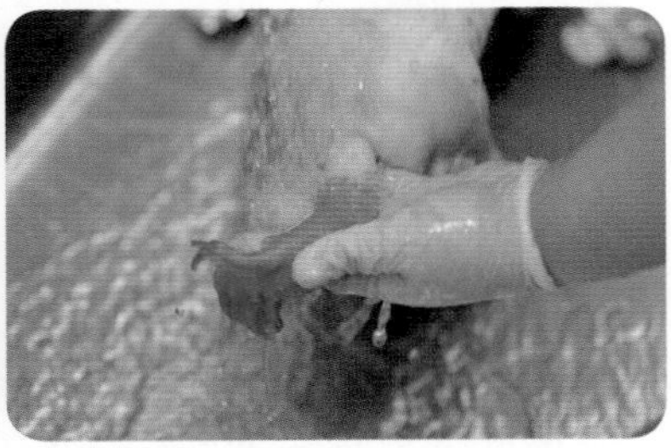

④ 린스로만 베이싱후 드라잉 한다.
※ 샴푸는 쓰지 않는다.

그림 11-10. 꼬리 염색 후 모습

① 염색 후 꼬리 모습

② 염색 후 앞모습

③ 염색 후 뒷모습

12

고객 상담

12 고객 상담

12.1 고객 응대

가 고객 응대 태도와 요령

비즈니스 매너는 단순히 개인에 대한 호감을 넘어 기업 이미지와 신뢰도의 상승, 나아가 기업의 이익 창출에까지 지대한 영향을 끼쳐 모두를 이롭게 하는 보이지 않는 힘이다. 이러한 비즈니스 매너의 가장 중요한 핵심은 상대를 존중하고 배려하는 마음에서부터 시작된다는 것을 명심해야 한다.

고객 응대는 반려견 미용과 같은 서비스 업종에서 가장 기본이 되고 중요시되는 업무라고 할 수 있다. 또한 고객과의 최초 접점으로 개인의 이미지뿐만 아니라 업체의 이미지를 결정짓는 중요한 역할을 하므로, 항상 친절하고 예의 바른 자세로 고객을 응대할 수 있도록 고객 응대 기본 원칙을 숙지하여 실천하도록 한다.

① 용모 및 복장

보이는 것도 서비스이며 경쟁력이므로 용모를 바르게 하고 적합한 복장을 착용하는 것은 고객에게 신뢰감을 줄 뿐만 아니라 업무의 효율성을 높인다. 바른 용모와 적합한 복장은 정해져있지 않으나 다음의 4가지 기본원칙은 반드시 기억하도록 한다. 첫 번째, 미용사는 적합한 복장을 항상 청결한 상태로 착용하도록 한다. 두 번째, 청결한 복장을 잘 정돈된 모습이 보이도록 단정하게 입어야 한다. 세 번째, 적합한 복장을 바르게 착용한 상태에서는 항상 자신의 직업에 대한 품위를 지키도록 노력해야 한다. 마지막 네 번째, 앞서 설명한 3가지 원칙과 함께 미용사의 분위기를 느낄 수 있도록 내면의 마음가짐과 조화를 이루도록 노력해야 한다. 이러한 바른 용모와 복장은 화장, 장신구, 개인위생 등의 기본적인 요소들과 결합되어 조화되었을 때 비로소 완성되는 것임을 명심해야 한다.

② 인사 예절과 화법

인사는 인간관계의 시작이자 예절의 기본이다. 정중한 인사는 고객으로 하여금 '존경받는다' 는 느낌을 주지만 정중하지 못한 인사는 '무시당했다' 는 느낌을 주기 쉽다. 인사는 섬김의 자세이자 환영의 표시이고 신용의 상징이며 친근감의 표현이다. 인사는 평범하고도 쉬운 행동이지만 습관화되지 않으면 실천에 옮기기가 어렵다. 따라서 인사 예절을 연습하여 습관이 되도록 노력해야 한다. 인사의 3대 요소는 인사말 · 마음가짐 · 행동이다. 밝은 표정과 바른 자세로 진심을 담아 인사하도록 한다.

ㄱ 올바른 인사법(안미헌, 2002)

- 머리를 숙이기 전에 상대방과 눈을 맞춘다.
- 인사하는 동안 얼굴에 미소가 머물게 한다.
- 너무 서두르지 말고 숙인 채로 약간 멈추었다 서서히 허리를 편다.
- 고개만 까딱하지 말고 허리로 인사해야 품위 있는 자세가 된다.
- 안부를 묻기 위해 자연스럽게 한 마디 덧붙이는 여유를 갖는다.

> - 오랜만에 오셨네요.
> - 요즘 건강은 어떠세요?
> - 오늘은 날씨가 좀 춥죠?
> - 오시는데 불편하진 않으셨습니까?
> - 늘 표정이 밝으셔서 저까지 기분이 좋아집니다.

ㄴ 올바른 고객응대 화법

- 고객과의 만남에서는 상대에 따른 호칭과 경어를 쓰고 공손한 말씨를 사용한다.
- 고객의 이익이나 입장을 중심으로 대화를 전개한다.
- 고객에게 일상의 용어를 사용하여 이해하기 쉽도록 한다.
- 정성스러운 마음과 올바른 태도로 고객에 대한 예의를 갖춘다.
- 정확한 발음, 적당한 속도 및 음 높이로 요점을 명확히 이야기한다.
- 내용에 감정을 담아 표현한다.

ㄷ 전화 응대

전화응대는 눈에 보이지 않는 비대면 응대로 음성으로만 대화가 진행되는 특징을 지니고 있다. 집중도는 높으나 소리의 전달력이 미흡할 경우가 많다. 전화를 통한 응대에서는 다음의 3가지 원칙을 기억해야 한다. 첫 번째, 전화는 신속하게 받아야 한다. 전화응대는 기본적인 특성상 상대의 모습이 보이지 않기 때문에 응답이 조금만 늦어져도 고객의 입장에서는 답답함을 느끼게 된다. 두 번째, 정확성으로 전화는 목소리에만 의존하기 때문에 말하는 것과 받아들이는 것에 차이가 발생할 수 있으므로 반드시 요약하여 복창함으로 상호간의 내용이 동일하게 이해되었음을 확인해야 한다. 세 번째, 정중하게 받아야 한다. 전화 목소리는 평소 톤보다 낮게 들리므로 한톤 높여 응대하면 밝고 다정하게 들린다. 또한 쿠션언어(죄송합니다만)나 의뢰형 표현(~해주시겠습니까?)을 사용하면 도움이 된다.

- 자기 소속과 이름을 밝힌다.
- 목소리는 항상 밝고 명랑하게 한다.
- 상대방을 확인한 후 인사한다.
- 메모를 준비하고 용건을 경청한다.
- 용건이 끝났음을 확인한 후 통화내용을 요약하여 복창한다.
- 마무리 인사를 한 후, 상대방이 수화기를 내려놓은 다음 조용히 수화기를 내려놓는다.

ㄹ 불만고객응대

한 사람의 마음을 사로잡는 것보다 돌아서버린 사람의 마음을 되돌리는 것이 더욱 어려운 일이다. 불만고객들을 방치하면 더 많은 고객들이 이탈할 수 있다. 그러나 고객의 불평, 불만을 해결하려고 노력하는 과정에서 업체는 문제점과 취약점을 개선할 수 있는 기회를 얻을 수 있으며 불만처리를 통해서 만족한 고객은 재 이용률이 높을 뿐만 아니라 주변에 다른 사람에게 만족감을 홍보하여 신규고객을 창출하는 역할까지 수행하게 된다. 통계에 의하면 고객 불만이 발생되는 가장 큰 원인은 고객응대 과정에서 비롯되는 것으로 조사되었다. 불만은 마지막 해명을 주는 기회이며 해결하고 싶은 욕구를 표현한 것이다. 100℃의 사람을 36.5℃로 낮추려면 시간이 필요하다. 가능한 빨리 온도를 낮출 수 있도록 하는 자세가 필요하다.

- 우선 진심으로 사과한다.
- 불만은 끝까지 경청하고 믿어야 한다.
- 다른 불만은 없는지 묻도록 한다.
- 불만은 가능한 즉시 처리하고 처리결과에 만족했는지 확인한다.
- 문제 해결 후 감사의 인사를 전해 평생고객으로 남겨두어야 한다.

나 고객 응대 매뉴얼 제작

매뉴얼은 업무를 수행하는 방법에 대해 기술해 놓은 문서를 의미한다. 매뉴얼은 구성원 간의 정보공유와 권한이 명시되어 있어 고객 응대를 균일하게 제공할 수 있게 해준다. 고객 응대 매뉴얼에는 최소한으로 지켜야 할 기본적인 응대 원칙 및 방법에 대해서만 서술하도록 한다. 너무 자세한 서술은 구성원의 역량을 제한할 수 있으며 조직 문화를 경직시킬 수 있다. 가장 중요한 것은 고객을 만족시키려는 의지와 태도이다.

12.2 고객 관리

가 고객 관리 차트

① 고객정보

고객정보는 개인정보보호법에 의해 관리되어야 하며 서비스 제공에 필요한 부분만 받아야 한다. 또한 고객정보는 미용샵 안에서만 사용되어야 하며 외부로 유출되지 않도록 관리해야 한다.

② 반려견 정보

반려견 정보는 미용 스타일과 미용 시간, 미용 제품을 선정하는 데 있어서 중요한 역할을 한다. 반려견의 정보로는 반려견의 이름 · 품종 · 나이 · 중성화 수술 여부 · 과거 병력 등을 간단히 기록한다.

③ 미용 정보

반려견 미용 전후에는 반드시 미용 내역을 기록하여 추후 미용을 할 때 고객과 원활한 소통이 이루어질 수 있도록 한다.

④ 정보 관리

고객이 방문할 때에는 고객의 개인정보와 반려견의 건강 정보 변동사항을 확인하여 수정하도록 한다.

12.3 반려견의 상태 확인

가 기초 검사

기초 검사는 반려견의 안전과 미용 금액 산정, 미용 전후에 발생하는 고객과의 마찰을 피하기 위한 필수 과정이다.

① 체중 확인

움직임이 적은 반려견은 직접 체중계로 측정하도록 한다. 그러나 심한 움직임으로 측정이 어려울 때에는 고객 또는 미용사가 안고 측정하거나 반려견을 이동장에 넣은 채로 측정할 수도 있다.

② 체온 확인

항문을 통해 전자 체온계를 사용하여 체온을 측정한다. 사용 후에는 소독제를 사용하여 세척하고 소독한 후 보관한다.

나 건강 상태 육안 검사

반려견의 기초 검사결과 이상이 없으면 육안으로 외부로 보이는 건강 상태를 점검한다. 이는 미용 중의 사고를 방지하고 미용 후에 고객과 불필요한 마찰을 피할 수 있다. 건강 상태 점검에서 이상이 발견되면 수의사의 진료를 먼저 받을 수 있도록 안내한다.

다 피모 상태 점검

털 엉킴이 있거나 피부의 종양, 궤양, 홍반, 부스럼과 딱지, 수포, 색소 침착, 가려움 등이 있는지 점검하여 고객에게 안내한다.

라 미용 동의서 작성

노령의 동물이거나 예방접종이 되어 있지 않은 어린 동물, 과거 또는 현재 뇌신경 질환 · 순환기 질환 · 호흡기 질환 · 소화기 질환 · 골질환 등의 질병이 있는 경우 예민하거나 경계심이 강해 사고의 위험성이 있기 때문에 원칙적으로 미용을 진행하지 않는다. 하지만 고객이 원한다면 위험성에 대해 충분히 설명한 뒤 불필요한 마찰을 피하기 위해 미용 전에 동의서를 작성하도록 한다.

1. 접종과 건강 검진의 유무를 점검한다.
2. 과거 또는 현재의 병력을 기록한다.
3. 미용 후 스트레스로 인한 2차적인 증상이 나타날 수 있음을 안내한다.
4. 미용 작업 중 불가항력적인 가능성을 충분히 설명한다.
5. 경계심이 강하고 예민한 동물에게는 쇼크나 경련 등의 증상이 나타날 수 있음을 안내한다.
6. 사납거나 무는 동물의 경우에는 물림 방지 도구를 사용할 수 있음을 미리 안내한다.

그림 12-1. 미용 의뢰서 및 동의서

미용 의뢰 및 동의서

<table>
<tr><td>의뢰일시</td><td colspan="2">20 . . .</td><td colspan="3">찾아가는 시간</td><td colspan="2">20 . . .</td></tr>
<tr><td rowspan="2">접수자</td><td colspan="2" rowspan="2">(인)</td><td colspan="2" rowspan="2">담당 미용사</td><td>성명</td><td colspan="2">(인)</td></tr>
<tr><td>미용 완료시간</td><td colspan="2"></td></tr>
<tr><td>의뢰자</td><td>성명</td><td colspan="3"></td><td>연락처</td><td colspan="2"></td></tr>
<tr><td rowspan="2">미용견</td><td>견종</td><td colspan="3"></td><td>견명</td><td colspan="2"></td></tr>
<tr><td>모색</td><td colspan="2"></td><td>나이</td><td></td><td>중성화</td><td>□ 유 □ 무</td></tr>
<tr><td rowspan="5">건강상태</td><td>전신상태</td><td colspan="6">□ 정상 □ 마름 □ 비만 □ 탈수 □ 기침/콧물 □ 기관지 협착
□ 헐떡임</td></tr>
<tr><td>피부•피모</td><td colspan="6">□ 정상 □ 건성 지루 □ 유성 지루 □ 악취 □ 탈모 □ 종괴(Mass)
□ 외부 기생충 □ 피부색 변화 □ 지간, 패드 이상</td></tr>
<tr><td>귀•눈</td><td colspan="6">□ 정상 □ 염증/감명(좌, 우) □ 비후/협착(좌, 우)
□ 다량의 귀지 (좌, 우) □ 귀 진드기(좌, 우) □ 안구 분비물(좌,우)
□ 안구 충혈(좌,우) □ 눈물 분비(좌, 우)</td></tr>
<tr><td>구강</td><td colspan="6">□ 정상□ 구취 □ 치열 이상 □ 흔들리는 치아 □ 잇몸 발적
□ 치석 □ 잇몸 부종 □ 구강 내 출혈 □ 기타 치주 질환</td></tr>
<tr><td>기타</td><td colspan="6"></td></tr>
<tr><td rowspan="5">의뢰 내용</td><td>클리핑</td><td colspan="6">□ 몸은 클리핑, 얼굴은 남김 □ 몸 전체를 클리핑
□ 꼬리만 빼고 크리핑 □ 방울 □ 스포팅</td></tr>
<tr><td>시저링</td><td colspan="6">전체 남길 털 길이 :
꼬리 : 귀 : 다리 :
얼굴 :
기타 :</td></tr>
<tr><td>그루밍</td><td colspan="6">□ 발톱 깍이 □ 발톱 갈기 □ 요구 샴푸 :</td></tr>
<tr><td>주의 사항</td><td colspan="6">개가 싫어하는 부분 :
기타 :</td></tr>
<tr><td>기타</td><td colspan="6">□ 아로마 입욕제 □ 마사지 □ 기타 :</td></tr>
<tr><td>미용사
종합의견</td><td colspan="7"></td></tr>
<tr><td colspan="8">의뢰</td></tr>
<tr><td colspan="8"></td></tr>
</table>

그림 12-1. 미용 의뢰서 및 동의서 (계속)

[주의 사항]

☐ 모든 개는 새로운 환경에 따른 스트레스 증상을 미용 중 또는 미용 이후에 발생할 수 있다.

☐ 특히, 5차 접종 이전의 어린 강아지 • 심혈관 질환, 발작, 각종 질환을 가지고 있는 반려견 • 미용 거부반응 또는 분리불안을 보이는 반려견 등은 미용 중간이나 이후에 이상 증상이 발생할 수 있다.

☐ 미용 작업 중 불가항력적인 가능성이 발생할 수 있다.
- 미용 중 순간적인 동물의 움직임으로 인한 상처 등

☐ 기타 스트레스나 미용으로 올 수 있는 2차적 증상 및 질병이 발생할 수 있다.
- 발바닥과 몸을 핥으며 엉덩이를 바닥에 끌거나 꼬리를 물려고 한다.
- 귀를 긁거나 심하게 털 수 있다.
- 불안 초조해하거나 집에서 나오질 않고 식욕이 없다.
- 얌전히 앉아 있지 못하고 옆으로 걷거나 빙글빙글 돌수 있다.
- 몸을 만지면 소리를 내거나 예민하게 반응할 수도 있다.
- 피부 이상 증상(발적 등)

☐ 미용 중 급하게 치료가 필요로 하는 경우 보호자에게 연락하여 치료를 하게 될 수도 있으며, 연락이 되지 않으면 선 처치할 수 있다. 이에 대한 치료비는 보호자에게 정상 청구된다.

☐ 미용 후 집에서 상기의 이유로 이상 증상 및 질병이 발생할 가능이 있음을 알며 며칠간 주의 관찰하며 이상시 병원에 즉시 내원한다.

위와 같은 경우가 있을 수 있다는 가능성을 충분히 설명을 듣고 인지하였으며, 혹시 위와 같은 경우가 발생하더라도 (   )에 어떠한 책임도 붙지 않음을 동의합니다.

20　　년　　월　　일　고객성명 :　　　　　　(서명)

[개인정보 수집 및 제공 활용 동의]

1. 수집주체 :
2. 수집항목 : 성명, 연락처
3. 수집목적 : 반려동물 미용 서비스 이용에 따른 고객 연락용도
4. 수집이용기간 : 반려동물 서비스 이용 완료 후 3달 후 폐기

20　　년　　월　　일　고객성명 :　　　　　　(서명)

그림 12-1. 미용 의뢰서 및 동의서 (계속)

노령견 미용 동의서

반려동물 보호자 정보			
성명		연락처	
반려동물 기본정보			
성명		견종	
나이		성별(중성화유무)	

[보호자 동의사항]

1. 반려동물의 연령이 9세 이상인 경우 고위험군 반려동물로 분류됩니다. 고위험군의 경우 환경변화 등의 스트레스와 기타 정확한 원인을 알기 어려운 사유로 인하여 잠재질병의 발현 및 각종 전염성 질환에 쉽게 이환 될 수 있으며 돌연사를 일으킬 수 있습니다.
2. 당사(   )에서는 애견미용을 의뢰하신 반려견을 미용함에 있어 소홀함이 없이 노령견임을 감안하여 최대한 배려하여 미용할 것을 약속드립니다.
3. 미용 후 지병의 악화나 스트레스로 원치 않는 상황이 발생할 수 있음을 미리 알려드립니다.
4. 미용시 최대한 배려하는 마음으로 미용 할 것을 약속드리지만, 이로 인해 발생하는 상황에 대해서는 반려견 보호자가 당사(   )에 책임을 묻지 않을 것임을 약속 받고, 미용에 들어갑니다.
5. 미용동의서는 미용의뢰시마다 매번 작성하는 불편함을 최소화하기 위하여 반려견 보호자와 당사의 합의하에 한번 작성으로 앞으로의 서비스이용에 동일한 내용이 작용됨을 쌍방 합의합니다. 이 동의서의 적용일은 동의서 작성일 이후부터 차후 미용을 의뢰하시는 모든 기간에 동일하게 적용됨을 확인합니다.

위와 같은 내용에 대해 전부 동의하십니까 ?　　☐ 동의　　☐ 미동의

20　　년　　월　　일　고객성명 :　　　　　(서명)

[개인정보 수집 및 제공 활용 동의]

5. 수집주체 :
6. 수집항목 : 성명, 연락처
7. 수집목적 : 반려동물 미용 서비스 이용에 따른 고객 연락용도
8. 수집이용기간 : 반려동물 서비스 이용 완료 후 3달 후 폐기

20　　년　　월　　일　고객성명 :　　　　　(서명)

12.4 미용 스타일 및 요금 상담

가 미용 스타일 상담

반려견의 건강 상태를 확인하여 미용을 하는데 문제가 없다고 판단되었으면 고객이 요구하는 반려견 스타일에 대한 상담을 진행한다. 고객이 원하는 반려견의 미용 스타일을 정확하게 파악하기 위해서는 구두로 말하는 방법, 인터넷의 사진을 이용하는 방법, 스타일북에 있는 사진을 활용하는 방법 등이 있다. 가장 좋은 방법은 고객이 원하는 스타일 사진을 폰에 저장하여 반려견 미용사에게 보여주는 것이 가장 빠르고 정확하다. 이때 미용사는 고객이 가장 중요하게 생각하는 부분을 파악하는 것이 가장 중요하다. 미용 스타일이 결정되면 미용 과정과 함께 미용 중에 사용되는 재료와 제품에 대해서도 자세히 설명해 준다. 고객이 희망하는 재료나 제품이 있는지를 확인하고 그 재료나 제품을 사용할 수 있는지에 대해서 안내한다. 또한 미용 과정 중 발생할 수 있는 응급상황의 유형과 처리 절차에 대해서도 안내한다.

나 미용 요금 상담

미용 스타일에 대한 모든 설명이 끝났으면 마지막으로 미용 요금을 안내한다. 반려견의 미용 작업 전 요금과 관련한 상담을 하지 않으면 작업 후 요금을 정산할 때 고객과 불필요한 마찰이 생기거나 고객이 불쾌한 상태로 요금을 지불할 수 있다. 항목별 책정된 요금과 최종 지불금액을 고객에게 안내하고 이해하기 쉽게 설명하여 동의를 구해야 서비스에 만족할 수 있다. 또 예상되는 추가 비용에 대해서도 고객의 불만이 발생되지 않도록 미리 안내한다.

일반적으로 서비스 이용에 있어 가격 · 요금은 소비자의 구매결정에 중요한 영향을 미치므로 소비자 선택권 보장을 위해서는 판매자로부터 정확한 가격정보가 제공되어야 한다. 따라서 고객이 반려견 미용 서비스를 받고 실제로 지불해야 하는 최종 지불요금표를 영업장 내부에 게시하도록 한다. 요금표는 실질적인 정보제공이 가능하도록 모든 서비스별로 자세하게 표기하여야 한다.

12.5 미용 후 상담

가 고객 만족도 확인

사업에서 가장 중요한 것은 고객 만족이다. 고객 만족을 확인하는 가장 좋은 방법은 고객에게 만족했는지를 직접 물어보는 것이다. 서비스 경쟁이 치열해짐에 따라 서비스 품질 향상을 위한 다채로운 마케팅 전략을 수립하는 동시에 고객의 만족 여부를 끊임없이 확인하고 개선하는 노력도 함께 진행되어야 한다. 특히 스마트폰 보급 후에는 다양한 형태의 고객만족도 조사 형태가 많아지고 있다. 따라서 정기적인 설문 조사를 실시하여 서비스 품질 향상을 위해 노력하도록 한다.

① 미용 후 확인

미용사는 미용이 끝난 후에 고객에게 미용과정에 대해서 설명한 후 미용사의 종합의견을 전달한다. 이후 고객에게 반려견을 인계하기 전에 고객과 함께 반려견을 살펴보면서 요청한 내용이 모두 반영되었는지와 추가적인 요청사항이 있는지 확인한다.

② 전화 확인

일반적으로 미용직후에는 반려견의 문제가 발견되지 않더라도 반려견이 고객의 가정으로 되돌아간 이후에 발생되는 경우도 있으므로 미용 다음날 고객에게 전화하여 미용한 반려견의 건강을 포함한 전반적 상태에 대해서 확인하는 절차가 필요하다. 이러한 사후 확인은 고객과 신뢰감을 형성하게 되어 추후 재방문의 기회를 기약할 수 있게 해준다.

나 설문 조사

업체의 필요성에 따라 정기적 또는 비정기적으로 고객 대상으로 설문을 실시한다. 설문의 내용은 업체가 획득하고자 하는 정보에 따라 다양하게 구성할 수 있다. 설문에서 가장 중요한 것은 고객을 입체적으로 바라보기 위해 올바른 형태의 질문을 구성하는 것이다. 즉, 질문의 횟수보다 질문의 내용이 훨씬 중요하다는 것이다. 연구 결과에 따르면, 설문 문항이 한 개씩 늘어날 때마다 응답

중단율이 증가한다고 한다. 따라서 10개 이내의 질문으로 짧고, 즐겁고 간결하게 만들어야 한다.

설문 조사의 장점은 살리고 단점은 보완하기 위한 변화가 지속되고 있다. 최근 발달된 IT 기술 등을 활용한 전자 조사 방법이 많이 활용되고 있는데 이중 하나인 인터넷 조사는 조사비용을 줄여주고 손쉽게 조사할 수 있다는 장점이 있다. 무료 온라인 설문조사 도구가 많이 있으니 활용하기 바란다.

참고문헌

국가직무능력표준, 학습모듈『애완동물미용 고객 상담』
안미헌(2002).『고객의 영혼을 사로잡는 50가지 서비스 기법』. 거름.

부록

그루밍 용어해설

1. 견체 및 골격 명칭
2. 견체 용어
3. 반려견 미용용어

부록. 그루밍 용어해설

부록 1. 견체 및 골격 명칭

① 견체 명칭(犬體名稱), 타퍼그래피컬 아나토미 Topographical Anatomy

그림 1. 견체 명칭

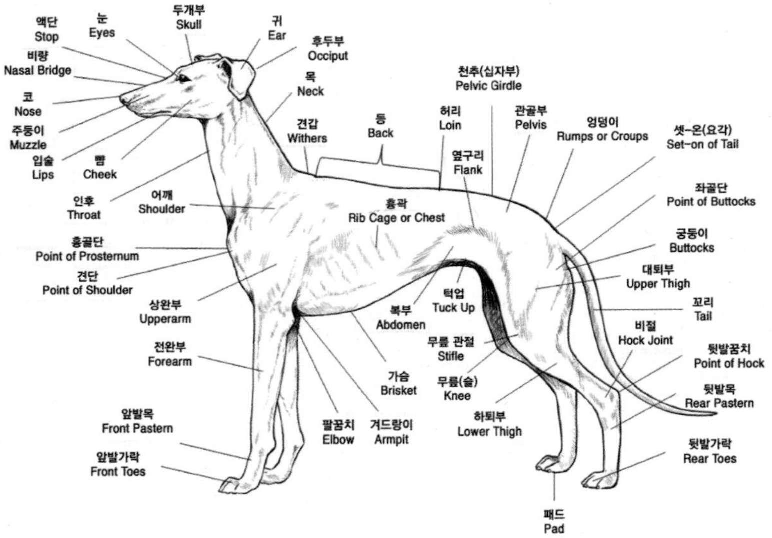

② 골격 명칭(骨格 名稱), 스케리틀 아나토미 Skeletal Anatomy

그림 2. 골격 명칭

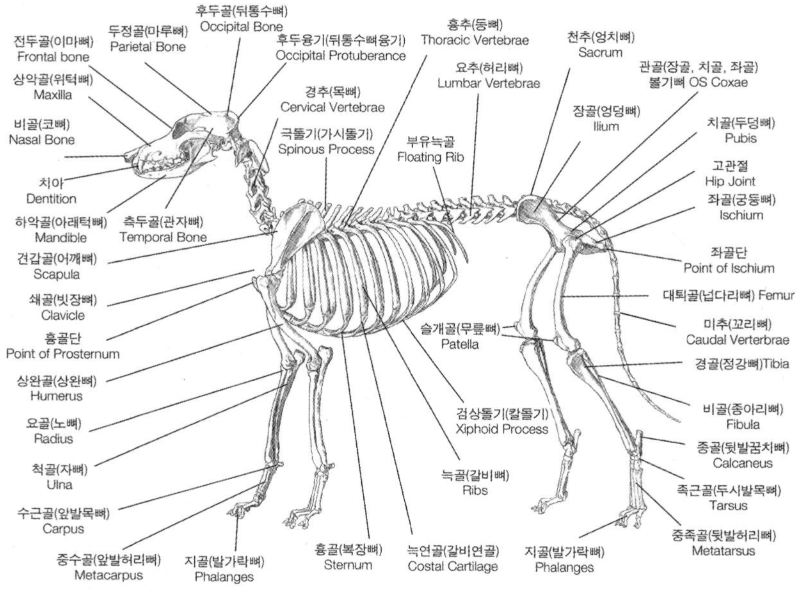
후두골(뒤통수뼈)
Occipital Bone
두정골(마루뼈)
Parietal Bone
전두골(이마뼈)
Frontal bone
후두융기(뒤통수뼈융기)
Occipital Protuberance
흉추(등뼈)
Thoracic Vertebrae
천추(엉치뼈)
Sacrum
요추(허리뼈)
Lumbar Vertebrae
관골(장골, 치골, 좌골)
볼기뼈 OS Coxae
상악골(위턱뼈)
Maxilla
경추(목뼈)
Cervical Vertebrae
장골(엉덩뼈)
Ilium
비골(코뼈)
Nasal Bone
극돌기(가시돌기)
Spinous Process
부유늑골
Floating Rib
치골(두덩뼈)
Pubis
고관절
Hip Joint
치아
Dentition
좌골(궁둥뼈)
Ischium
하악골(아래턱뼈)
Mandible
측두골(관자뼈)
Temporal Bone
견갑골(어깨뼈)
Scapula
좌골단
Point of Ischium
쇄골(빗장뼈)
Clavicle
대퇴골(넙다리뼈) Femur
흉골단
Point of Prosternum
슬개골(무릎뼈)
Patella
미추(꼬리뼈)
Caudal Verterbrae
상완골(상완뼈)
Humerus
경골(정강뼈)Tibia
요골(노뼈)
Radius
검상돌기(칼돌기)
Xiphoid Process
비골(종아리뼈)
Fibula
척골(자뼈)
Ulna
종골(뒷발꿈치뼈)
Calcaneus
늑골(갈비뼈)
Ribs
수근골(앞발목뼈)
Carpus
족근골(두시발목뼈)
Tarsus
중족골(뒷발허리뼈)
Metatarsus
중수골(앞발허리뼈)
Metacarpus
지골(발가락뼈)
Phalanges
흉골(복장뼈)
Sternum
늑연골(갈비연골)
Costal Cartilage
지골(발가락뼈)
Phalanges

부록 2. 견체 용어

ㄷ

닥 Dock

단미 斷尾.

단미는 꼬리 전체 또는 일부를 자르는 것을 의미한다.

듀클로 Dewclaw

며느리 발톱.

퇴화된 발톱으로 며느리 발톱은 앞뒤 발목의 안쪽에 사용되지 않는 첫 번째 발가락이다.

ㄹ

라스트 리브 Last Rib

부유 늑골.

늑골의 가장 마지막 뼈이다. 부유늑골이라고도 부른다.

ㅁ

머스태시 Moustache

콧수염.

입술과 턱 측면에 난 피모를 말하면 통상 수염이라고 한다.

ㅂ

바이트 Bite

교합 咬合. 맞물림.

개가 입을 다물었고 있을 때 윗니와 아랫니가 서로 맞물린 상태.

버턱스 Buttocks

궁둥이.

볼기의 아랫부분.

그림 3. 버턱스(Buttocks)

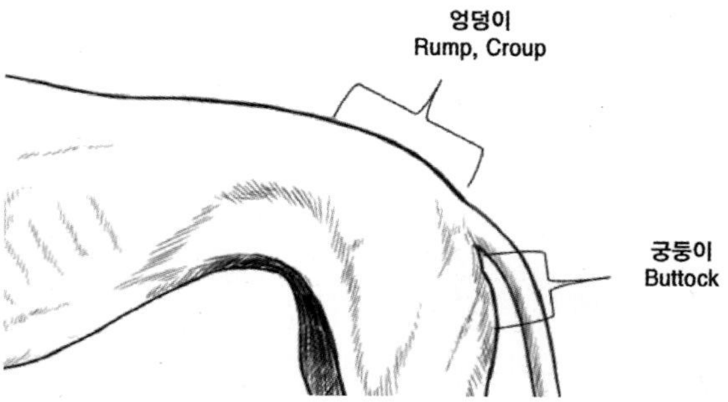

벨리 Belly

배.

허리 아래에 있는 복부의 복강바닥을 말한다. 배는 근육, 조직, 피부로 구성되어 있다.

백 Back

등.

일반적으로 견갑(위더스 Whithers) 바로 뒤에서부터 흉추 13번까지를 말한다.

비어르드 Beard

턱수염.

입주위에 난 피모를 총칭하는 말로 그 범위가 정확치는 않으나 아래턱에 난 비교적 두껍고 긴 털로 대게 턱수염이라고 한다.

ㅅ

스탑 Stop

액단.

두개골과 주둥이 사이에 있는 함몰부.

O

악서펏 Occiput

후두부.

두정골(마루뼈) 뒤의 후두골(뒤통수뼈)이 있는 부분을 말한다.

앱더먼 Abdomen

복부.

가슴과 후구 사이의 아래쪽 부분을 말하는 것으로 위쪽으로는 요추가 있고 아래쪽은 배가 있어 보호한다. 배는 근육, 조직, 피부로 구성되어 있다. 많은 견종에서 복부 부분이 가슴에서 부터 점점 위쪽으로 곡선을 그리면서 아래쪽 윤곽선을 형성하고 되고 이것을 턱트업 Tucked-up이라고 부른다.

앵귤레이션 Angulation

개의 골격을 형성하기 위해서 뼈들이 모여 만드는 관절이 이루는 각도.

에니늘 색스 Anal Sacs

항문낭 肛門囊.

항문 괄약근 주변 내부의 직장 양쪽에 각각 하나씩 2개가 있다. 항문샘(Anal Gland)이라고도 한다.

그림 4. 에니늘 색스(Anal Sacs)

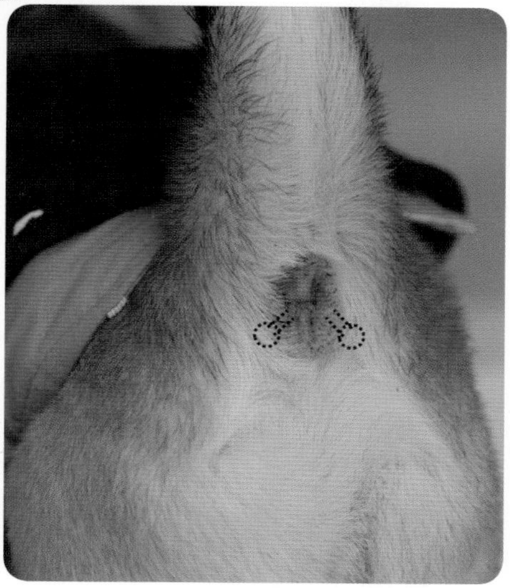

위더스 Withers

견갑.

해부학적으로 견갑골(肩胛骨)의 위쪽 부분과 1~2번째 극돌기(棘突起, 스파이너스 프라세스 Spinous Process) 사이의 연결부위이며 구조적으로는 목과 등이 연결되는 목의 바로 뒷부분을 말한다.

인타이어르 Entire

고환의 정상 정도를 말할 때 사용되는 용어로 음낭이 완전히 내려가 있는 정상적인 2개의 고환을 가지고 있는 성인 수캐를 말한다.

ㅊ

체스트 Chest

가슴.

몸의 앞쪽을 형성하는 중요 부분으로 내부는 흉강, 외부는 흉곽으로 이루어진다.

ㅋ

코트 Coat

피모.
개의 피부에 빽빽하게 나있는 털을 말한다.

크레이트 Crate

반려견 운반을 위해 사용되는 휴대용 용기.

ㅌ

턱업 Tuck Up

옆에서 보았을 때 전구와 후구 사이 복부가 위로 말려 올라간 듯 만든 허리라인.
그레이하운드 Greyhound에서 쉽게 관찰할 수 있다.

그림 5. 턱업(Tuck Up)

부록 3. 반려견 미용용어

ㄱ

그루머 Groomer

동물의 건강유지를 위해 피모의 전반적인 손질을 하는 사람으로 트리머 Trimmer라고도 한다.

그루밍 Grooming

동물의 전반적인 털 손질을 의미하며 브러싱 Brushing, 코밍 Combing, 베이싱 Bathing, 드라잉 Drying, 랩핑 Wrapping 등의 피모에 대한 모든 작업이 포함된다.

ㄴ

네일 클리퍼 Nail Clipper

발톱깎이.

발톱을 깎는 기구로 가위형(시저르 클리퍼 Scissor Clipper)과 길로틴형(길러틴 클리퍼 Guillotine Clipper)이 있다. 가위형은 대형견에 적합하며, 길로틴형은 중소형견에 적합하다.

그림 6. 네일 클리퍼(Nail Clipper)

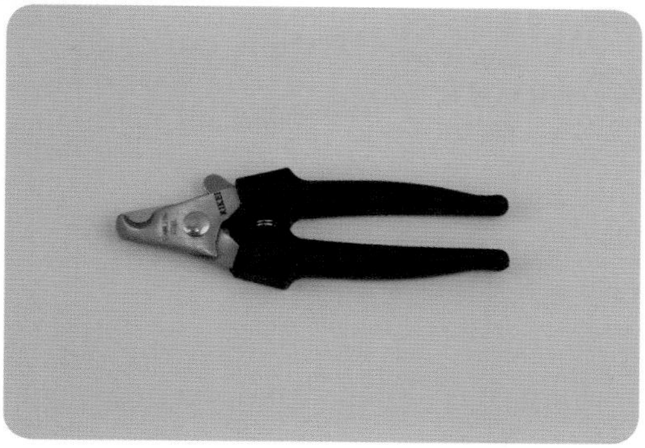

네일 트리밍 Nail Trimming

발톱의 손질로 길어진 발톱을 발톱깎이로 자른 후 발톱 다듬기로 갈아 둥글게 만들어주는 작업.

넥라인 Neckline

목 부분을 V자나 U자로 라인을 만드는 작업.

ㄷ

더블 코트 Double Coat

이중모.
윗털과 아랫털이 모두 있는 것.

듀플렉스 쇼튼 Duplex-shorten

테리어 견종을 미용할 때 사용되는 용어로 처음 스트리핑 후 2주 정도 지나 새로운 털이 자랄 때까지 뽑지 못한 오래된 털을 나이프로 다시 뽑는 작업이다. 듀플렉스 트리밍 Duplex Trimming 이라고도 한다.

듀플렉스 트리밍 Duplex Trimming

듀플렉스 쇼튼(Duplex-shorten) 참조.

드라잉 Drying

드라이어를 사용하여 브러시나 빗으로 털을 말리는 과정.

디 매팅 De-matting

엉클어져 있는 털을 제거하는 과정.

ㄹ

라운드 핏 Round Feet

발톱이 보이지 않도록 발에 있는 털을 둥글게 가위로 잘라주는 것.

랩핑 Wrapping

장모 견종의 긴 털을 보호하기 위하여 전체 또는 일부를 종이로 감싸주는 작업.

러프 Ruff

목 주위에 자라는 길고 두꺼운 털로 탑라인과 연결된다.

그림 7. 러프 Ruff 또는 러프 코트(Ruff Coat)

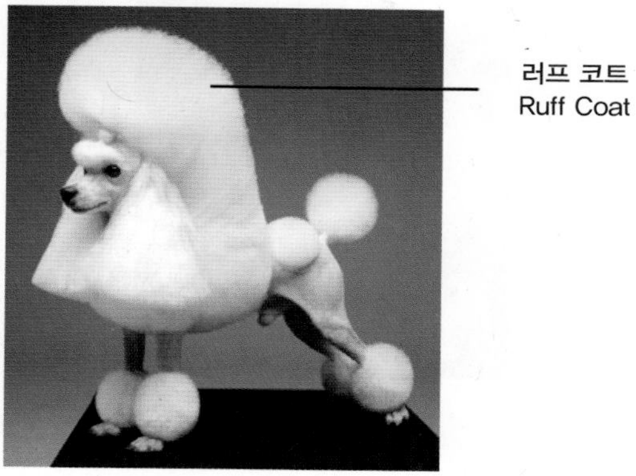

러프 코트 Ruff Coat

러프 Ruff 참조.

레이킹 Raking

스트리핑 후 남은 윗털이나 아랫털을 일정 간격으로 제거해 새로운 털의 발생을 촉진하는 작업.

로젯 Rosette

푸들의 콘티넨탈 클립 Continental Clip에서 좌우 엉덩이부분에 만들어 놓은 원형모양의 털 뭉치.

그림 8. 로젯(Rosette)

리어 브레이슬릿 Rear Bracelet

푸들 콘티넨탈 클립 Continental Clip에 뒷다리 비절 부분에 만든 계란형태의 모양.

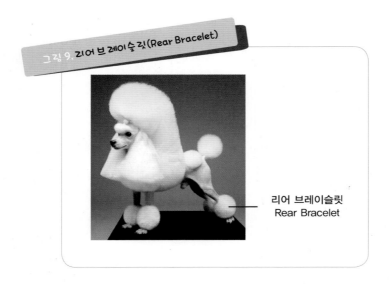

그림 9. 리어 브레이슬릿(Rear Bracelet)

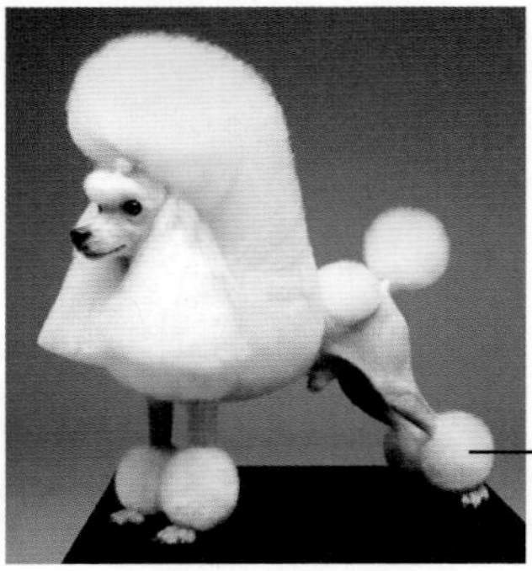

린싱 Rinsing

베이싱 중 하나로 샴핑후 린스를 발라 털을 마사지하고 헹구어 냄으로써 털을 부드럽게 하고 정전기를 방지하며 샴푸로 인한 알칼리 성분을 중화하는 작업.

ㅁ

매팅 Matting

털들이 먼지와 습기와 함께 엉클어져있어서 마치 돗자리처럼 되어 있는 상태.

메인 코트 Main Coat

탑낫 Topknot에서 러프 코트 Ruff Coat를 지나 몸통에 이르는 털로 메인 코트 Main Coat를 중심으로 전체적인 균형과 조화를 이루는 중요한 털을 의미한다.

그림 10. 메인 코트(Main Coat)

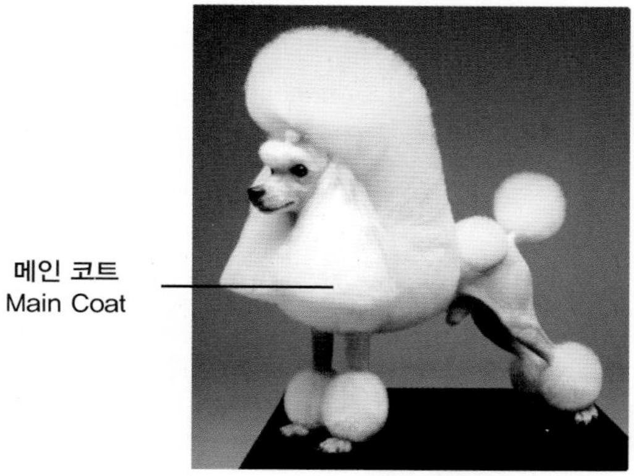

ㅂ

발톱갈이 Nail File

물체를 쓸 때 사용하는 도구로, 세로줄 File 또는 전동 연마기 Grinder가 있다. 발톱깎이에 의해서 잘라진 발톱의 끝 부분을 둥글고 부드럽게 만들어 주기 위해서 사용한다.

그림 11. 발톱 갈이(네일 파일 Nail File)

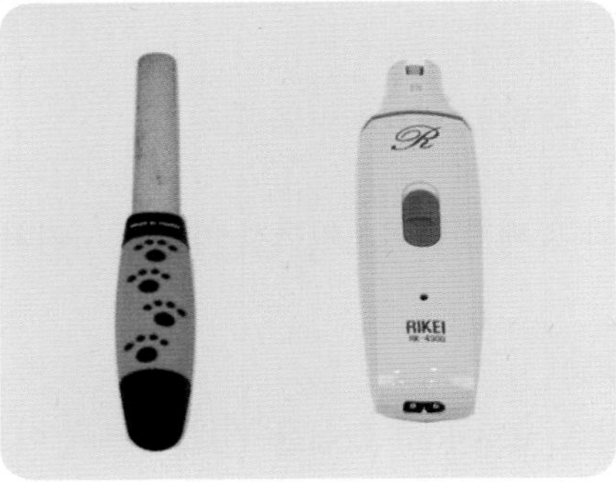

밴드 Band

클리퍼나 가위로 깎아놓은 띠 모양의 경계선.

예를 들면, 푸들의 콘티넨탈 클립 Continental Clip에서 메인 코트 Main Coat와 로젯 Rosette 사이에 넣은 띠.

베이싱 Bathing

목욕.

털을 물로 적셔 샴푸로 세척하여 충분히 헹구는 작업.

브러싱 Brushing

빗질.

브러시를 이용하여 피부를 자극하여 마사지 효과를 주고 엉킨털을 풀거나 죽은털을 제거하는 작업.

브랜딩 Blending

털의 길이가 다른 부분을 가위 등으로 부드럽게 연결해주는 것.

브레이슬릿 Bracelet

다리에 만들어 놓은 둥근 장식 털로 전구의 프런트 브레이슬릿 Front Bracelet, 후구의 리어 브레이슬릿 Rear Bracelet와 어퍼 브레이슬릿 Upper Bracelet이 있다.

블로우 드라잉 Blow Drying

드라잉을 할 때 브러시 또는 빗을 사용하여 효과적으로 말리는 작업으로 특히 장모종을 드라잉할 때 많이 사용된다.

ㅅ

새들 Saddle

후구쪽 등의 안장 모양의 코트.
잉글리시 새들 클립 English Saddle Clip에서 키드니 패치 Kidney Patch 뒤에서부터 엉덩이까지의 전체 영역으로 마치 말 안장처럼 생겼다고 하여 부르는 말이다.

새킹 Sacking

목욕 후 털이 뜨는 것을 방지하며 자연스러움을 표현하기 위해 수건으로 감싸서 색 Sack 모양으로 해두는 작업. 몰티즈처럼 장모종의 털이 뜨는 것을 방지하기 위함이다. 또한 코커르 스패니얼의 쇼 트리밍 Show Trimming 기법 중의 하나이다.

샴핑 Shampooing

베이싱 작업 중 하나로 샴푸를 이용하여 세척한 후 헹구어 내는 작업.

세트 스프레이 Set Spray

탑낫 Topknot의 세워진 털을 고정시키기 위한 스프레이를 뿌리는 작업.

셋업 Set Up

푸들의 털을 세워서 미용한 후 탑낫 Topknot과 메인 코트 Main Coat를 정리해 모양을 만드는 작업.

쇼클립 Show Clip

반려견 전람회 Dog Show에 참가를 목적으로 각 견종표준에서 고유하게 요구하는 미용 형태에 맞추어 개가 최대한 돋보일 수 있도록 하는 미용.

쉐이빙 Shaving

드레서 Dresser나 나이프 Knife를 이용하여 털을 베듯이 자르는 작업.

틴닝 Thinning

숱가위(빗살 가위, 튜닝 가위, 요술 가위 등으로 털의 모량을 줄이는 미용 도구)로 털을 잘라내어 형태를 만드는 작업.

어태치먼트 캄즈 Attachment Combs

우리나라에서는 스냅콤, 클립콤 또는 클리퍼콤이라고 부름.
#30, #40, #50과 같은 클리퍼 날(블레이드 Blade)에 사용된다. 클리퍼를 이용한 다양한 길이의 털 모양을 만들기 위해서 사용되는 도구로 시저링을 마치기전에 튀어나온 털을 제거하거나 전체적인 모양을 만들 때, 효율적이고 생산적으로 미용작업을 하고자 할 때 사용된다.

그림 12. 클리퍼 콤(어태치먼트 캄즈 Attachment Combs)

스웰 Swell

스탑 Stop 위의 탑낫 Topknot을 만들기 전의 작업으로 털을 볼륨감 있게 부풀리는 작업.

그림 13. 스웰(Swell)

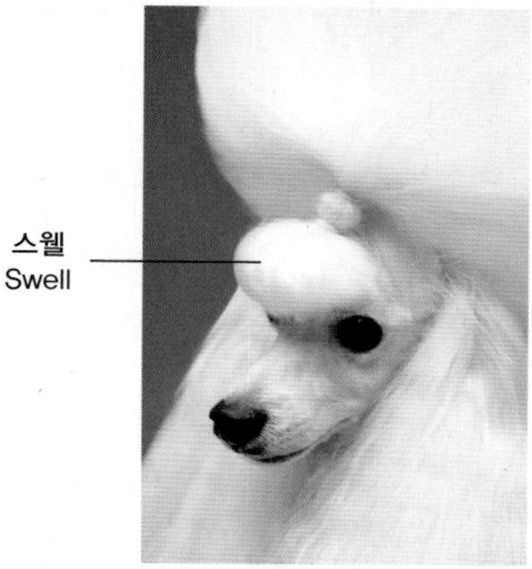

스커르트 Skirt

에이프런 Apron 아래와 연결되는 장식털.

스테이징 Staging

주로 도그쇼를 나가거나 미용대회를 준비할 때 사용되는 용어이다. 테리어 견종은 부위에 따라 여러 단계를 거쳐서 1~2주 간격으로 스트리핑을 하게 되는데, 이때 수행되는 각 단계를 스테이징 Staging이라고 한다. 스트리핑시 반려견의 스트레스를 가급적 최소화하기 위한 방법이다.

스트리핑 Stripping

털 빠짐이 적은 견종에서 트리밍 나이프를 이용하여 죽은 털을 제거하는 작업.
새로운 털이 자랄 수 있는 공간을 마련해주게 된다. 대부분의 테리어나 스패니얼에서 사용되는 털 제거 방법이다. 또한 테리어의 털을 개량하기위해 트리밍 나이프를 사용하여 털을 뽑아내는 작업을 의미하기도 한다.

스팁틱 파우더 Styptic Powder

지혈제 止血劑.

발톱을 너무 짧게 자르면 출혈이 발생하는데 지혈하기 위하여 사용하는 가루나 액체 형태로 된 응고제이다.

슬리커 브러시 Slicker Brush

슬리커 유형의 브러시는 모든 용도에 사용 가능하며 피부가 민감하고 부드러운 털을 가지고 있는 견종에 적합하도록 부드러운 브러시를 가지고 있다. 엉킨털을 제거하거나 마무리 작업에 매우 용이한 도구이다. 금속이나 플라스틱 재질의 판에 고무 쿠션이 붙어 있고 그 위에 구부러진 철사 모양의 쇠가 촘촘하게 박혀 있다. 특히, 시저링을 할 때에 부드러우면서 반듯한 형태를 만들고자 할 때 유용하다.

그림 14. 슬리커브러시(Slicker Brush)

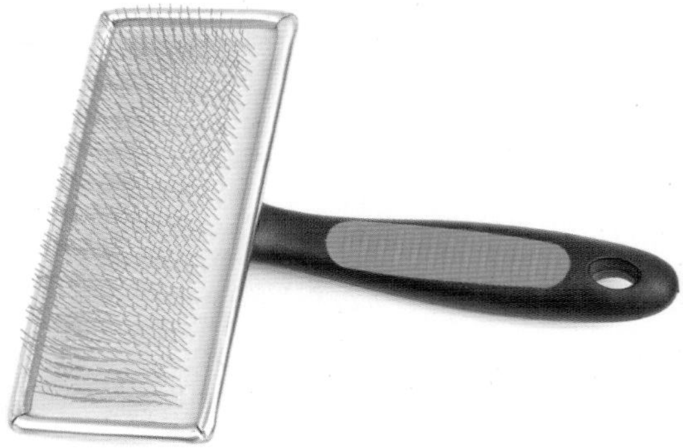

시저링 Scissoring

가위로 털을 자르는 작업

싱글 코트 Single Coat

피모가 한 가지로 윗털과 아랫털 중 아랫털을 가지지 않고 윗털만 가지고 있는 경우로 몰티즈나 요르크셔르 테리어르 등이 싱글 코트를 가지고 있다.

ㅇ

아담스 애플 Adam's Apple

목젖. 목울대.

후두(래링크스 Larynx)라고 부르며 뺨 아래의 목 앞에 위치해 있다.

앱소르번트 카튼 Absorbent Cotton

탈지면 脫脂綿.

불순물이나 지방 따위를 제거하고 소독한 솜.

언더라인 Underline

옆에서 봤을 때 하흉부에서 하복부로 이어지는 외부 윤곽선.

그림 15. 언더라인(Underline)

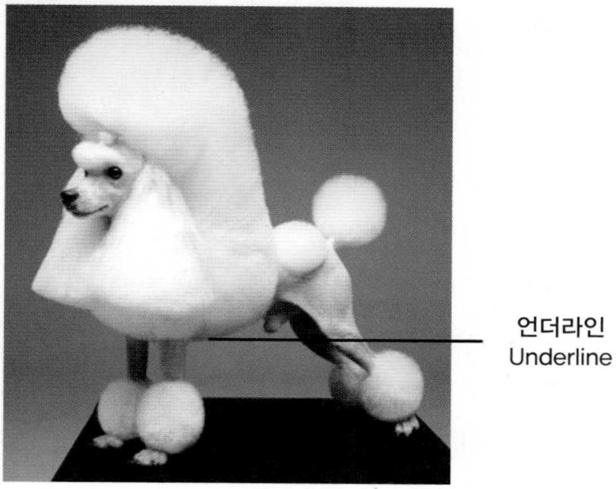

에이프런 Apron

앞가슴에 있는 장식털.

그림 16. 에이프런(Apron)

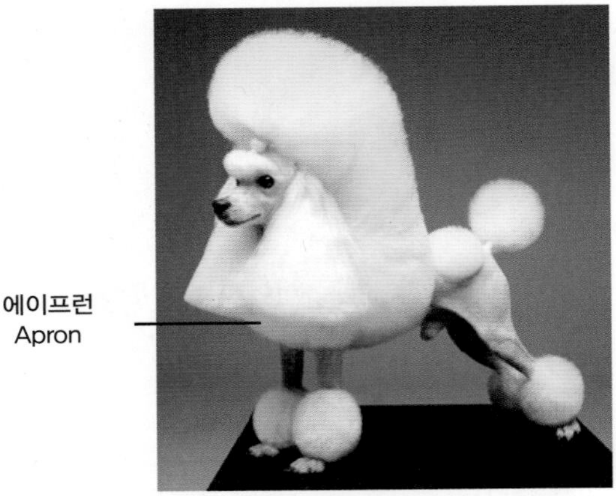

오일 브러싱 Oil Brushing

피모에 오일을 발라 브러싱하는 작업.

이미지너리 라인 Imaginary Line

미용을 용이하게 하기 위하여 외부에 설정하는 가상의 선(기준선)으로 푸들의 주둥이 또는 테리어의 각 견종에서 요구되는 미용을 위한 기준선을 의미한다.

이어 클리너 Ear Cleaner

반려견의 귀 내부를 청소하기 위한 액체로 귀 세정제. 이어 클리너는 귀지(귀구멍 속에 낀 때)를 용해시키며, 귀 속의 이물질을 제거하고 미생물의 번식을 억제하며 악취를 제거하는 효과가 있다.

그림 17. 이어 클리너(Ear Cleaner)

이어 파우더 Ear Powder

반려견의 귀 내부의 털을 뽑기 위해서 사용하는 분말로 이어 파우더는 미끄럼을 방지하고 피부 자극과 피부 장벽을 느슨하게 하며 모공을 수축시키는 효과가 있다.

그림 18. 이어 파우더(Ear Powder)

이어 프린지 Ear Fringe

귀의 장식털.

그림 19. 이어 프린지(Ear Fringe)

이중모

더블 코트 Double Coat 참조.

인덴테이션 Indentation

움푹 들어간 형태로 푸들의 스탑 Stop에 역 V모양을 만드는 것.

ㅈ

재킷 Jacket

어깨와 언더라인 사이에 있는 털.

ㅊ

칩핑 Chipping

가위나 빗살가위로 털끝을 잘라내 길이를 맞추는(균일하게 하는) 작업.

ㅋ

카르딩 Carding

손상되었거나 여분의 언더 코트 Under Coat를 레이크 Rake 등으로 뽑아 제거하는 작업.

코밍 Combing

반려견 미용시 기본 작업 중 하나로 털의 엉킴을 풀거나 털의 방향을 일정하게 정리하는 것.

클리퍼링 Clippering

클리퍼 Clipper를 사용하여 털을 제거하는 작업.

클린 페이스 Clean Face

일반적으로 푸들에 사용되는 미용방법으로 피부에 최대한 가깝게 얼굴, 주둥이, 뺨 등을 깔끔하게 미용하는 것.

클린 핏 Clean Feet

일반적으로 푸들에 사용되는 미용방법으로 발목까지 완전히 미용함으로써 발톱을 포함한 발전체가 노출되도록 하는 미용하는 것.

클립 Clip

견종 특성에 따라서 털을 자르는 방법.

키드니 패치 Kidney Patch

푸들의 잉글리시 새들 클립 English Saddle Clip에서 메인코트 Main Coat와 새들 Saddle의 경계부분에 피부 면까지 코트를 커팅하여 만들어 주는 반원형의 장식.

크라운 Crown

두부에 있는 왕관처럼 장식한 털.

ㅌ

타월링 Toweling

베이싱 후 타월로 수분을 닦아내는 작업으로 드라잉에 필요한 수분만 남긴다.

탑나트 Topknot

국내에서는 탑노트라고 부름.

일부 견종에서의 특별한 머리 모양으로 개의 머리 위에 만든 매듭. 탑나트는 이마 앞으로 털이 길게 흘러넘쳐 눈을 가리게 되는 견종에서 필요하다. 대표적인 견종으로는 시추 Shih Tzu, 몰티즈 Maltese, 요크셔르 테리어르 Yorkshire Terrier 등이 있다.

그림 20. 탑나트 (Topknot)

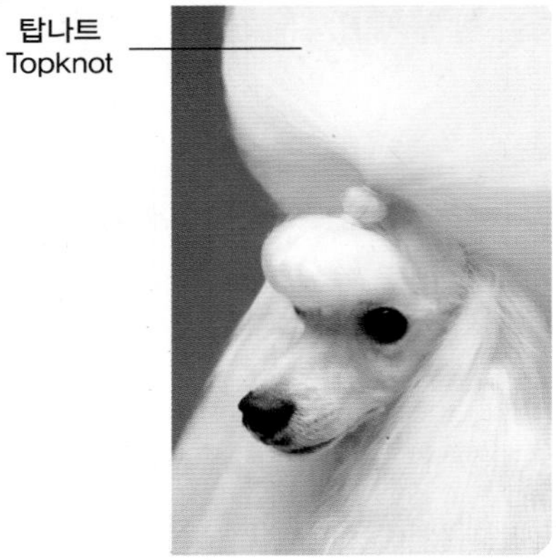

태슬 Tassel

귓바퀴 끝을 장식하는 털.
예를 들면, 베들링턴 테리어르 Bedlington Terrier의 귀 끝에 남긴 털.

그림 21. 태슬 (Tassel)

탱글 Tangle

털이 엉키어 뭉치를 형성한 상태.

토핑오프 Topping-off

테리어 견종의 스트리핑을 실시한 후 마무리 단계에서 위에 튀어나온 털을 손가락으로 잡아 뽑는 것.

트리밍 Trimming

플러킹 Plucking, 클리핑 Clipping, 커팅 Cutting 등의 작업을 포함하여 불필요한 부분의 털을 제거하여 모양을 만드는 것.

ㅍ

펫 클립 Pet Clip

쇼 클립의 반대 개념으로 가정에서 반려견의 관리를 위해 실시되는 피모 관리.

파르팅 Parting

털을 좌우로 분리시키는 작업이며 분리된 선을 파르팅 라인 Parting Line이라고 한다.

퍼프 Puff

원래 소매나 옷 등의 불룩한 것을 지칭하는 용어로서, 반려견 미용 용어로 쓰일 때에는 브레이슬릿 Bracelet과 같은 일종의 다리 끝 털의 뭉치 등의 장식털을 의미.

히머스탯 Hemostat

겸자 鉗子.

날이 서지 않은 가위 모양의 기구로 물체를 집을 때 사용하는 도구. 반려견 미용에서는 귀 내부의 털을 뽑거나 귀의 이물질을 제거할 때 탈지면을 말아 사용한다.

그림 22. 겸자(히머스탯 Hemostat)

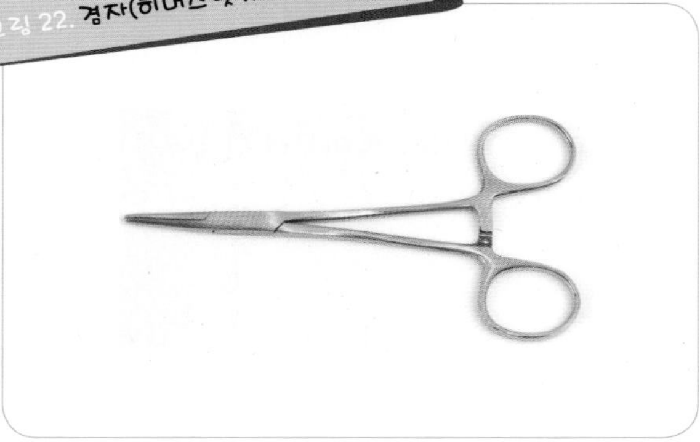

폼폼 Pom Pom

푸들 또는 복실한 털을 가지고 있는 개에게 사용되는 미용방법으로 꼬리 끝에 만드는 방울 모양의 장식을 말한다. 곱슬 털 또는 굵은 털을 가지고 있는 견종에서만 가능하다. 푸들의 콘티넨탈 클립 Continental Clip에 꼬리 끝의 장식털을 말하기도 한다.

그림 23. 폼폼(Pom Pom)

풋라인 Footline

다리 아래쪽 털을 잘라놓은 하한 기준선.

프런트 브레이슬릿 Front Bracelet

리어 브레이슬릿 Rear Bracelet과 동일한 개념.

푸들 콘티넨탈 클립 Continental Clip에 앞다리 전완골 아래 부분에 만든 원형 모양.

그림 24. 프런트 브레이슬릿 (Front Bracelet)

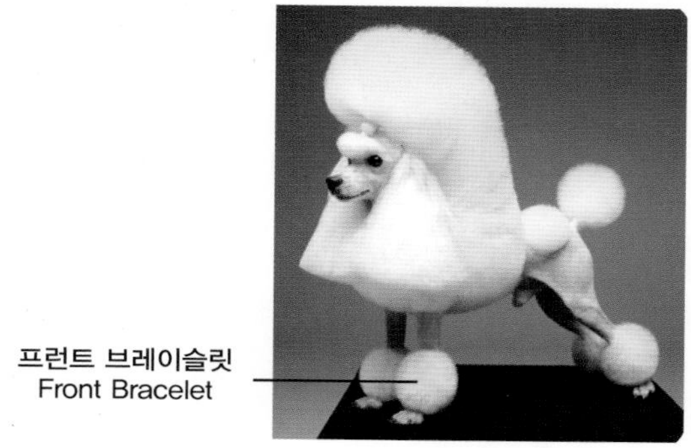

플러킹 Plucking

테리어 그룹의 미용 기법 중 하나로 손가락 또는 스트리핑 나이프를 사용해 털을 뽑아 스타일을 만드는 것.

플러프 드라잉 Fluff Drying

플러프는 부풀리다는 뜻으로 짧은 이중모를 가지고 있는 견종에서 모근으로 부터 털을 세워가며 모량을 풍성하게 드라잉하는 작업.

핀 브러시 Pin Brush

장모종의 엉킨 털을 제거하고 오염물을 떨어뜨리는데 사용되는 도구이다. 플라스틱이나 나무판 위에 고무 쿠션이 붙어 있고 둥근 침 모양의 쇠로 된 핀이 끼워져 있다.

그림 25. 핀 브러시(Pin Brush)

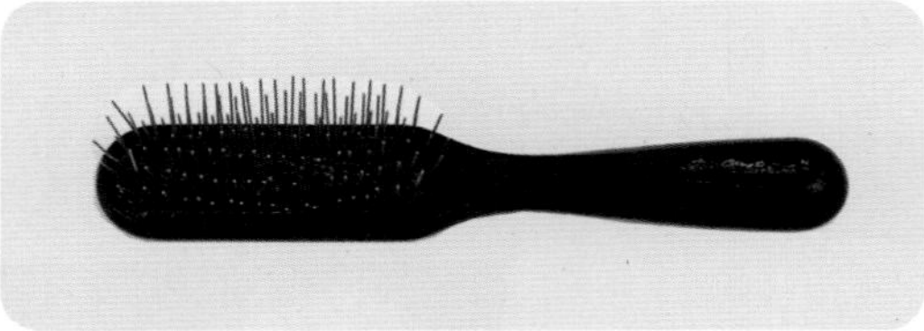

핑거 스트리핑 Finger Stripping

플러킹 Plucking의 기술로 엄지손가락과 집게손가락을 이용해 털을 뽑는 작업.

ㅌ

탱글 Tangle

털의 엉킴.

ㅎ

하이 벌라서티 드라잉 High Velocity Drying

고속건조.

목욕 등의 이유로 젖어있는 털을 말리기 위하여 고속의 드라이기를 사용하여 털을 말리는 방법.

핸드 스트리핑 Hand Stripping

플러킹의 기술로 엄지손가락과 집게 손가락을 이용해 털을 제거하는 작업.

핸드 플러킹 Hand Plucking

플러킹 Plucking 참조.

화이트닝 Whitening

하얀 털 부분을 더욱 하얗게 보이게 하는 작업.

히머스태틱 Hemostatic

지혈제 止血劑.

혈액 응고제로 출혈증상을 멈추게 하도록 쓰이는 분말 형태의 약.

그림 26. 히머스태틱(Hemostatic)

찾아보기

ㄱ

가위 50, 169
가위 보관방법 172
가위 사용방법 170
가위의 명칭 169
감전 28
견체 명칭 280
견체 모형 155
결절종 137
겸자 64
고객 관리 269
고객 관리 차트 269
고객 만족도 276
고객 응대 266
고객응대 화법 267
골격 명칭 281
교상 17, 27
구강 관리 68
귀 관리 87
귀마개 컷 189
귀의 구조 87
귀 장식 털 랩핑 249
귀 장식털 염색 261
귀 청소 88
근골격계질환 132
근막통증증후군 133
기본 시저링 174
꼬리빗 61
꼬리 염색 262

ㄴ

낙상 21
냉각제 67
네일 클리퍼 287
넥라인 288
누수 33
누전 32
눈꼽빗 61

ㄷ

단모종 96
도주 24
드라이어 48
드라잉 105
드퀘르뱅 건초염 136

ㄹ

램클립 178
랩핑 73, 244
러프 289
로젯 122, 289
룸 드라잉 106

리어 290
린싱 102

ㅁ

메인 코트 291
목욕 장비 49
목욕조 49
몰티즈 202
몰티즈 변형 미용 202
미용 가운 79
미용 계획도 114
미용도구꽂이 80
미용도구에 의한 상처 19
미용도구함 80
미용 동의서 271
미용사 준비 140
미용 스타일 275
미용실 준비 140
미용 준비 140
미용테이블 48

ㅂ

바닥재 35
반려견 꺼내기 143
반려견 넣기 144
반려견 미용사 7
발톱갈이 65, 291
발톱 관리 91
발톱깎이 64
방아쇠 수지 136
방울 모양 만들기 215
베들링턴 테리어르 217
베이싱 100
변형 미용 202
보조테이블 81
보호털 95
복장 266
불만고객응대 268
브랜딩 292
브러시 59
브러싱 93
브레이슬릿 290
브로콜리 컷 189
브리슬 브러시 60
비숑 프리제 189
빗 59

ㅅ

사각 만들기 157
상모 93
새킹 105, 293
샴푸 68
샴핑 100
설문 조사 276
소독 36
소독기 50
소독제 43, 67
손 씻기 41
솜털 95
수근관증후군 135
스무드 코트 97
스웰 295
스커르트 295
스트레칭 139
스트리핑 나이브즈 63
스포팅 컷 189
스포팅 클립으로 변형 미용 211
슬리커 브러시 59, 296
시저링 169

실키 코트 97
심폐소생술 29

ㅇ

안전문 34
안전사고 16
안전 장비 34
애완동물 미용사 7
어태치먼트 캄즈 294
얼굴 만들기 159
에이프런 298
엘리자베스 칼라 65
염모제 75
염색 254
와이어르 코트 97
외피(털) 입히기 155
요금 상담 275
요통 137
용모 266
웨스트 하이런드 테리어 225
위그 78, 154
위그 염색 260
위생관리 36
육안 검사 270
윤활제 67
이물질의 섭취 25
이미지너리 라인 298
이어 클리너 72
이어 파우더 71
이어 프린지 300
인덴테이션 300
인사법 267
인사 예절 267
인수공통전염병 42
입마개 66
입모근 93
잉글리시 새들 클립 125

ㅈ

자세 145
장모종 96
장비관리 34
장화 모양 만들기 213
전염성 질환 18
전화 응대 268
지혈제 70
진피 93

ㅊ

청소도구 39
촉각털 95

ㅋ

카커르 스패니얼 233
카커르 스패니얼 변형 미용 208
캔디 컷 189
커플리 코트 97
켄넬 드라잉 106
코트 킹 63
콘티넨탈 클립 122
콤 60
크라운 301
크라운(머리) 랩핑 250
크레이트 34
클리퍼 55, 164
클리퍼 날 56
클리퍼 콤 57
클리핑 164

키드니 패치 301

ㅌ

탑나트 301
태슬 302
털의 주기 95
털이 없는 종 96
테이블 고정 암 34

ㅍ

퍼프 303
퍼피 클립 119
펫 타올 70
폼폼 304
표피 93
푸들 178
프런트 브레이슬릿 305
플러프 드라이 106
피머레이니언 196
핀 브러시 59

ㅎ

하모 94
하임릭 응급법 26
하지정맥류 131
항문낭 100
화법 267
화상 19
화재 30
회전근개증후군 134

저자 약력

조현숙

현재 청주 프로펫 애견미용전문 평생교육원 원장으로 재직 중이다. 20년 이상 애견미용 분야에 종사하면서 프로 핸들러로 국내외 전람회에서 100회 이상 활동하여 다수의 수상실적을 가지고 있다. 국제 애견미용사(Barkleigh Groomer Certification Instructor) 및 심사위원(USA Barkleigh 국제애견미용 심사위원)으로 국내뿐만 아니라 국제적으로도 왕성한 활동을 하고 있다. 또한 전주기전대학 등 외부 출강을 통해서 후진 양성에도 힘쓰고 있다.

김원

현재 전주기전대학 애완동물관리과 교수로 재직 중이다. 〈EBS 동물일기〉 등에 출연하여 동물교감치유에 대한 자문을 하였으며, 자문 활동 이외에도 동물교감치유 분야의 발전을 위해 집필 및 기고, 교육 활동을 하고 있다. 또한 견개론, 동물교감치유, 반려견 쇼핑몰 창업, 3D 프린팅 기술을 활용한 반려견 아이템 개발 등을 포함한 반려견 분야 전반에 걸쳐 후진 양성에 힘쓰고 있다. 주요 저서는 『아동을 위한 동물매개중재 이론과 실제』, 『반려견의 이해』 등이 있다.

반려견 미용의 이해 –기초–

초판발행 2020년 4월 1일
중판발행 2023년 9월 5일

지은이 조현숙 · 김원
펴낸이 안종만 · 안상준

편 집 윤현주
기획/마케팅 손준호
표지디자인 BEN STORY
제 작 고철민 · 조영환

펴낸곳 (주) 박영사
서울특별시 금천구 가산디지털2로 53, 210호(가산동, 한라시그마밸리)
등록 1959. 3. 11. 제300-1959-1호(倫)
전 화 02)733-6771
f a x 02)736-4818
e-mail pys@pybook.co.kr
homepage www.pybook.co.kr
ISBN 979-11-303-0946-0 93490

정 가 23,000원